annab
HATI

corrigés

Mathématiques S
enseignement obligatoire

René Merckhoffer
Richard Bréhéret

HATIER

Principe de couverture :
Lacombe – Pingaud

Réalisation :
François Lecardonnel

Maquette de principe :
Tout pour plaire

Composition :
Laser Graphie

Schémas :
Richard Bréhéret et Laser Graphie

Mise en page :
Isabelle Vacher

Correction :
Dominique Anglésio

Coordination éditoriale :
Claire Dupuis et Anne-Béatrice Muller

Annabac sur Internet :
www.editions-hatier.fr

 ISSN 1168-3775 **ISBN 2-218-72455-3**

Avant-propos

La nouvelle formule *Annabac 99 Mathématiques S corrigés enseignement obligatoire* présente la correction des sujets du baccalauréat 1998 de France et de l'étranger conformes au nouveau programme.
Les énoncés complétés par de nombreux sujets complémentaires couvrent tout le programme.

L'ensemble représente un grand nombre d'exercices et de problèmes.

Pour plus de confort pour les élèves et pour permettre aux enseignants de travailler en classe sur des épreuves complètes, les sujets de la session de 1998 ont été rassemblés en début d'ouvrage.

- ▶ Les exercices proposés couvrent l'enseignement **obligatoire.**
- ▶ Le **sommaire** est complété par un **index thématique.**
- ▶ Des **conseils** vous aident à **rédiger l'épreuve** de Mathématiques.
- ▶ Le **formulaire** est fourni à la fin de l'ouvrage.

Les sujets du bac 1998 sont dans l'ouvrage *Annabac 99 Mathématiques S, Sujets.*

Bon courage à tous

René Merckhoffer, Richard Bréhéret

N.B. – Nous vous signalons que, pour des raisons de mise en page, les unités graphiques imposées dans les énoncés ne sont pas toujours respectées.

Remerciements

- **Concours GEIPI** (ESSTIN, EEIGM, ESINSA, EEIVL, ENSGSI)
- **Concours SESAME** (CESEM Reims, CESEM Marseille, EBP, EPSCI, ESCE, IFI, SUP Europe)
- **EFREI** (École Française d'Électronique et d'Informatique)
- **ENI** (École Nationale d'Ingénieurs de Tarbes, de Metz, de Belfort, de Brest et de Saint-Etienne)
- **EPF** (école d'ingénieurs)
- **ESIEE** (École Supérieure d'Ingénieurs en Électrotechnique et Électronique)
- **ESME Sudria** (École d'ingénieurs généralistes)
- **Sélection FESIC** (CPE Lyon, ECAM, ESA, ESAP, ESCOM, ESEO, ESTIT, HEI, ICAM Lille, ICAM Nantes, ICAM Toulouse, ISA, ISAB, ISARA, ISEB, ISEM, ISEN, ISEP)

Regroupements académiques

En 1997, l'Éducation nationale a mis en place quatre regroupements académiques :

FRANCE MÉTROPOLITAINE ET DOM-TOM

CENTRES ÉTRANGERS GROUPE 1

Kenya, Djibouti, Gabon, Maroc, Mali, Sénégal, Tchad, Guinée, Émirats arabes unis, Italie, Turquie, Koweït, Qatar, Égypte, Éthiopie, Israël, Jordanie, Syrie, Bénin, Cameroun, Mauritanie, République centrafricaine, Togo, Burkina, Congo, Côte-d'Ivoire, Niger, Grèce, Tunisie, Espagne, Portugal, île Maurice, Madagascar, Afrique du Sud.

CENTRES ÉTRANGERS GROUPE 2

Belgique, Grande-Bretagne, Pays-Bas, Luxembourg, Allemagne, Autriche, Danemark, Norvège, Pologne, Russie, Suède, Hongrie, Roumanie.

CENTRES ÉTRANGERS GROUPE 3

Colombie, Salvador, Équateur, Haïti, Mexique, Venezuela, Brasilia, Guatemala, Canada, États-Unis d'Amérique, Hongkong, Japon, Singapour, Australie, Indonésie, Thaïlande, Argentine, Bolivie, Brésil (sauf Brasilia), Chili, Costa-Rica, Pérou, Uruguay, Inde, Liban, Vanuatu.

Sommaire

Tableau de correspondance

entre Annabac corrigés et Annabac sujets

Annabac corrigés	1	2	3	4	5	6	7	8	9	10	11	12	13
Annabac sujets	1	2	3	4	5	6	7	8	9	10	11	12	13

Annabac corrigés	14	15	16	17	18	19	20	21	22	23	24	25	26
Annabac sujets	14	15	16	17	178	19	20	21	22	26	28	29	179

Annabac corrigés	27	28	29	30	31	32	33	34	35	36	37	38	39
Annabac sujets	30	31	33	34	36	37	39	40	41	43	44	52	53

Annabac corrigés	40	41	42	43	44	45	46	47	48	49	50	51	52
Annabac sujets	54	55	56	57	58	59	60	61	65	159	161	162	163

Annabac corrigés	53	54
Annabac sujets	164	166

Programme de l'épreuve

Index thématique

3. Dérivation	
3.1 – Nombre dérivé :	1
3.2 – Tangente à une courbe en un point	5, 52, 55
3.3 – Dérivées usuelles	1, 2, 3, 4, 5, 50
3.4 – Dérivée de $f \circ g$,	
4. Fonctions usuelles	
4.1 – Théorèmes sur le sens de variation	1, 2, 3, 4, 5, 50, 51
4.2 – Théorème d'unicité pour une équation $f(x) = \lambda$	1, 3, 5, 6, 7, 51, 52, 53, 54, 55
4.3 – Fonction polynôme, rationnelle	1
4.4 – Fonction logarithme népérien	1, 3, 6, 7, 28, 29, 30, 41, 50, 51, 53, 54, 55
4.5 – Fonction exponentielle	2, 3, 4, 5, 7, 28, 34, 35, 43, 52, 53, 55
4.6 – Fonctions puissances	
4.7 – Fonctions circulaires	31, 32, 33, 36, 37, 40, 42, 43, 44, 45
5. Primitives	
5.1 – Définition	1
5.2 – Primitives usuelles	1, 2, 5, 6, 7, 28, 30, 33, 43, 50, 51, 53, 54, 55
6. Calcul intégral	
6.1 – Intégrale d'une fonction	1, 2
6.2 – Intégration par parties	1, 6, 7, 50, 51, 53, 55
6.3 – Linéarité, positivité	
6.4 – Inégalité de la moyenne	
6.5 – Valeur moyenne d'une fonction	33
6.6 – Aire d'un domaine plan	2, 5, 50, 51, 52
6.7 – Calcul de volumes	
7. Équations différentielles	
7.1 – Équation différentielle $y' = ay$	34, 37
7.2 – Équation différentielle $y'' + \omega^2 y = 0$	31, 32, 33, 36, 37
8. Équations et représentations paramétriques	
8.1 – Représentation paramétrique d'une droite	
8.2 – Courbes paramétrées	38, 39, 40, 41, 42, 43, 44, 45
9. Géométrie	
9.1 – Rotations	6, 7, 10, 15, 18, 38, 53
9.2 – Barycentre	14, 17
9.3 – Produit scalaire, produit vectoriel	47, 48, 49

L'essentiel du nouveau programme est traité, même si certains points particuliers ne sont pas abordés dans les exercices et problèmes proposés.

Déroulement de l'épreuve

LA DURÉE ET LA NATURE DE L'ÉPREUVE

✪ Enseignement obligatoire

- ▶ 4 heures, coefficient 7.
- ▶ Deux exercices sur l'enseignement obligatoire.
- ▶ Un problème de 8 à 12 points.

✪ Enseignement de spécialité

▶ 4 heures, coefficient 9.
▶ Deux exercices indépendants de 2 x 4 à 6 points :
– un exercice sur l'enseignement obligatoire,
– un exercice sur l'enseignement de spécialité.
▶ Un problème de 8 à 12 points.

LA GESTION DU TEMPS PENDANT L'ÉPREUVE

Un exercice peut être traité en 40 minutes et le problème dans le temps restant mais vous devez conserver au moins dix minutes pour vous relire et affiner la présentation (n'oubliez pas de numéroter vos copies).

Conseils de méthode

- Prenez le soin de bien lire le sujet.
- Soulignez dans chaque exercice et dans le problème les données importantes et distinguez les questions qui semblent à priori vous inspirer.
- Prévoyez plusieurs copies doubles (fournies lors des épreuves) : une pour chaque exercice afin d'éviter de compléter au dernier moment la solution d'un exercice à la fin du problème, ce qui compliquerait la tâche du correcteur.
- Traitez immédiatement ce qui vous paraît facile.
- Certaines questions nécessitent une recherche plus approfondie : il est exclu d'en faire une rédaction détaillée au brouillon.
- Si vous n'avez pas traité une question, ne vous obstinez pas : vous risquez de perdre votre sang-froid et de commettre ensuite des erreurs dans des questions simples. Laissez un espace et continuez en supposant le résultat acquis.
- N'oubliez pas que les questions ne sont pas indépendantes.
- Le formulaire est une aide mais ne donne aucune réponse aux questions posées.
- Rédigez correctement, avec les explications appropriées, sans discours inutile.
- Encadrez vos réponses.
- Toute question dont l'énoncé commence par « en déduire... » doit avoir pour solution une déduction de ce qui vient d'être traité, toute autre méthode ne sera pas considérée comme valable.
- Sachez vous arrêter lorsque les calculs deviennent trop importants.
- Vérifiez que vos résultats sont vraisemblables : une probabilité est un réel compris entre 0 et 1, une aire est un nombre positif, une fonction numérique ne peut croître vers $-\infty$, le module d'un nombre complexe est positif, un vecteur ne peut être égal à son affixe...
- Il ne suffit pas de dire qu'une fonction est dérivable pour que cela constitue une preuve.
- Ne pas confondre le calcul intégral (le résultat est un réel positif ou négatif) et le calcul d'une aire plane dont le résultat est positif et s'exprime en unité d'aire.
- Une calculatrice, même graphique, aide mais ne remplace en rien une rédaction et la justification des résultats. Un raisonnement ne peut s'appuyer sur la phrase « la calculatrice donne, ... » ou bien « on lit... ».
- Nous devons vous signaler que les épreuves comportent la mention : « L'attention des candidats est attirée sur le fait que la qualité de la rédaction, la clarté et la précision des raisonnements entrent pour une part importante dans l'appréciation des copies. »

Session de juin 1998

EXERCICE 1 — 5 POINTS

Commun à tous les candidats

Dans tout l'exercice, A et B étant deux événements, p (A) désigne la probabilité de A ; p (B/A) la probabilité de B sachant que A est réalisé.

▶ **1.** Le nombre de clients se présentant en cinq minutes dans une station-service est une variable aléatoire X dont on donne la loi de probabilité :

$$p_i = p\,(X = i)$$

i	0	1	2
p_i	0,1	0,5	0,4

a) Définir et représenter graphiquement la fonction de répartition de X. (1 POINT)
b) Calculer l'espérance mathématique de X. (0,5 POINT)

▶ **2.** Dans cette station-service, la probabilité qu'un client achète de l'essence est 0,7 ; celle qu'il achète du gazole est 0,3. Son choix est indépendant de celui des autres clients. On considère les événements suivants :

C_1 : « En cinq minutes, un seul client se présente » ;

C_2 : « En cinq minutes, deux clients se présentent » ;

E : « En cinq minutes, un seul client achète de l'essence ».

a) Calculer $p\,(C_1 \cap E)$. (0,5 POINT)

b) Montrer que $p\,(E/C_2) = 0,42$ et calculer $p\,(C_2 \cap E)$. (0,5 + 0,5 POINT)

c) En déduire la probabilité qu'en cinq minutes un seul client achète de l'essence. (1 POINT)

▶ **3.** Soit Y la variable aléatoire égale au nombre de clients achetant de l'essence en cinq minutes ; déterminer la loi de probabilité de Y. (1 POINT)

Candidats n'ayant pas suivi l'enseignement de spécialité

Le plan complexe est rapporté à un repère orthonormal direct $(O\,;\vec{u}, \vec{v})$.

▶ **1.** Résoudre dans $\mathbb{C}$ l'équation (1) :

$$\frac{z-2}{z-1} = z. \text{ (0,5 POINT)}$$

On donnera le module et un argument de chaque solution. (0,25 + 0,25 POINT)

▶ **2.** Résoudre dans $\mathbb{C}$ l'équation (2) :

$$\frac{z-2}{z-1} = i. \text{ (0,5 POINT)}$$

On donnera la solution sous forme algébrique.

▶ **3.** Soit M, A et B les points d'affixes respectives : z, 1 et 2.
On suppose que M est distinct des points A et B.
a) Interpréter géométriquement le module et un argument de $\frac{z-2}{z-1}$. (1 POINT)
b) Retrouver géométriquement la solution de l'équation (2). (0,5 POINT)

▶ **4.** *a*) Montrer, à l'aide d'une interprétation géométrique, que toute solution de l'équation dans $\mathbb{C}$:

$$\left(\frac{z-2}{z-1}\right)^n = i,$$

où n désigne un entier naturel non nul donné, a pour partie réelle $\frac{3}{2}$. (1 POINT)
b) Résoudre alors dans $\mathbb{C}$ l'équation (3) :

$$\left(\frac{z-2}{z-1}\right)^2 = i. \text{ (1 POINT)}$$

On cherchera les solutions sous forme algébrique.

Les tracés de courbes seront faits dans un plan rapporté à un repère orthonormal $(O\ ;\ \vec{i}, \vec{j})$ (unité : 2 cm).
On rappelle qu'une fonction f est majorée par une fonction g (ce qui signifie aussi que g est minorée par f) sur un intervalle I si, et seulement si, pour tout x appartenant à I, $f(x) \leqslant g(x)$.

Partie A

Soit f et g les fonctions définies sur $[0\ ;\ +\infty[$ par

$$f(x) = \ln(1+x) \text{ et } g(x) = \frac{2x}{x+2}.$$

On notera (C) la représentation graphique de f et (Γ) celle de g.
On propose de démontrer que f est minorée par g sur $[0\ ;\ +\infty[$.
Soit h la fonction définie sur $[0\ ;\ +\infty[$ par $h(x) = f(x) - g(x)$.

▶ **1.** Étudier le sens de variation de h sur $[0\ ;\ +\infty[$; calculer $h(0)$.
(L'étude de la limite de h en $+\infty$ n'est pas demandée.) (0,5 + 0,25 POINT)

▶ **2.** En déduire que, pour tout réel x positif ou nul,

(1) $$\frac{2x}{x+2} \leqslant \ln(1+x). \text{ (0,5 POINT).}$$

▶ **3.** Construire dans le même repère les courbes (C) et (Γ) et montrer qu'elles admettent en O une même tangente (D) que l'on tracera. (On justifiera rapidement le tracé de ces courbes). (0,5 + 0,5 POINT)

Partie B

k désignant un réel strictement positif, on se propose de déterminer toutes les fonctions linéaires $x \mapsto kx$, majorant la fonction :

$$f : x \mapsto \ln(1+x) \text{ sur } [0\ ;\ +\infty[.$$

Soit f_k la fonction définie sur $[0\ ;\ +\infty[$ par $f_k(x) = \ln(1+x) - kx$.

▶ **1.** Étudier le sens de variation de f_1 définie sur $[0\ ;\ +\infty[$ par :

$$f_1(x) = \ln(1+x) - x. \text{ (1 POINT)}$$

▶ **2.** Étudier la limite de f_1 en $+\infty$ et donner la valeur de f_1 en 0.
(0,5 + 0,25 POINT).

▶ **3.** Montrer que, pour tout réel x positif ou nul :

(2) $$\ln(1+x) \leqslant x. \text{ (0,5 POINT)}$$

▶ **4.** En déduire que, si $k \geqslant 1$, alors : pour tout $x \geqslant 0$, $f(x) \leqslant kx$.
(0,25 POINT)

▶ **5.** Le réel k vérifie les conditions : $0 < k < 1$.

Montrer que la dérivée de f_k s'annule pour $x = \dfrac{1-k}{k}$ et étudier le sens de variation de f_k. (L'étude de la limite de f_k en $+\infty$ n'est pas demandée.) (0,5 + 0,5 POINT).

▶ **6.** En déduire les valeurs de k strictement positives telles que, pour tout $x \geqslant 0$, $f(x) \leqslant kx$. (0,5 POINT).

Partie C

▶ **1.** À l'aide d'une intégration par parties, calculer :

$$I = \int_0^1 \ln(1+x)\,dx. \text{ (0,5 POINT)}$$

$\left(\text{On remarquera éventuellement que : } \dfrac{x}{1+x} = 1 - \dfrac{1}{1+x}\right)$.

En déduire le calcul de $J = \int_0^1 (x - \ln(1+x))\,dx$

puis de $K = \int_0^1 \left(\ln(1+x) - \dfrac{2x}{x+2}\right) dx$. (0,5 + 0,5 POINT)

(Pour le calcul de K, on pourra vérifier que : $\dfrac{2x}{x+2} = 2 - \dfrac{4}{2+x}$.)

Interpréter géométriquement les valeurs des intégrales J et K en utilisant les courbes (C), (Γ) et la droite (D) obtenues dans la partie **A**. (0,5 POINT)

▶ **2.** Soit u la fonction définie sur $[0 ; 1]$ de la façon suivante :

$$u(0) = 1 \text{ et, si } x \neq 0, \quad u(x) = \frac{\ln(1+x)}{x}.$$

a) Démontrer que la fonction u est continue sur $[0 ; 1]$. (0,5 POINT)
(Ce type de question n'est plus au programme à partir de la session de 1999.)

b) On pose :

$$L = \int_0^1 u(x)\,dx.$$

En utilisant les inégalités (1) et (2) obtenues dans les parties **A** et **B**, montrer que :

$$\int_0^1 \frac{2}{x+2}\,dx \leqslant L \leqslant 1. \text{ (0,5 POINT)}$$

En déduire une valeur approchée de L à 10^{-1} près. (0,5 POINT)

❑ Corrigé

EXERCICE 1

Objet du problème : Faites-moi le plein !

Connaissances mathématiques :
- Variable aléatoire.
- Fonction de répartition.
- Espérance mathématique.
- Probabilités conditionnelles.

▶ **1.** *a)* La fonction de répartition de la variable aléatoire X est définie par :

pour tout x réel, $F(x) = p(X \leqslant x)$ soit : $\begin{cases} x \in]-\infty ; 0[, & F(x) = 0. \\ x \in [0 ; 1[, & F(x) = 0{,}1. \\ x \in [1 ; 2[, & F(x) = 0{,}6. \\ x \in [2 ; +\infty[, & F(x) = 1. \end{cases}$

Représentation graphique

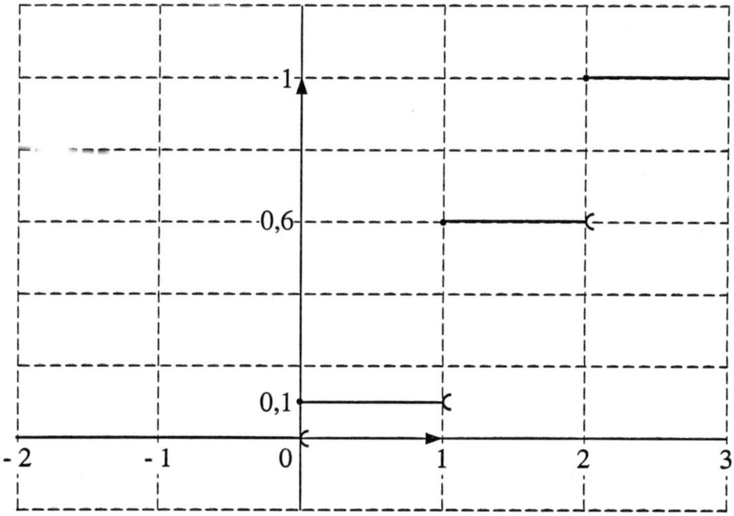

b) $E(X) = 0 \times 0{,}1 + 1 \times 0{,}5 + 2 \times 0{,}4$ soit $\boxed{E(X) = 1{,}3.}$

▶ **2.** *a)* $p(C_1 \cap E) = p(E/C_1) \times p(C_1)$ soit

$$\boxed{p(C_1 \cap E) = 0{,}7 \times 0{,}5 = 0{,}35.}$$

b) E/C_2, qui n'est pas un événement, se traduit par « Sur deux clients qui se présentent, un seul achète de l'essence », ce qui veut dire que le premier client est celui qui achète de l'essence ou que celui qui achète de l'essence est le second client donc :

$p(E/C_2) = (0{,}7 \times 0{,}3) + (0{,}7 \times 0{,}3)$ soit $\boxed{p(E/C_2) = 0{,}42.}$

Nous avons $p(E/C_2) = \dfrac{p(E \cap C_2)}{p(C_2)}$ soit $p(E/C_2) \times p(C_2) = p(E \cap C_2)$

$p(E \cap C_2) = 0{,}42 \times 0{,}4$ soit $\boxed{p(E \cap C_2) = 0{,}168.}$

c) Nous avons : $E = E \cap (C_1 \cup C_2)$ soit $E = (E \cap C_1) \cup (E \cap C_2)$ avec $(E \cap C_1)$ et $(E \cap C_2)$ incompatibles donc $p(E) = 0{,}35 + 0{,}168$

donc $\boxed{p(E) = 0{,}518.}$

▶ **3.** Soit Y la variable aléatoire égale au nombre de clients achetant de l'essence en cinq minutes. Les valeurs prises par Y sont : 0 ; 1 ; 2.

$p(Y = 1) = p(E) = 0{,}518.$

$p(Y = 2) = p$ (deux clients achètent de l'essence$/C_2$)

$p(Y = 2) = p(C_2) \times p(Y = 2/C_2)$

avec $p(C_2) = 0{,}4$.

$p(Y = 2) = (0{,}7 \times 0{,}7) \times 0{,}4 = 0{,}196$

et alors $p(Y = 0) = 1 - (0{,}518 + 0{,}196) = 0{,}286.$

Loi de probabilité de Y

k	0	1	2
$p(Y = k)$	0,286	0,518	0,196

EXERCICE 2

Objet du problème : Résolution géométrique d'une équation dans $\mathbb{C}$.

Connaissances mathématiques :

– Nombres complexes : • module, argument,
• angles orientés.

▶ **1.** $\begin{cases} \dfrac{z-2}{z-1} = z \\ z \neq 1 \end{cases}$ équivaut à $\begin{cases} z - 2 = z^2 - z \\ z \neq 1 \end{cases}$

$$\begin{cases} z^2 - 2z + 2 = 0 \\ z \neq 1 \end{cases}$$

$$\begin{cases} (z-1)^2 = i^2 \\ z \neq 1 \end{cases}$$

$$\begin{cases} z - 1 = i \text{ ou } z - 1 = -i \\ z \neq 1 \end{cases}$$

$$\boxed{\mathcal{S}_1 = \{1 + i\,;\, 1 - i\}.}$$

Nous avons, de plus : $1 + i = \sqrt{2}\left(\dfrac{\sqrt{2}}{2} + i\dfrac{\sqrt{2}}{2}\right)$ donc **$1 + i$ a pour module $\dfrac{\sqrt{2}}{2}$ et pour argument $\dfrac{\pi}{4}$.**

$1 - i = \overline{1 + i}$ donc **$1 - i$ a pour module $\dfrac{\sqrt{2}}{2}$ et pour argument $-\dfrac{\pi}{4}$.**

▶ **2.** $\begin{cases} \dfrac{z-2}{z-1} = i \\ z \neq 1 \end{cases}$ équivaut à $\begin{cases} z - 2 = i(z-1) \\ z \neq 1 \end{cases}$

$$\begin{cases} z(1 - i) = 2 - i \\ z \neq 1 \end{cases}$$

$$\begin{cases} z = \dfrac{2-i}{1-i} \\ z \neq 1 \end{cases}$$

$$\begin{cases} z = \dfrac{(2-i)(1+i)}{2} \\ z \neq 1 \end{cases}$$

$$\begin{cases} z = \dfrac{3}{2} + \dfrac{1}{2}i \\ z \neq 1. \end{cases}$$

$$\boxed{\mathcal{S}_2 = \left\{\dfrac{3}{2} + \dfrac{1}{2}i\right\}.}$$

▶ **3.** *a)* $\left|\dfrac{z-2}{z-1}\right| = \dfrac{\text{MB}}{\text{MA}}$ car $|z-2| = \text{MB}$ et $|z-1| = \text{MA}$

$\arg\left(\dfrac{z-2}{z-1}\right) = \arg(z-2) - \arg(z-1)\ (2\pi)$

$\arg\left(\dfrac{z-2}{z-1}\right) = (\vec{u}, \overrightarrow{\text{BM}}) - (\vec{u}, \overrightarrow{\text{AM}})\ (2\pi)$

$\arg\left(\dfrac{z-2}{z-1}\right) = (\overrightarrow{\text{AM}}, \overrightarrow{\text{BM}})\ (2\pi)$

$$\boxed{\arg\left(\dfrac{z-2}{z-1}\right) = (\overrightarrow{\text{MA}}, \overrightarrow{\text{MB}})\ (2\pi).}$$

b) $\begin{cases} \dfrac{z-2}{z-1} = i \\ z \neq 1 \end{cases}$ équivaut à $\begin{cases} \dfrac{\text{MB}}{\text{MA}} = 1 \\ (\overrightarrow{\text{MA}}, \overrightarrow{\text{MB}}) = \dfrac{\pi}{2}\ (2\pi) \\ \text{M} \neq \text{A} \end{cases}$

$\begin{cases} \dfrac{z-2}{z-1} = i \\ z \neq 1 \end{cases}$ équivaut à $\begin{cases} \text{MB} = \text{MA} \\ (\overrightarrow{\text{MA}}, \overrightarrow{\text{MB}}) = \dfrac{\pi}{2}\ (2\pi) \\ \text{M} \neq \text{A}. \end{cases}$

M appartient à la médiatrice de [AB] (car MA = MB), donc son abscisse est $\dfrac{3}{2}$. M appartient aussi au demi-cercle de diamètre [AB] situé au-dessus de (O ; $\vec{u}$) car $(\overrightarrow{\text{MA}}, \overrightarrow{\text{MB}}) = \dfrac{\pi}{2}\ (2\pi)$ donc :

M a pour ordonnée $\dfrac{1}{2}$ et l'affixe de M est $\dfrac{3}{2} + \dfrac{1}{2}i$.

▶ 4 *a)* Si z vérifie $\left(\dfrac{z-2}{z-1}\right)^n = i$

alors $$\left|\left(\frac{z-2}{z-1}\right)^n\right| = 1$$

$$\left|\frac{z-2}{z-1}\right|^n = 1 \quad \text{soit} \quad \left|\frac{z-2}{z-1}\right| = 1.$$

De ce fait, $\frac{\text{MB}}{\text{MA}} = 1$

MB = MA et M appartient à la médiatrice de [AB] et admet pour abscisse $\frac{3}{2}$.

Toute solution de l'équation, dans $\mathbb{C}$, $\left(\frac{z-2}{z-1}\right)^n = i$ a bien pour partie réelle $\frac{3}{2}$.

b) Compte tenu de 4.*a*), toute solution de l'équation $\left(\frac{z-2}{z-1}\right)^n = i$ est de la forme $\frac{3}{2} + iy$ avec y réel.

Déterminons y.

$$\left(\frac{\frac{3}{2} + iy - 2}{\frac{3}{2} + iy - 1}\right)^2 = i \text{ si, et seulement si, } \left(\frac{-\frac{1}{2} + iy}{\frac{1}{2} + iy}\right)^2 = i$$

$$\left(-\frac{1}{2} + iy\right)^2 = i\left(\frac{1}{2} + iy\right)^2$$

$$\frac{1}{4} - y^2 - iy = i\left(\frac{1}{4} - y^2 + iy\right)$$

$$\frac{1}{4} - y^2 - iy = \frac{1}{4}i - iy^2 - y$$

$$0 = y^2 - y - \frac{1}{4} + i\left(\frac{1}{4} - y^2 + y\right) \quad \text{avec } y \text{ réel.}$$

Or un nombre complexe est nul si, et seulement si, sa partie réelle et sa partie imaginaire sont nulles.

D'où : $\begin{cases} y^2 - y - \dfrac{1}{4} = 0 \\ -y^2 + y + \dfrac{1}{4} = 0 \end{cases}$ c'est-à-dire $y^2 - y - \dfrac{1}{4} = 0.$

Or $$y^2 - y - \frac{1}{4} = \left(y - \frac{1}{2}\right)^2 - \frac{1}{2}$$

$$y^2 - y - \frac{1}{4} = \left(y - \frac{1}{2} - \frac{\sqrt{2}}{2}\right)\left(y - \frac{1}{2} + \frac{\sqrt{2}}{2}\right).$$

Donc $y = \dfrac{1}{2} + \dfrac{\sqrt{2}}{2}$ ou $y = \dfrac{1}{2} - \dfrac{\sqrt{2}}{2}.$

Les solutions, dans $\mathbb{C}$, de l'équation (3) sont : $\dfrac{3}{2} + i\left(\dfrac{1}{2} + \dfrac{\sqrt{2}}{2}\right)$ et $\dfrac{3}{2} + i\left(\dfrac{1}{2} - \dfrac{\sqrt{2}}{2}\right).$

PROBLÈME

Objet du problème : Position d'une courbe par rapport à une droite.

Connaissances mathématiques :
- Fonction logarithme népérien.
- Primitives usuelles.
- Intégration par parties.

Partie A

▶ **1.** Nous avons, pour tout x de $[0\ ;+\infty[$,

$$f(x) = \ln(1 + x) \quad \text{et} \quad g(x) = \frac{2x}{x + 2}.$$

Pour tout x de $[0\ ;+\infty[$, $h(x) = \ln(1+x) - \dfrac{2x}{x+2}$.

h est la différence de deux fonctions dérivables sur $[0\ ;+\infty[$ donc h est dérivable sur ce même intervalle et, pour tout x de $[0\ ;+\infty[$,

$$h'(x) = \frac{1}{x+1} - \frac{2(x+2)-2x}{(x+2)^2}$$

$$h'(x) = \frac{(x+2)^2 - 4(x+2)}{(x+1)(x+2)^2}$$

$$h'(x) = \frac{x^2}{(x+2)^2}.$$

Pour tout x de $[0\ ;+\infty[$, $h'(x) > 0$ et $h'(0) = 0$.

h est strictement croissante sur $]0\ ;+\infty[$ et $h(0) = 0$ donc h est strictement croissante sur $[0\ ;+\infty[$.

Tableau des variations de h

x	0		$+\infty$
Signe de $h'(x)$	0	$+$	
Variations de h	0	↗	

▶ **2.** h est strictement croissante sur $[0\ ;+\infty[$, avec $h(0) = 0$ donc nous avons : pour tout x de $]0\ ;+\infty[$, $h(x) > 0$

$$f(x) > g(x).$$

Pour tout réel x positif ou nul, $\dfrac{2x}{x+2} \leqslant \ln(1+x)$.

▶ **3.** La courbe représentative de la fonction f se déduit de celle, connue, de la fonction ln par une translation de vecteur $\vec{i}$.
La fonction g est une fonction homographique dont la dérivée est donnée, pour tout x de $[0\ ;+\infty[$, par $g'(x) = \dfrac{4}{(x+2)^2}$, elle est donc strictement croissante sur cet intervalle.

Représentations graphiques de f et g

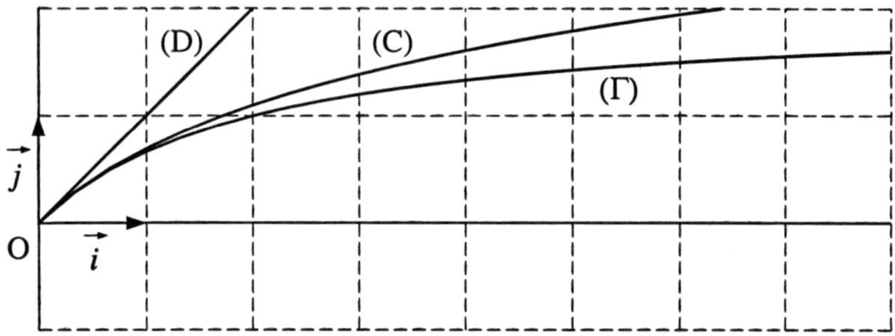

Ces courbes admettent en O une même tangente puisque
$$f'(0) = g'(0) = 1.$$

Partie B

▶ **1.** Soit f_1 la fonction définie sur $[0 ; +\infty[$ par $f_1(x) = \ln(1+x) - x$.
f_1 est dérivable sur cet intervalle comme différence de deux fonctions dérivables sur $[0 ; +\infty[$ et, nous avons :

Pour tout x de $[0 ; +\infty[$, $f_1'(x) = \dfrac{1}{x+1} - 1$

$$f_1'(x) = \frac{-x}{x+1}.$$

Donc $f_1'(x)$ est négative ou nulle sur l'ensemble des réels positifs ou nuls.
Pour $x > 0$, $f_1'(x) < 0$.
Pour $x = 0$, $f_1'(x) = 0$.

f_1 est strictement décroissante sur $[0 ; +\infty[$.

▶ **2.** Pour tout $x > 0$, $f_1(x) = x\left(\dfrac{\ln(1+x)}{x} - 1\right)$

et $\lim\limits_{x \to +\infty} \dfrac{\ln(1+x)}{x} = 0$ donc $\boldsymbol{\lim\limits_{x \to +\infty} f_1(x) = -\infty}$.

Nous avons $f_1(0) = 0$.

▶ 3. La fonction f_1 est dérivable et strictement décroissante sur $]0 ; +\infty[$ avec $f_1(0) = 0$. Nous pouvons en conclure que, pour tout x de $[0 ; +\infty[$, $f_1(x) \leqslant 0$ ce qui se traduit par :
pour tout $x \geqslant 0$, $\ln(1 + x) - x \leqslant 0$

$$\boxed{\ln(1 + x) \leqslant x.}$$

▶ 4. De plus, pour tout $x \geqslant 0$ et pour tout $k \geqslant 1$, $x \leqslant kx$.
Nous pouvons en conclure que :
Si $k \geqslant 1$, alors, pour tout $x \geqslant 0$, $f(x) \leqslant kx$.

▶ 5. Pour $0 < k < 1$ et $x \geqslant 0$, $f_k'(x) = \dfrac{1}{1 + x} - k$

$$f_k'(x) = \frac{1 - kx - k}{1 + x}.$$

Donc la dérivée de f_k s'annule pour $x = \dfrac{1 - k}{k}$.

Il s'ensuit que : $f_k'(x) > 0$ pour $0 \leqslant x < \dfrac{1 - k}{k}$

$f_k'(x) < 0$ pour $x > \dfrac{1 - k}{k}$

$f_k'(x) = 0$ pour $x = \dfrac{1 - k}{k}$.

f_k est strictement croissante sur $\left[0 ; \dfrac{1 - k}{k}\right]$ et strictement décroissante sur $\left[\dfrac{1 - k}{k} ; +\infty\right[$.

▶ 6. Par conséquent, les valeurs de $k > 0$, telles que, pour tout $x \geqslant 0$, $f(x) \leqslant kx$ sont les valeurs de $k > 0$ telles que, pour tout $x \geqslant 0$, $f_k(x) \leqslant 0$ c'est-à-dire $k \geqslant 1$. (puisque si $k \in]0 ; 1[$ la propriété est fausse d'après les variations de f_k).

Partie C

▶ **1.** Calculons I à l'aide d'une intégration par parties en posant $u(x) = \ln(1 + x)$ et $v'(x) = 1$. On a $u'(x) = \dfrac{1}{1 + x}$ et $v(x) = x$ (u et v sont deux fois dérivables sur $[0\,;\,1]$).

$$\mathrm{I} = [x \ln(1 + x)]_0^1 - \int_0^1 \frac{x}{1 + x}\,\mathrm{d}x$$

À l'aide de la remarque proposée nous pouvons écrire :

$$\mathrm{I} = \ln 2 - \int_0^1 \left(1 - \frac{1}{1 + x}\right)\mathrm{d}x$$

$\mathrm{I} = \ln 2 - [x - \ln(1 + x)]_0^1$ soit $\mathrm{I} = \ln 2 - 1 + \ln 2$ donc :

$$\boxed{\mathrm{I} = -1 + 2\ln 2.}$$

$$\mathrm{J} = \int_0^1 x\,\mathrm{d}x - \int_0^1 \ln(1 + x)\,\mathrm{d}x$$

$$\mathrm{J} = \left[\frac{x^2}{2}\right]_0^1 - \mathrm{I}$$

$$\mathrm{J} = \frac{1}{2} + 1 - 2\ln 2$$

$$\boxed{\mathrm{J} = \frac{3}{2} - 2\ln 2.}$$

$$\mathrm{K} = \int_0^1 \left(\ln(1 + x) - \frac{2x}{x + 2}\right)\mathrm{d}x$$

$$\mathrm{K} = \int_0^1 \ln(1 + x)\,\mathrm{d}x - \int_0^1 \frac{2x}{x + 2}\,\mathrm{d}x$$

$$\mathrm{K} = \mathrm{I} - \int_0^1 \left(2 - \frac{4}{x + 2}\right)\mathrm{d}x$$

$\mathrm{K} = \mathrm{I} - [2x - 4\ln(x + 2)]_0^1$

$\mathrm{K} = -1 + 2\ln 2 - (2 - 4\ln 3) + (-4\ln 2)$

$\mathrm{K} = -1 + 2\ln 2 - 2 + 4\ln 3 - 4\ln 2$

$\mathrm{K} = -3 - 2\ln 2 + 4\ln 3.$

Les intégrales J et K représentent, en unités d'aires, l'aire des portions de plan délimitées par les fonctions $x \mapsto -f_1(x)$ et $x \mapsto -h(x)$ et les droites d'équations $x = 0$ et $x = 1$. C'est-à-dire l'aire des portions de plan comprises entre la droite (D) et la courbe représentative de f (avec (D) au-dessus de (C)) et les courbes (C) et (Γ) (avec (C) au-dessus de (Γ)).

Représentations graphiques

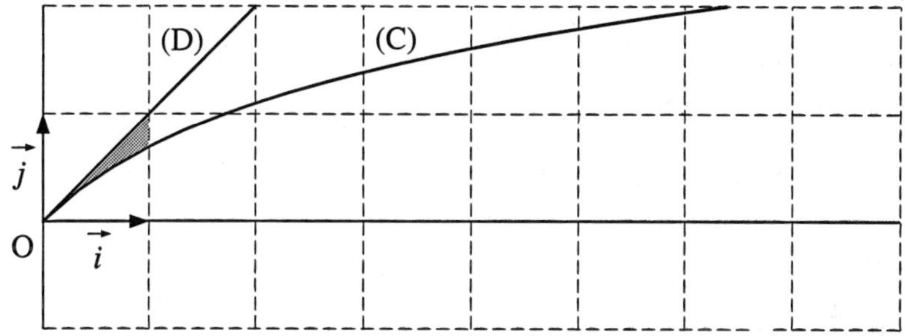

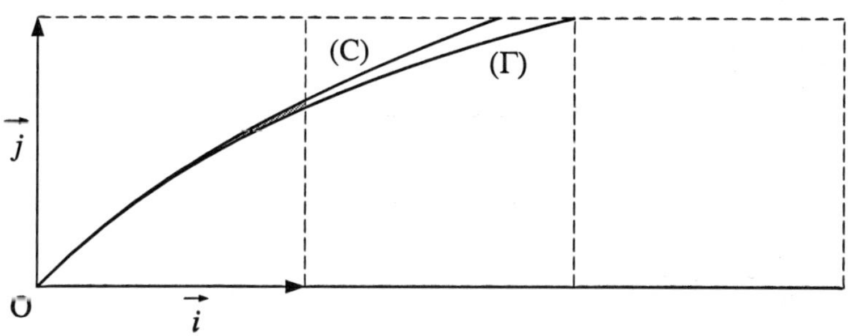

▶ **2.** *a*) Soit u la fonction définie sur $[0\ ;\ 1]$ par $u(0) = 1$ et, si $x \neq 0$,

$$u(x) = \frac{\ln(1+x)}{x}.$$

Nous avons : $\lim\limits_{\substack{x \to 0 \\ x > 0}} \dfrac{\ln(1+x)}{x} = 1$ donc la fonction numérique u est continue en 0.

En posant $u(0) = 1$ on réalise un prolongement par continuité de f en 0.

N.B. : Nous rappelons que ce type de question ne sera plus au programme de TS à partir de la rentrée 1998 donc de la session du bac 1999.

b) $L = \int_0^1 u(x)\,dx$. L est parfaitement définie sur [0 ; 1] d'après la question précédente.
D'après les résultats obtenus en **A** et **B** nous pouvons écrire :
Pour tout $x \geqslant 0$, $\frac{2x}{x+2} \leqslant \ln(1+x) \leqslant x$
Pour tout $x > 0$, $\frac{2}{x+2} \leqslant \frac{\ln(1+x)}{x} \leqslant 1$.
Compte tenu de **2.***a*) et *b*) et des propriétés de l'intégration, on a :
$\int_0^1 \frac{2}{x+2}\,dx \leqslant L \leqslant \int_0^1 1\,dx$
$[2\ln(x+2)]_0^1 \leqslant L \leqslant 1$
$2\ln 3 - 2\ln 2 \leqslant L \leqslant 1$
$2\ln 1{,}5 \leqslant L \leqslant 1$.
Or $2\ln 1{,}5 \approx 0{,}81$.
Une valeur approchée de L à 10^{-1} près est 0,9.

2 GUADELOUPE, GUYANE, MARTINIQUE
JUIN 1998 • SÉRIE S

EXERCICE 1 — 4 POINTS

Commun à tous les candidats

Un jeu de dominos est fabriqué avec les sept couleurs : *violet, indigo, bleu, vert, jaune, orange, rouge.* Un domino se compose de deux cases portant chacune l'une des sept couleurs. Chaque couleur peut figurer deux fois sur le même domino : c'est un double.

▶ **1.** Montrer que le jeu comporte 28 dominos différents. (0,5 POINT)
Les 28 dominos, indiscernables au toucher, sont mis dans un sac.

▶ **2.** On tire simultanément trois dominos du sac.
Quelle est la probabilité d'obtenir exactement deux doubles parmi ces trois dominos ? (0,5 POINT)

▶ 3. Dans cette question, on tire un seul domino. Calculer la probabilité des événements suivants :

a) J_2 : « Le *jaune* figure deux fois » (0,25 POINT)

b) J_1 : « Le *jaune* figure une seule fois » (0,25 POINT)

c) J : « Le *jaune* figure au moins une fois » (0,5 POINT)

▶ 4. On effectue n tirages successifs d'un domino, en notant à chaque tirage la (ou les) couleur(s) obtenue(s) avant de remettre dans le sac le domino tiré et de procéder au tirage suivant ; les tirages sont indépendants.

Calculer, en fonction de n, la probabilité p_n que J soit réalisé au moins une fois. (1 POINT)

Calculer la plus petite valeur de l'entier naturel n pour laquelle $p_n \geqslant 0{,}99$. (1 POINT)

EXERCICE 2 — 5 POINTS

Candidats n'ayant pas suivi l'enseignement de spécialité

Partie A

On considère le polynôme P de la variable complexe z défini par :

$$P(z) = z^4 + 2\sqrt{3}z^3 + 8z^2 + 2\sqrt{3}z + 7.$$

▶ 1. *a*) Calculer $P(i)$ et $P(-i)$. (0,25 + 0,25 POINT)

b) Montrer qu'il existe un polynôme Q du second degré, que l'on déterminera, tel que :

$$\text{pour tout } z \in \mathbb{C},\ P(z) = (z^2 + 1)\,Q(z). \text{ (0,5 POINT)}$$

▶ 2. Résoudre dans l'ensemble des nombres complexes l'équation $P(z) = 0$. (1 POINT)

Partie B

Le plan est rapporté au repère orthonormal direct $(O\ ;\ \vec{u}, \vec{v})$ (unité graphique 2 cm).

▶ 1. Placer dans ce repère les points A, B, C et D d'affixes respectives $z_A = i$, $z_B = -i$, $z_C = -\sqrt{3} + 2i$, $z_D = -\sqrt{3} - 2i$. (0,5 POINT)

Montrer que ces quatre points appartiennent au cercle de diamètre [CD]. (0,5 POINT)

▶ **2.** Montrer qu'il existe une rotation de centre O qui transforme C en D. Calculer une valeur entière approchée à un degré près d'une mesure de l'angle de cette rotation. (0,5 + 0,5 POINT)

▶ **3.** Calculer, sous forme algébrique, puis sous forme trigonométrique, le rapport $\frac{z_B - z_C}{z_A - z_C}$. (0,5 POINT)

Interpréter géométriquement le module et l'argument de ce rapport. (0,5 POINT)

PROBLÈME 11 POINTS

Partie A

✪ Étude de fonctions

On considère les fonctions f_1, f_2, f_3 définies sur $\mathbb{R}$ par :

$$f_1(x) = (x+1)e^{-x}; \quad f_2(x) = -xe^{-x}; \quad f_3(x) = (x-1)e^{-x}.$$

On appelle (C_1), (C_2), (C_3) leurs courbes représentatives respectives dans un repère orthogonal $(O ; \vec{i}, \vec{j})$ du plan. Les courbes (C_2), (C_3) sont données dans l'annexe ci-jointe.

▶ **1.** *Étude de la fonction* f_1

a) Calculer la dérivée f_1' de f_1 et étudier son signe. En déduire les variations de f_1. (0,5 + 0,5 + 0,5 POINT)

b) Déterminer les limites de f_1 en $+\infty$, en $-\infty$. (0,5 + 0,25 POINT)

c) Dresser le tableau de variation de f_1. (0,25 POINT)

▶ **2.** *Étude graphique*

a) Identifier sur l'annexe les courbes (C_2) et (C_3) et placer sur le dessin le repère $(O ; \vec{i}, \vec{j})$. (0,5 POINT)

b) Étudier la position relative des courbes (C_1) et (C_3). (0,5 POINT)

c) Tracer (C_1) dans le même repère que (C_2) et (C_3) (sur l'annexe). (0,5 POINT)

Annexe

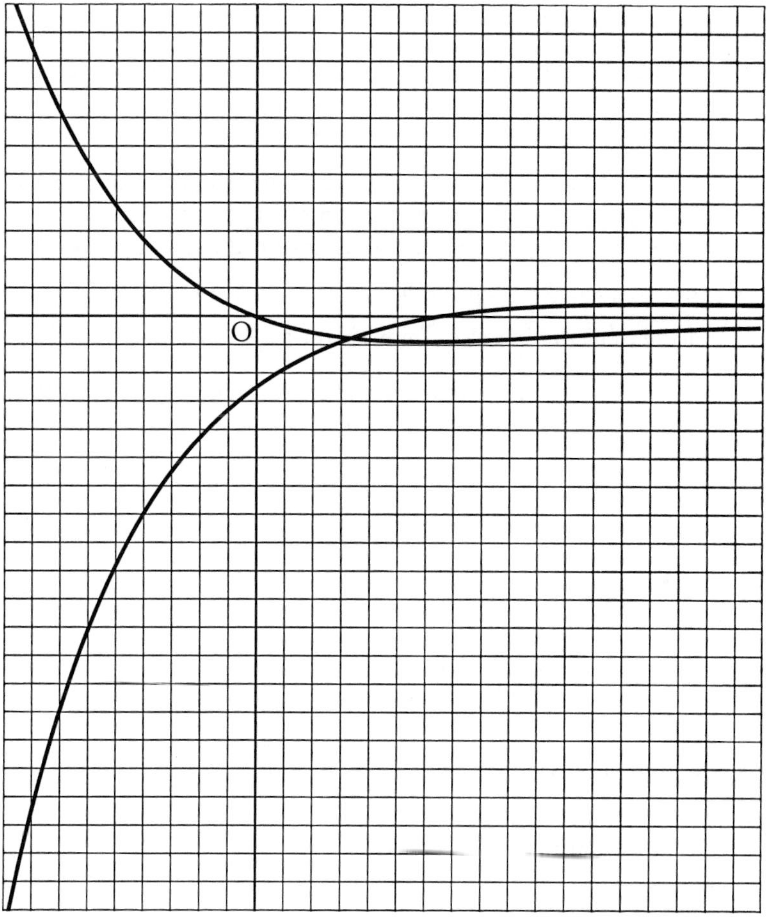

▶ **3.** *Étude d'équations différentielles*

(Ce type de question (sauf a)) n'est plus au programme à partir de la session 1999.)

a) Montrer que f_1 est solution de l'équation différentielle $(E_1) : y' + y = e^{-x}$. (0,5 POINT)

b) Montrer que f_1 est aussi solution de l'équation différentielle $(E_2) : y'' + 2y' + y = 0$. (0,5 POINT)

c) Déterminer toutes les solutions de l'équation différentielle (E_2). En déduire que f_2 et f_3 sont aussi des solutions de (E_2). (1,5 POINT)

d) Parmi les solutions de (E_2), quelles sont celles qui sont aussi solutions de (E_1) ? (0,5 POINT)

Partie B

✪ Étude d'aires liées à (C_1) et (C_3)

Pour n entier strictement positif, on appelle M_n le point de (C_3) d'abscisse $n\ln 2$.
On pose $f(x) = f_1(x) - f_3(x)$ pour tout x réel.

▶ 1. Calculer, en unités d'aire, l'aire U_n du domaine plan limité par la courbe (C_3), la courbe (C_1) et les segments $[M_n P_n]$ et $[M_{n+1} P_{n+1}]$ pour $n > 0$. (P_n et P_{n+1} sont les projections orthogonales respectives de M_n et M_{n+1} sur $(O ; \vec{i})$)(1,5 POINT)

▶ 2. Calculer, en unités d'aire, l'aire V_n du trapèze $P_nM_nM_{n+1}P_{n+1}$ pour $n > 0$. Montrer que le rapport $\frac{V_n}{U_n}$ est constant. (1 + 0,5 POINT)

❑ Corrigé

EXERCICE 1

Objet du problème : Dominos.

Connaissances mathématiques :
- Probabilités usuelles.
- Fonction logarithme népérien.

▶ 1. Il y a sept dominos portant la couleur violette (dont celle qui est double), 6 dominos portant la couleur indigo et pas la couleur violette, 5 dominos portant la couleur bleue et pas les couleurs indigo et violette, 4 dominos portant la couleur verte et aucune des 3 couleurs précédentes, ..., 2 dominos portant la couleur orange et aucune des 5 premières couleurs, et 1 domino ne portant que la couleur rouge.
Le nombre total de dominos est : $7 + 6 + 5 + 4 + 3 + 2 + 1 = \frac{8 \times 7}{2}$, c'est-à-dire 28.

Il y a 28 dominos différents.

▶ **2.** On tire simultanément trois dominos du sac.
Le nombre total de tirages distincts est : $C_{28}^{3} = 3276$.
Il y a sept dominos doubles et 21 qui ne le sont pas. Par conséquent, le nombre total de tirages distincts favorables à la réalisation de l'événement A : « On tire exactement deux doubles parmi les trois dominos » est :

$$C_7^2 \times C_{21}^1 = 21 \times 21, \text{ soit } 441.$$

La probabilité de A est alors :

$$p(A) = \frac{441}{3276}$$

$$\boxed{p(A) = \frac{7}{52}.}$$

La probabilité d'obtenir exactement deux doubles parmi les trois dominos est égale à $\frac{7}{52}$.

▶ **3.** On tire maintenant un seul domino dans le sac.
a) Soit J_2 l'événement : « Le jaune figure deux fois ».
Sur les 28 dominos contenus dans le sac, un seul est un double jaune.
Par conséquent :

La probabilité de l'événement J_2 est $\frac{1}{28}$.

b) Soit J_1 l'événement : « Le jaune figure une seule fois ».
Cette fois-ci, seuls 6 dominos ne contiennent qu'une seule fois la couleur jaune.
La probabilité de l'événement J_1 est $\frac{6}{28} = \frac{3}{14}$.

La probabilité que le jaune figure une seule fois est égale à $\frac{3}{14}$.

c) Soit J l'événement : « Le jaune figure au moins une fois ».
Nous avons $J = J_1 \cup J_2$ et les événements J_1 et J_2 sont incompatibles, donc

$$p(J) = p(J_1) + p(J_2)$$

$$p(J) = \frac{1}{28} + \frac{6}{28}$$

$$\boxed{p(J) = \frac{1}{4}.}$$

La probabilité que le jaune figure au moins une fois est égale à $\frac{1}{4}$.

▶ 4. On effectue n tirages successifs, avec remise, d'un domino, et on note, à chaque tirage, la (ou les) couleur(s) obtenue(s). Puisque les tirages sont effectués de façon indépendante, la probabilité que le jaune ne figure jamais au cours des n tirages est $\left(\frac{1}{4}\right)^n$.

L'événement contraire de : « Le jaune figure au moins une fois » (de probabilité p_n) est « Le jaune n'apparaît jamais », donc

$$\boxed{p_n = 1 - \left(\frac{1}{4}\right)^n.}$$

La probabilité que le jaune apparaisse au moins une fois au cours des n tirages est égale à $1 - \left(\frac{1}{4}\right)^n$.

$p_n \geqslant 0{,}99$ équivaut à $\quad 1 - \left(\frac{1}{4}\right)^n \geqslant 0{,}99$

$$\left(\frac{1}{4}\right)^n \leqslant 0{,}01$$

$$\ln\left[\left(\frac{1}{4}\right)^n\right] \leqslant \ln\left(10^{-2}\right)$$ car la fonction ln est strictement croissante sur $]0\,;+\infty[$.

$$n \ln \frac{1}{4} \leqslant -2 \ln 10$$

$$-n \ln 4 \leqslant -2 \ln 10$$

$$n \geqslant \frac{2 \ln 10}{\ln 4} \quad (\text{car } \ln 4 > 0)$$

$$n \geqslant \frac{2 \ln 10}{2 \ln 2}$$

$$\boxed{n \geqslant \frac{\ln 10}{\ln 2}.}$$

Or $\frac{\ln 10}{\ln 2} = 3{,}3$ à 0,1 près.

Le plus petit entier naturel n tel que $p_n \geqslant 0{,}99$ est 4.

Objet du problème : Applications géométriques des nombres complexes.

Connaissances mathématiques :
- Équation dans $\mathbb{C}$.
- Rotation de centre O.
- Module, argument d'un nombre complexe.

Partie A

Pour tout complexe z, $P(z) = z^4 + 2\sqrt{3}z^3 + 8z^2 + 2\sqrt{3}z + 7$.

► **1.** *a)* $P(i) = i^4 + 2\sqrt{3}i^3 + 8i^2 + 2\sqrt{3}i + 7$

or $i^4 = 1$, $i^3 = -i$ et $i^2 = -1$ donc

$$P(i) = 1 - 2\sqrt{3}i - 8 + 2\sqrt{3}i + 7 \text{ soit } \boxed{P(i) = 0.}$$

$$P(-i) = (-i)^4 + 2\sqrt{3}(-i)^3 + 8(-i)^2 - 2\sqrt{3}i + 7$$
$$P(-i) = i^4 - 2\sqrt{3}i^3 + 8i^2 - 2\sqrt{3}i + 7$$

donc $P(-i) = 1 + 2\sqrt{3}i - 8 - 2\sqrt{3}i + 7$.

$$\boxed{P(-i) = 0.}$$

b) De la question précédente, nous pouvons déduire que :
pour tout $z \in \mathbb{C}$,

$P(z) = (z - i)(z + i)\,Q(z)$ avec Q polynôme de degré 2 ou encore
$P(z) = (z^2 + 1)\,Q(z)$ avec $Q(z) = az^2 + bz + c$ avec a réel non nul.

Pour tout $z \in \mathbb{C}$,

$z^4 + 2\sqrt{3}z^3 + 8z^2 + 2\sqrt{3}z + 7 = (z^2 + 1)(az^2 + bz + c)$

$z^4 + 2\sqrt{3}z^3 + 8z^2 + 2\sqrt{3}z + 7 = az^4 + bz^3 + (a + c)z^2 + bz + c$.

Pour que ces deux polynômes à coefficient réels soient égaux, il suffit que leurs coefficients respectifs soient égaux. D'où

$$a = 1,\ b = 2\sqrt{3} \text{ et } c = 7.$$

Pour tout $z \in \mathbb{C}$,

$z^4 + 2\sqrt{3}z^3 + 8z^2 + 2\sqrt{3}z + 7 = (z^2 + 1)(z^2 + 2\sqrt{3}z + 7)$

► **2.** $P(z) = 0$ équivaut à $z^2 + 1 = 0$ ou $z^2 + 2\sqrt{3}z + 7 = 0$.

L'équation $z^2 + 1 = 0$ admet pour solutions $z = i$ et $z = -i$.

L'équation $z^2 + 2\sqrt{3}z + 7 = 0$ admet pour discriminant $\Delta = -16 = (4i)^2$ et les solutions de cette équation à coefficients réels sont deux complexes conjugués $-\sqrt{3} + 2i$ et $-\sqrt{3} - 2i$.

Les solutions, dans $\mathbb{C}$, de l'équation $P(z) = 0$ sont : i, $-i$, $-\sqrt{3} + 2i$ et $-\sqrt{3} - 2i$.

Partie B

▶ **1. Représentation graphique**

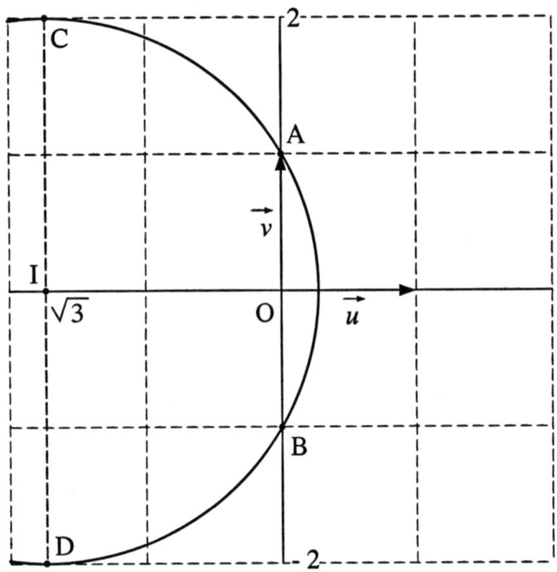

Le cercle (I) de diamètre [CD] a pour centre le point d'affixe $-\sqrt{3}$ puisque les affixes de C et D sont deux complexes conjugués de partie réelle $-\sqrt{3}$. Nous avons alors : $IC = ID = 2$ et $IA^2 = IO^2 + OA^2$ soit $IA^2 = 4$ et $IA = 2$. De même, $IB = 2$.

Donc les quatre points A, B, C et D sont sur le cercle de diamètre [CD].

▶ 2. Nous avons $OC = OD$, donc il existe une rotation de centre O qui transforme C en D. Une mesure de l'angle de cette rotation est donnée par $(\overrightarrow{OC}, \overrightarrow{OD})$.

Or $CD^2 = OC^2 + OD^2 - 2OC \times OD \cos(\widehat{COD})$
avec $CD = 4$, $OC = OD = \sqrt{7}$.
Soit $\cos(\widehat{COD}) = -\dfrac{1}{7}$ et $\widehat{COD} \approx 98$ degrés.

▶ 3. $\dfrac{z_B - z_C}{z_A - z_C} = \dfrac{-i-(-\sqrt{3}+2i)}{i-(-\sqrt{3}+2i)}$ soit $\dfrac{z_B - z_C}{z_A - z_C} = \dfrac{\sqrt{3}-3i}{\sqrt{3}-i}$

$\dfrac{z_B - z_C}{z_A - z_C} = \dfrac{(\sqrt{3}-3i)(\sqrt{3}+i)}{4}$ soit $\dfrac{z_B - z_C}{z_A - z_C} = \dfrac{6-2\sqrt{3}i}{4}$

ou encore $\dfrac{z_B - z_C}{z_A - z_C} = \dfrac{3}{2} - \dfrac{\sqrt{3}}{2}i$.

$\dfrac{3}{2} - \dfrac{\sqrt{3}}{2}i = \sqrt{3}\left(\dfrac{\sqrt{3}}{2} - i\dfrac{1}{2}\right) = \sqrt{3}e^{-i\frac{\pi}{3}}$ soit $\dfrac{z_B - z_C}{z_A - z_C} = \sqrt{3}e^{-i\frac{\pi}{3}}$.

Le complexe $\dfrac{z_B - z_C}{z_A - z_C}$ est de module $\sqrt{3}$ avec un argument de $-\dfrac{\pi}{3}$.

Nous en déduisons que $\dfrac{CB}{CA} = \sqrt{3}$ et $\arg\left(\dfrac{z_B - z_C}{z_A - z_C}\right) = -\dfrac{\pi}{3}(2\pi)$ qui se traduit par $\arg(z_B - z_C) - \arg(z_A - z_C) = -\dfrac{\pi}{3}(2\pi)$ donc $(\vec{u}, \overrightarrow{CB}) - (\vec{u}, \overrightarrow{CA}) = -\dfrac{\pi}{3}(2\pi)$ soit $(\overrightarrow{CA}, \overrightarrow{CB}) = -\dfrac{\pi}{3}(2\pi)$.

PROBLÈME

Objet du problème : Autour d'une fonction

Connaissances mathématiques :
- Fonction exponentielle de base e.
- Équations différentielles.
- Suites numériques.
- Fonction logarithme népérien.

Partie A

Soient f_1, f_2 et f_3 les fonctions définies, pour tout $x \in \mathbb{R}$, par
$f_1(x) = (x+1)e^{-x}$, $f_2(x) = -xe^{-x}$ et $f_3(x) = (x-1)e^{-x}$.

▶ **1. Étude de la fonction f_1**

a) Pour tout $x \in \mathbb{R}$, $f_1'(x) = 1 \times e^{-x} - (x + 1)e^{-x}$.

$$\boxed{\textbf{Pour tout réel } x, f_1'(x) = -xe^{-x}.}$$

$f_1'(x)$ est du signe de $-x$ car, pour tout réel x, $e^{-x} > 0$.

$$\boxed{\begin{array}{l}\textbf{Pour tout réel } x \in]-\infty ; 0[, f_1'(x) > 0.\\ \textbf{Pour tout réel } x \in]0 ; +\infty[, f_1'(x) < 0.\\ f_1'(0) = 0\end{array}}$$

f_1 est strictement croissante sur $]-\infty ; 0]$ et strictement décroissante sur $[0 ; +\infty[$.

b) Nous avons $\begin{cases} \lim\limits_{x \to -\infty} (x + 1) = -\infty \\ \lim\limits_{x \to -\infty} e^{-x} = +\infty \end{cases}$

donc $$\boxed{\lim_{x \to -\infty} f_1(x) = -\infty.}$$

Pour tout réel x, $f_1(x) = xe^{-x} + e^{-x}$

$$f_1(x) = \frac{x}{e^x} + \frac{1}{e^x}$$

et $\begin{cases} \lim\limits_{x \to +\infty} \dfrac{x}{e^x} = 0 \quad \text{(croissances comparées)} \\ \lim\limits_{x \to -\infty} \dfrac{1}{e^x} = 0. \end{cases}$

Par conséquent, $$\boxed{\lim_{x \to +\infty} f_1(x) = 0.}$$

L'axe des abscisses est aymptote à (C_1) au voisinage de $+\infty$.

c) f_1 admet un maximum en 0, égal à

$$f_1(0) = e^0$$
$$f_1(0) = 1.$$

Tableau des variations de f_1

x	$-\infty$		0		$+\infty$
Signe de $f_1'(x)$		$+$	0	$-$	
Variations de f_1	$-\infty$	↗	1	↘	0

▸ **2. Étude graphique**

a) Nous avons $f_2(0) = 0$ et $f_3(0) = -1$.

(C_2) est la courbe qui coupe l'axe des ordonnées au point O.

(C_3) est la courbe qui coupe l'axe des ordonnées au point de coordonnées $(0 ; -1)$.

b) Nous avons, pour tout $x \in \mathbb{R}$,

$$f_3(x) - f_1(x) = (x-1)e^{-x} - (x+1)e^{-x}$$

$$f_3(x) - f_1(x) = -2e^{-x}.$$

Puisque l'on a, pour tout $x \in \mathbb{R}$, $e^{-x} > 0$, on en déduit que,

pour tout réel x, $\boxed{f_3(x) - f_1(x) < 0.}$

(C_3) est au-dessous de (C_1) sur $\mathbb{R}$.

c) **Représentation graphique**

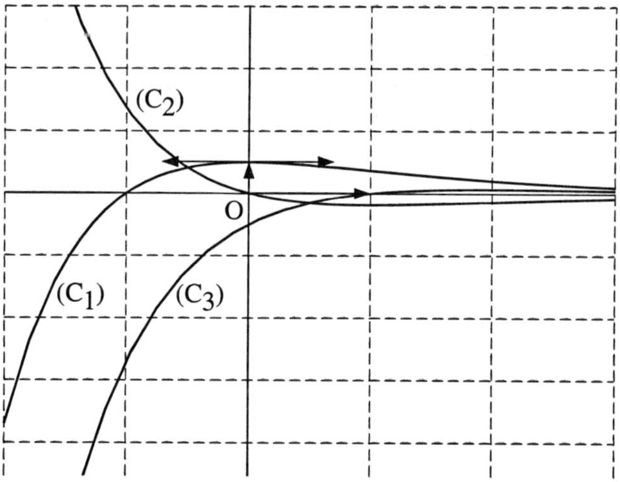

▸ **3. Étude d'équations différentielles**

a) Soit (E_1) l'équation différentielle $y' + y = e^{-x}$.

Puisque, pour tout $x \in \mathbb{R}$,

$$f_1'(x) = -xe^{-x}.$$

On en déduit que, pour tout $x \in \mathbb{R}$,

$$f_1'(x) + f_1(x) = (x+1)e^{-x} - xe^{-x}$$

Pour tout réel x, $f_1'(x) + f_1(x) = e^{-x}$.

f_1 est solution de l'équation différentielle (E_1).

b) Pour tout $x \in \mathbb{R}$,

$$f_1''(x) = -1 \times e^{-x} + x \times e^{-x}$$

$$f_1''(x) = (x-1)e^{-x}.$$

Ainsi, pour tout réel x,

$$f_1''(x) + 2f_1'(x) + f_1(x) = (x-1)e^{-x} - 2xe^{-x} + (x+1)e^{-x}$$

$$f_1''(x) + 2f_1'(x) + f_1(x) = (x - 1 - 2x + x + 1)e^{-x}.$$

Pour tout réel x, $f_1''(x) + 2f_1'(x) + f_1(x) = 0$.

f_1 est solution de l'équation différentielle $(E_2) : y'' + 2y' + y = 0$.

c) L'équation différentielle (E_2) admet pour équation caractéristique $r^2 + 2r + 1 = 0$, et $r^2 + 2r + 1 = 0$ équivaut à

$$(r+1)^2 = 0$$

$$r = -1.$$

L'ensemble des solutions de (E_2) est l'ensemble des fonctions f définies pour tout réel x par $f(x) = (ax + b)e^{-x}$ où a et b désignent deux constantes réelles quelconques.

f_2 admet pour expression algébrique $f_2(x) = -xe^{-x}$ et, pour tout réel x, $f_2(x) = (ax + b)e^{-x}$, avec $a = -1$ et $b = 0$, donc **f_2 est solution de (E_2).** De la même façon, **f_3 est solution de (E_2)** (avec $a = 1$ et $b = 1$).

f_2 et f_3 sont solutions de (E_2).

d) Soit f une solution de (E_2).

Pour tout $x \in \mathbb{R}$,

$$f'(x) = ae^{-x} - (ax + b)e^{-x}$$

$$f'(x) = (-ax + a - b)e^{-x}.$$

f est solution de (E_1) équivaut à :
pour tout réel x, $f'(x) + f(x) = e^{-x}$
pour tout réel x, $(-ax + a - b)e^{-x} + (ax + b)e^{-x} = e^{-x}$
pour tout réel x, $ae^{-x} = e^{-x}$, ce qui équivaut à $a = 1$ car e^{-x} n'est jamais nul.

Les solutions de (E_2) qui sont aussi solutions de (E_1) sont les fonctions définies pour tout réel x par $f(x) = (x + b)e^{-x}$, où b est une constante réelle quelconque.

Partie B

Pour tout $n \in \mathbb{N}^*$, on pose M_n le point de (C_3) d'abscisse $n \ln 2$, et P_n le point d'abscisse $n \ln 2$ et d'ordonnée 0.

Attention ! Les points P_n n'ont pas été définis dans l'énoncé original.

Soit f la fonction définie, pour tout réel x, par $f(x) = f_1(x) - f_3(x)$.

▶ **1.** Nous avons montré, à la question **A.2.**, que (C_1) est située au-dessus de (C_3) sur $\mathbb{R}$.

Par conséquent, l'aire U_n, exprimée en unités d'aire est :

$$U_n = \int_{n\ln 2}^{(n+1)\ln 2} (f_1(x) - f_3(x))\,dx$$

$$U_n = \int_{n\ln 2}^{(n+1)\ln 2} ((x+1)e^{-x} - (x-1)e^{-x})\,dx$$

$$U_n = \int_{n\ln 2}^{(n+1)\ln 2} 2e^{-x}\,dx$$

$$U_n = 2\Big[-e^{-x}\Big]_{n\ln 2}^{(n+1)\ln 2}$$

$$U_n = 2(-e^{-(n+1)\ln 2} + e^{-n\ln 2})$$

$$U_n = 2\left(-e^{\ln\frac{1}{2^{n+1}}} + e^{\ln\frac{1}{2^n}}\right)$$

$$U_n = 2\left(-\frac{1}{2^{n+1}} + \frac{1}{2^n}\right) \text{ car, pour tout } x > 0,\ e^{\ln x} = x.$$

$$U_n = 2\left(-\frac{1}{2^{n+1}} + \frac{2}{2^{n+1}}\right)$$

$$\boxed{U_n = \frac{1}{2^n}.}$$

▶ 2. L'aire V_n, en unités d'aire, du trapèze $P_nM_nM_{n+1}P_{n+1}$ est :

$$V_n = \frac{(M_nP_n + M_{n+1}P_{n+1}) \times P_nP_{n+1}}{2}$$

$$V_n = \frac{\left(e^{-(n+1)\ln 2} + e^{-n\ln 2}\right) \times \ln 2}{2}$$

$$V_n = \frac{\left(\frac{1}{2^{n+1}} + \frac{1}{2^n}\right) \times \ln 2}{2}$$

$$\boxed{V_n = \frac{3 \ln 2}{2^{n+2}}.}$$

On en déduit que, pour tout entier naturel n strictement positif,

$$\frac{V_n}{U_n} = \frac{\frac{3 \ln 2}{2^{n+2}}}{\frac{1}{2^n}}$$

$$\frac{V_n}{U_n} = \frac{3 \ln 2}{2^2}$$

soit, pour tout entier naturel n strictement positif,

$$\boxed{\frac{V_n}{U_n} = \frac{3 \ln 2}{4}.}$$

Le rapport $\frac{V_n}{U_n}$ est constant.

3 POLYNÉSIE
JUIN 1998 • SÉRIE S

EXERCICE 1 — 5 POINTS

Commun à tous les candidats

Une urne A contient 2 boules rouges et 3 boules noires ; une urne B contient 3 boules rouges et 2 boules noires.
On tire au hasard une boule de l'urne A :
- si elle est noire, on la place dans l'urne B,
- sinon, on l'écarte du jeu.

On tire au hasard ensuite une boule de l'urne B.
On considère les événements suivants :
R_1 : « La boule tirée de A est rouge » ; N_1 : « La boule tirée de A est noire » ;
R_2 : « La boule tirée de B est rouge » ; N_2 : « La boule tirée de B est noire ».

▶ **1.** *a*) Calculer les probabilités des événements R_1 et N_1.
(0,25 + 0,25 POINT)
b) Calculer les probabilités des événements « R_2 sachant R_1 » et « R_2 sachant N_1 ». (0,5 + 0,5 POINT)
En déduire que la probabilité de R_2 est de $\frac{27}{50}$. (0,5 POINT)
c) Calculer la probabilité de N_2. (0,5 POINT)

▶ **2.** On répète n fois l'épreuve précédente (tirage d'une boule de A, suivi du tirage d'une boule de B dans les mêmes conditions initiales indiquées ci-dessus), en supposant les différentes épreuves indépendantes.
Quel nombre minimum d'essais doit on effectuer pour que la probabilité d'obtenir au moins une fois une boule rouge de l'urne B soit supérieure à 0,99 ? (2 POINTS)

EXERCICE 2 — 5 POINTS

Candidats n'ayant pas suivi l'enseignement de spécialité

Le plan complexe est muni d'un repère orthonormal $(O ; \vec{u}, \vec{v})$ (unité graphique : 2 cm).
On note A le point d'affixe 1 et B le point d'affixe $3 + 2i$. On appelle f l'application qui, à tout point M distinct de A et d'affixe z, associe le point M′ d'affixe z' définie par $z' = \frac{z - 1 + 2i}{z - 1}$.

▶ **1.** Calculer les affixes des points O′ et B′, images respectives des points O et B par *f*. Placer les points A, O′, B et B′ dans le plan. (0,5 + 0,25 POINT)

▶ **2.** *a*) Calculer, pour tout complexe z différent de 1, le produit $(z'-1)(z-1)$. (0,5 POINT)
b) En déduire que, pour tout point M distinct de A, on a (1 POINT) :

$$AM \times AM' = 2 \text{ et } (\vec{u}, \overrightarrow{AM}) + (\vec{u}, \overrightarrow{AM'}) = \frac{\pi}{2} + 2k\pi,\ k \in \mathbb{Z}.$$

▶ **3.** Démontrer que, si M appartient au cercle (C) de centre A passant par O, alors M′ appartient à un cercle (C′). En préciser le centre et le rayon. Construire (C) et (C′). (0,5 + 0,5 + 0,25 POINT)

▶ **4.** *a*) Déterminer l'angle $(\vec{u}, \overrightarrow{AB})$. (0,5 POINT)
b) Démontrer que, si M est un point autre que A de la demi-droite (*d*) d'origine A, passant par B, alors M′ appartient à une demi-droite que l'on précisera. (0,5 POINT)

▶ **5.** On appelle P le point d'intersection du cercle (C) et de la demi-droite (*d*). Placer son image P′ sur la figure. (0,5 POINT)

PROBLÈME — 10 POINTS

Commun à tous les candidats

Partie A

✪ Résolution d'une équation différentielle

▶ **1.** Déterminer les fonctions définies sur $\mathbb{R}$ solutions de l'équation différentielle (E_1) :

$$y'' + 2y' + y = 0. \text{ (0,5 POINT)}$$

▶ **2.** On considère l'équation différentielle (E_2) :

$$y'' + 2y' + y = x + 3.$$

a) Vérifier que la fonction p définie sur $\mathbb{R}$ par $p(x) = x + 1$ est solution de (E_2). (0,25 POINT)
b) Démontrer qu'une fonction g est solution de (E_2) si, et seulement si, la fonction $g - p$ est solution de (E_1). (0,5 POINT)
c) Déduire de **1.** et de **2.***b*) toutes les solutions de (E_2). (0,5 POINT)

d) Déterminer la solution de (E_2) qui vérifie :

$$g(0) = 1 \text{ et } g'(0) = 2. \text{ (0,25 POINT)}$$

(Ce type de question n'est plus au programme à partir de la session de 1999.)

Partie B

✪ Étude d'une fonction f et courbe représentative

On appelle f la fonction définie sur l'intervalle $[0\,;+\infty[$ par :

$$f(x) = x + 1 + xe^{-x}.$$

On note (C) la courbe représentative de f dans le plan muni du repère orthonormal $(O\,;\vec{i}, \vec{j})$ (unité graphique : 2 cm).

▶ **1.** *a*) f' et f'' désignant respectivement les dérivées première et seconde de f, calculer, pour tout réel x, $f'(x)$ et $f''(x)$. (0,25 + 0,25 POINT)

b) Étudier le sens de variation de la dérivée f'. (0,5 POINT)

c) Démontrer que, pour tout réel x positif, $f'(x) > 0$. (0,25 POINT)

d) Calculer la limite de f en $+\infty$. (0,25 POINT)

e) Dresser le tableau de variation de la fonction f. (0,25 POINT)

▶ **2.** *a*) Démontrer que la droite (D) d'équation $y = x + 1$ est asymptote à (C) et préciser la position relative de (D) et (C). (0,5 + 0,5 POINT)

b) La courbe (C) admet en un point A une tangente parallèle à la droite (D). Déterminer les coordonnées de A. (0,25 POINT)

▶ **3.** Démontrer que l'équation $f(x) = 2$ admet sur $[0\,;+\infty[$ une unique solution notée α, puis vérifier que $0 < \alpha < 1$. (0,5 POINT)

▶ **4.** *a*) Construire la droite (D), le point A défini au **2.** *b*), la courbe (C) et la tangente en A à la courbe (C). (0,5 POINT)

b) Donner par lecture graphique une valeur approchée de α. (0,25 point)

Partie C

✪ Recherche d'une approximation décimale de α

▶ **1.** Démontrer que, sur $[0\,;+\infty[$, l'équation $f(x) = 2$ équivaut à l'équation : $\dfrac{e^x}{e^x+1} = x$. (0,25 POINT)

▶ **2.** On appelle h la fonction définie sur l'intervalle $[0\,;1]$ par :

$$h(x) = \frac{e^x}{e^x+1}.$$

a) Calculer $h'(x)$ pour tout réel x de l'intervalle $[0 ; 1]$ et réaliser le tableau de variation de la fonction h. (0,5 POINT)

b) En déduire que, pour tout réel x de $[0 ; 1]$, $h(x)$ appartient à $[0 ; 1]$. (0,25 POINT)

c) Calculer $h''(x)$ pour tout réel x de l'intervalle $[0 ; 1]$; étudier le sens de variation de h'. (0,5 POINT)

d) En déduire que, pour tout réel x de $[0 ; 1]$, $0 \leqslant h'(x) \leqslant \frac{1}{4}$. (0,25 POINT)

▶ **3.** On définit la suite $(u_n)_{n \in \mathbb{N}}$ par :

$$\begin{cases} u_0 = 0 \\ u_{n+1} = h(u_n) \quad \text{pour tout entier naturel } n. \end{cases}$$

a) Démontrer que, pour tout entier naturel n, u_n appartient à l'intervalle $[0 ; 1]$. (0,5 POINT)

b) Démontrer que, pour tout entier naturel n, $|u_{n+1} - \alpha| \leqslant \frac{1}{4}|u_n - \alpha|$. (0,5 POINT)

c) En déduire que, pour tout entier naturel n, $|u_n - \alpha| \leqslant \left(\frac{1}{4}\right)^n$, puis que la suite $(u_n)_{n \in \mathbb{N}}$ converge vers α. (0,5 + 0,25 POINT)

d) Déterminer un entier p tel que u_p soit une valeur approchée à 10^{-6} près de α et, à l'aide de la calculatrice, proposer une approximation décimale de u_p à 10^{-6} près. Que peut-on en déduire pour α ? (0,75 POINT)

❑ Corrigé

EXERCICE 1

Objet du problème : Tirage de boules.

Connaissances mathématiques :
- Probabilités usuelles.
- Probabilités conditionnelles.
- Fonction logarithme népérien.

▶ **1.** Soient R_1, R_2, N_1 et N_2 les événements :
R_1 : « La boule tirée de A est rouge » ;
R_2 : « La boule tirée de B est rouge » ;
N_1 : « La boule tirée de A est noire » ;
N_2 : « La boule tirée de B est noire ».

a) L'urne A contient 5 boules, dont 2 rouges et 3 noires.
Puisqu'on tire au hasard une boule de l'urne,

$$\boxed{p(R_1) = \frac{2}{5}\,;\, p(N_1) = \frac{3}{5}.}$$

La probabilité de tirer une boule rouge dans l'urne A est égale à $\frac{2}{5}$, et celle de tirer une boule noire dans cette urne est $\frac{3}{5}$.

b) Si la boule tirée dans A est rouge, elle est écartée du jeu, et l'urne B contient toujours 3 boules rouges et 2 boules noires. Par conséquent,

$$\boxed{p(R_2/R_1) = \frac{3}{5}.}$$

Si la boule tirée dans A est noire, elle est placée dans l'urne B qui contient alors 6 boules dont trois rouges. Ainsi,

$$p(R_2/N_1) = \frac{3}{6}$$

$$\boxed{p(R_2/N_1) = \frac{1}{2}.}$$

Les événements N_1 et R_1 sont incompatibles et forment une partition de l'univers Ω.La formule des probabilités totales permet alors d'affirmer que :

$$p(R_2) = p(R_2 \cap N_1) + p(R_2 \cap R_1)$$
$$p(R_2) = p(R_2/N_1) \times p(N_1) + p(R_2/R_1) \times p(R_1)$$
$$p(R_2) = \frac{1}{2} \times \frac{3}{5} + \frac{3}{5} \times \frac{2}{5}$$
$$p(R_2) = \frac{3}{10} + \frac{6}{25}$$
$$\boxed{p(R_2) = \frac{27}{50}.}$$

La probabilité que la boule tirée dans l'urne B soit rouge est égale à $\frac{27}{50}$.

c) L'événement R_2 est l'événement contraire de N_2, donc

$$p(N_2) = 1 - p(R_2)$$
$$p(N_2) = 1 - \frac{27}{50}$$
$$\boxed{p(N_2) = \frac{23}{50}.}$$

La probabilité de tirer une boule noire dans l'urne B est égale à $\frac{23}{50}$.

▶ **2.** On répète n fois l'épreuve précédente, et l'on suppose que les différentes épreuves sont indépendantes.
La probabilité de n'obtenir aucune boule rouge au cours des n tirages dans l'urne B est $\left(\frac{23}{50}\right)^n$ (c'est aussi la probabilité d'obtenir n boules noires).

L'événement « Obtenir au moins une fois une boule rouge au cours des n tirages » (de probabilité p_n) est l'événement contraire de « N'obtenir aucune boule rouge au cours des n tirages ». Par conséquent,

$$\boxed{p_n = 1 - \left(\frac{23}{50}\right)^n.}$$

$p_n \geqslant 0{,}99$ équivaut à

$$1 - \left(\frac{23}{50}\right)^n \geqslant 0{,}99$$

$$\left(\frac{23}{50}\right)^n \leqslant 10^{-2}$$

$$\ln\left[\left(\frac{23}{50}\right)^n\right] \leqslant \ln(10^{-2})$$ (car la fonction ln est strictement croissante sur $]0\,;+\infty[$)

$$n \ln \frac{23}{50} \leqslant -2 \ln 10$$

$$n \geqslant -\frac{2 \ln 10}{\ln \frac{23}{50}}$$ (car $\ln \frac{23}{50} < 0$ puisque $0 < \frac{23}{50} < 1$)

$$n \geqslant \frac{2 \ln 10}{\ln \frac{50}{23}}$$

$$n \geqslant \frac{2 \ln 10}{\ln 50 - \ln 23}.$$

Or $\frac{2 \ln 10}{\ln 50 - \ln 23} = 5{,}9$ à 0,1 près, donc on doit avoir $n \geqslant 6$.

Il faut effectuer au minimum 6 essais pour que la probabilité d'obtenir au moins une boule rouge dans l'urne B soit supérieure à 0,99.

EXERCICE 2

Objet du problème : Application géométrique des nombres complexes.

Connaissances mathématiques :
- Module, argument d'un nombre complexe.
- Angles orientés.

▶ **1.** Nous avons, pour $z \neq 1$, $f(z) = \frac{z - 1 + 2i}{z - 1}$ donc l'affixe de O′ image de O est $f(0) = \frac{-1 + 2i}{-1}$ soit $1 - 2i$.

L'affixe de B' image de B est $f(3+2i) = \dfrac{3+2i-1+2i}{3+2i-1}$

$$f(3+2i) = \frac{2+4i}{2+2i} \text{ soit } 3+i.$$

Les affixes respectives de O' et B' sont : $1-2i$ et $3+i$.

▶ 2. *a*) Pour tout complexe z différent de 1,

$$(z'-1)(z-1) = \left(\frac{z-1+2i}{z-1} - 1\right)(z-1).$$

$$(z'-1)(z-1) = \left(\frac{z-1+2i-z+1}{z-1}\right)(z-1)$$

$$\boxed{(z'-1)(z-1) = 2i.}$$

b) Nous déduisons du calcul précédent : $|(z'-1)(z-1)| = 2$ soit $|z'-1| \times |z-1| = 2$.
Or $|z'-1| = \text{AM}'$ et $|z-1| = \text{AM}$ soit $\boxed{\text{AM} \times \text{AM}' = 2.}$

Nous déduisons aussi de *b*) que :

$\arg(z'-1)(z-1) = \dfrac{\pi}{2}(2\pi)$ soit $\arg(z'-1) + \arg(z-1) = \dfrac{\pi}{2}(2\pi)$.
Or $\arg(z'-1) = (\vec{u}, \overrightarrow{\text{AM}'})(2\pi)$ et $\arg(z-1) = (\vec{u}, \overrightarrow{\text{AM}})(2\pi)$.
Par conséquent,

$$\boxed{(\vec{u}, \overrightarrow{\text{AM}}) + (\vec{u}, \overrightarrow{\text{AM}'}) = \frac{\pi}{2}(2\pi).}$$

▶ 3. Si M appartient au cercle de centre A passant par O alors $|z-1| = \text{AM} = 1$. De ce fait, $\text{AM}' = 2$ et M' appartient au cercle de centre A et de rayon 2.

Figure

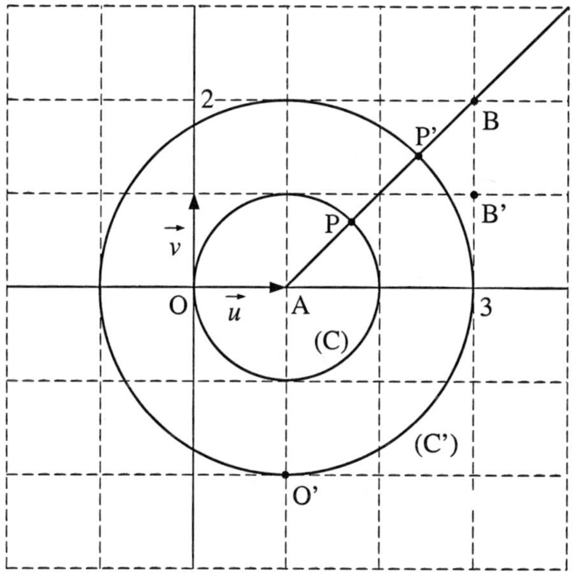

▶ 4. *a*) Soit H la projection orthogonale de B sur l'axe (O ; $\vec{u}$), le point A a pour abscisse 1 et le point B, donc aussi le point H, ont pour abscisse 3. De plus, HB = 2 = AH donc le triangle AHB est rectangle isocèle avec B dans le demi-plan situé au-dessus de l'axe des abscisses.

Donc une mesure de $(\vec{u}, \overrightarrow{AB})$ est $\frac{\pi}{4}$.

b) Si M est un point de la demi-droite]AB) alors $(\vec{u}, \overrightarrow{AM}) = \frac{\pi}{4} (2\pi)$ et d'après **2.***b*) nous avons : $\frac{\pi}{4} + (\vec{u}, \overrightarrow{AM'}) = \frac{\pi}{2} (2\pi)$ soit $(\vec{u}, \overrightarrow{AM'}) = \frac{\pi}{4} (2\pi)$ donc **M' appartient à la demi-droite (d).**

▶ 5. Soit P le point d'intersection de (d) et du cercle (C). Son image P' appartient à (C'), puisque tout point de (C) a pour image un point de (C'). Comme P appartient aussi à (d), son image P' est un point de (d), d'après la question précédente.

Le point P' est à l'intersection de (d) et de (C').

Objet du problème : Approximation décimale de la solution d'une équation.

Connaissances mathématiques :
- Équations différentielles du second ordre.
- Fonction exponentielle.
- Accroissements finis.

Partie A

▶ 1. Soit (E_1) l'équation différentielle $y'' + 2y' + y = 0$.
(E_1) admet pour équation caractéristique $r^2 + 2r + 1 = 0$, et $r^2 + 2r + 1 = 0$ équivaut à

$$(r+1)^2 = 0$$
$$r = -1.$$

L'ensemble des solutions de (E_1) est l'ensemble des fonctions f définies, pour tout réel x, par $f(x) = (ax + b)e^{-x}$ où a et b désignent deux constantes réelles quelconques.

▶ 2. Soit (E_2) l'équation différentielle $y'' + 2y' + y = x + 3$ et p la fonction définie, pour tout $x \in \mathbb{R}$, par $p(x) = x + 1$.

a) Pour tout $x \in \mathbb{R}$, $p'(x) = 1$
et $p''(x) = 0$.
Par conséquent, nous avons
pour tout $x \in \mathbb{R}$, $p''(x) + 2p'(x) + p(x) = 0 + 2 + x + 1$.

Pour tout réel x, $p''(x) + 2p'(x) + p(x) = x + 3.$

p est solution de l'équation différentielle (E_2).

b) Soit g une fonction deux fois dérivable sur $\mathbb{R}$.
$g - p$ est solution de (E_1) si, et seulement si,
pour tout $x \in \mathbb{R}$,

$$(g-p)''(x) + 2(g-p)'(x) + (g-p)(x) = 0$$
$$g''(x) - p''(x) + 2g'(x) - 2p'(x) + g(x) - p(x) = 0$$
$$g''(x) + 2g'(x) + g(x) = p''(x) + 2p'(x) + p(x).$$

Or p est solution de (E_2), donc on a,
pour tout $x \in \mathbb{R}$, $p''(x) + 2p'(x) + p(x) = x + 3$.
Ainsi, $g - p$ est solution de (E_1) si, et seulement si,

Pour tout réel x, $g''(x) + 2g'(x) + g(x) = x + 3.$

g est solution de (E_2) si, et seulement si, $g - p$ est solution de (E_1).

c) $g - p$ est solution de (E_1) si, et seulement si,
d'une part, pour tout $x \in \mathbb{R}$, $g(x) - p(x) = (ax + b)e^{-x}$,
soit $g(x) = p(x) + (ax + b)e^{-x}$;
d'autre part, g est solution de (E_2).

L'ensemble des solutions de (E_2) est l'ensemble des fonctions g définies, pour tout réel x, par $g(x) = x + 1 + (ax + b)e^{-x}$ où a et b désignent deux constantes réelles arbitraires.

d) Pour tout $x \in \mathbb{R}$, $g'(x) = 1 + ae^{-x} - (ax + b)e^{-x}$

$$g'(x) = 1 + (-ax + a - b)e^{-x}$$

$$\begin{cases} g(0) = 1 \\ g'(0) = 2 \end{cases} \text{ équivaut donc à } \begin{cases} 1 + be^0 = 1 \\ 1 + (a - b)e^0 = 2 \end{cases}$$

$$\begin{cases} b = 0 \\ a - b = 1 \end{cases}$$

$$\begin{cases} b = 0 \\ a = 1. \end{cases}$$

La solution de (E_2) qui vérifie $g(0) = 1$ et $g'(0) = 2$ est définie, pour tout réel x, par $g(x) = x + 1 + xe^{-x}$.

Partie B

Soit f la fonction définie, pour tout $x \in [0 ; +\infty[$, par

$$f(x) = x + 1 + xe^{-x}.$$

Remarquons que f n'est autre que la solution établie dans la question précédente.

▶ **1.** *a*) Pour tout $x \in [0 ; +\infty[$, $f'(x) = 1 + 1 \times e^{-x} - xe^{-x}$.

Pour tout $x \in [0 ; +\infty[$, $f'(x) = 1 + (1 - x)e^{-x}$.

De plus, pour tout $x \in [0 ; +\infty[$, $f''(x) = -e^{-x} - (1 - x)e^{-x}$.

Pour tout $x \in [0 ; +\infty[$, $f''(x) = (x - 2)e^{-x}$.

b) $f''(x)$ est du signe de $(x - 2)$ car, pour tout $x \in [0 ; +\infty[$, $e^{-x} > 0$.

Pour tout $x \in [0 ; 2[$, $f''(x) < 0$.
Pour tout $x \in]2 ; +\infty[$, $f''(x) > 0$.
$f''(2) = 0$.

f' est strictement décroissante sur $[0 ; 2]$ et strictement croissante sur $[2 ; +\infty[$.

c) De l'étude précédente, nous déduisons que $f'(2)$ est le minimum de f' sur $[0\ ;+\infty[$.
Or $$f'(2) = 1 + (1-2)e^{-2}$$

$$\boxed{f'(2) = 1 - \frac{1}{e^2}.}$$

et $1 - \dfrac{1}{e^2} = 0{,}8$ à 0,1 près, donc $f'(2) > 0$.

Pour tout réel x positif, $f'(x) > 0$.

f est strictement croissante sur $[0\ ;+\infty[$.

d) Nous avons
$$\lim_{x \to +\infty} xe^{-x} = \lim_{x \to +\infty} \frac{x}{e^x}$$
$$\lim_{x \to +\infty} xe^{-x} = 0 \text{ (croissances comparées)}$$
$$\lim_{x \to +\infty} (x+1) = +\infty$$

$$\boxed{\lim_{x \to +\infty} f(x) = +\infty.}$$

e) **Tableau des variations de f**

x	0	$+\infty$
Signe de $f'(x)$	+	
Variations de f	1 ↗	$+\infty$

▶ 2. *a*) Soit (D) la droite d'équation $y = x + 1$.
Pour tout $x \in [0\ ;+\infty[$, $f(x) - (x+1) = xe^{-x}$
et, pour tout $x \in [0\ ;+\infty[$, $x \geqslant 0$ et $e^{-x} > 0$.
Pour tout $x \in [0\ ;+\infty[$, $f(x) - (x+1) \geqslant 0$.
(C) est au-dessus de (D) sur $[0\ ;+\infty[$.

b) (C) admet une tangente en un point A d'abscisse x parallèle à (D) si, et seulement si, $f'(x) = 1$.
Or $f'(x) = 1$ équivaut à $1 + (1-x)e^{-x} = 1$
$$(1-x)e^{-x} = 0$$
$$x = 1 \text{ (car, pour tout } x \in [0\ ;+\infty[,\ e^{-x} \neq 0).$$

De plus, $\boxed{f(1) = 2 + \frac{1}{e}.}$

(C) admet une tangente parallèle à (D) au point A de coordonnées $\left(1\,;2 + \frac{1}{e}\right)$.

▶ **3.** f est dérivable et strictement croissante sur $[0\,;+\infty[$; elle réalise une bijection de $[0\,;+\infty[$ sur $[1\,;+\infty[$ et $2 \in [1\,;+\infty[$.

L'équation $f(x) = 2$ admet une unique solution α sur $[0\,;+\infty[$.

Puisque $f(0) = 1$ et $f(1) > 2$, on en déduit que

$$\boxed{0 < \alpha < 1.}$$

▶ 4. *a*) **Représentation graphique**

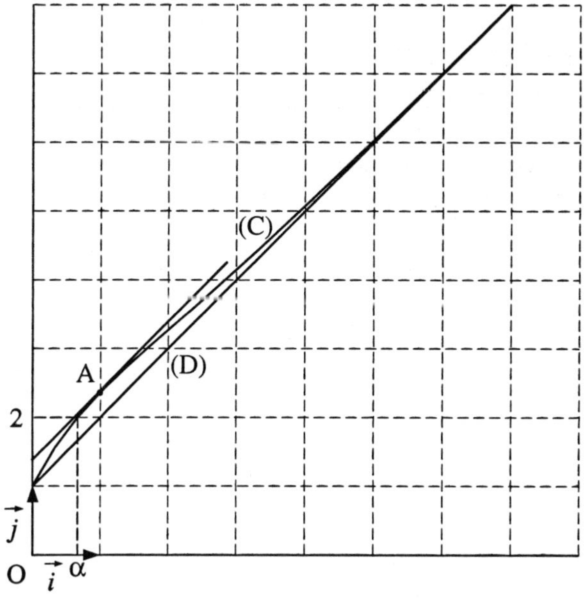

b) (C) coupe la droite d'équation $y = 2$ en un point dont l'abscisse est environ égale à 0,6.

Une valeur approchée de α est 0,6.

Partie C

▶ **1.** Sur $[0\ ;+\infty[$, $f(x)=2$ équivaut à

$$x+1+xe^{-x}=2$$

$$x\times\left(1+\frac{1}{e^x}\right)=1$$

$$x\times\frac{e^x+1}{e^x}=1$$

$$\boxed{x=\frac{e^x}{e^x+1}.}$$

▶ **2.** Soit h la fonction définie, pour tout $x\in[0\ ;1]$, par $h(x)=\dfrac{e^x}{e^x+1}$.

a) Pour tout $x\in[0\ ;1]$,

$$h'(x)=\frac{e^x(e^x+1)-e^x\times e^x}{(e^x+1)^2}.$$

$$\boxed{\textbf{Pour tout } x\in[0\ ;1],\ h'(x)=\frac{e^x}{(e^x+1)^2}.}$$

Or, pour tout $x\in[0\ ;1]$, $\dfrac{e^x}{(e^x+1)^2}>0$.

Par conséquent, pour tout $x\in[0\ ;1]$, $h'(x)>0$.

h est strictement croissante sur $[0\ ;1]$.

De plus, $$h(0)=\frac{e^0}{e^0+1}$$

$$\boxed{h(0)=\frac{1}{2}.}$$

$$h(1)=\frac{e^1}{e^1+1}$$

$$\boxed{h(1)=\frac{e}{e+1}.}$$

Tableau des variations de h

x	0	1
Signe de $h'(x)$	+	
Variations de h	$\frac{1}{2}$ ↗	$\frac{e}{e+1}$

b) Puisque h est strictement croissante sur [0 ; 1], on en déduit que,

pour tout $x \in [0\,;1]$, $\quad h(0) < h(x) < h(1)$

$$\frac{1}{2} < h(x) < \frac{e}{e+1} \text{ avec } \frac{e}{e+1} < 1, \text{ donc}$$

Pour tout $x \in [0\,;1]$, $0 < h(x) < 1$, soit $h(x) \in [0\,;1]$.

c) Pour tout $x \in [0\,;1]$, $\quad h''(x) = \dfrac{e^x(e^x+1)^2 - 2e^x(e^x+1)e^x}{(e^x+1)^4}$

$$h''(x) = \frac{e^x(e^x+1) - 2e^{2x}}{(e^x+1)^3}$$

Pour tout $x \in [0\,;1]$, $h''(x) = \dfrac{e^x(1-e^x)}{(e^x+1)^3}$.

Puisque, pour tout $x \in [0\,;1]$, $e^x > e^0$, soit $e^x > 1$, on en déduit que, pour tout $x \in [0\,;1]$, $1 - e^x < 0$, et que,

pour tout $x \in [0\,;1]$, $h''(x) \leqslant 0$

(car, pour tout $x \in [0\,;1]$, $\dfrac{e^x}{(e^x+1)^3} > 0$).

h' est strictement décroissante sur [0 ; 1].

d) Du résultat précédent, nous déduisons que

pour tout $x \in [0\,;1]$, $\quad h'(1) \leqslant h'(x) \leqslant h'(0)$

avec $\quad h'(1) = \dfrac{e^1}{(e^1+1)^2}$

$$h'(1) = \frac{e}{(e+1)^2}$$

d'où $\quad h'(1) \geqslant 0.$

$$h'(0) = \frac{e^0}{(e^0 + 1)^2}$$

$$h'(0) = \frac{1}{4}.$$

Pour tout $x \in [0 ; 1]$, $0 \leqslant h'(x) \leqslant \frac{1}{4}$.

▶ **3.** Soit (u_n) la suite définie par $\begin{cases} u_0 = 0 \\ u_{n+1} = h(u_n) \text{ pour tout } n \in \mathbb{N}^*. \end{cases}$

a) Démontrons par récurrence que, pour tout $n \in \mathbb{N}$, $u_n \in [0 ; 1]$:
$u_0 = 0$ donc $u_0 \in [0 ; 1]$.
Supposons maintenant que $u_n \in [0 ; 1]$, pour n entier naturel fixé.
Puisque $u_{n+1} = h(u_n)$, nous en déduisons que $u_{n+1} \in [0 ; 1]$ (car, pour tout $x \in [0 ; 1]$, $h(x) \in [0 ; 1]$).

Pour tout entier naturel n, $u_n \in [0 ; 1]$.

b) Pour tout $x \in [0 ; 1]$, $|h'(x)| \leqslant \frac{1}{4}$.

L'inégalité des accroissements finis permet d'établir que :

pour tout $x \in [0 ; 1]$, $\quad |h(x) - h(\alpha)| \leqslant \frac{1}{4}|x - \alpha|$

$$|h(x) - \alpha| \leqslant \frac{1}{4}|x - \alpha| \text{ (puisque } h(\alpha) = \alpha)$$

Dans le cas particulier où $x = u_n$, nous obtenons :

pour tout $n \in \mathbb{N}$, $|h(u_n) - \alpha| \leqslant \frac{1}{4}|u_n - \alpha|$.

Pour tout entier naturel n, $|u_{n+1} - \alpha| \leqslant \frac{1}{4}|u_n - \alpha|$.

c) Démontrons, par récurrence, que, pour tout $n \in \mathbb{N}$,

$$|u_n - \alpha| \leqslant \left(\frac{1}{4}\right)^n.$$

Nous avons $|u_0 - \alpha| = |\alpha|$ et $\alpha \in]0 ; 1[$, donc $|u_0 - \alpha| \leqslant 1$, c'est-à-dire $|u_0 - \alpha| \leqslant \left(\frac{1}{4}\right)^0$.

Supposons maintenant que, pour n entier naturel fixé,
$|u_n - \alpha| \leqslant \left(\frac{1}{4}\right)^n$.

Sachant que $|u_{n+1} - \alpha| \leqslant \frac{1}{4}|u_n - \alpha|$, on en déduit que

$$|u_{n+1} - \alpha| \leqslant \frac{1}{4} \times \left(\frac{1}{4}\right)^n$$

$$|u_{n+1} - \alpha| \leqslant \left(\frac{1}{4}\right)^{n+1}$$

Pour tout entier naturel n, $|u_n - \alpha| \leqslant \left(\frac{1}{4}\right)^n$.

Nous avons $\lim\limits_{n \to +\infty} \left(\frac{1}{4}\right)^n = 0$ car $\frac{1}{4} \in]0\,;1[$.

Par conséquent, $\lim\limits_{n \to +\infty} |u_n - \alpha| = 0$.

$$\boxed{\lim_{n \to +\infty} u_n = \alpha.}$$

(u_n) converge vers α.

d) Pour que u_p soit une valeur approchée à 10^{-6} près de α, **il suffit de** déterminer un entier naturel p tel que $\left(\frac{1}{4}\right)^p \leqslant 10^{-6}$.

$\left(\frac{1}{4}\right)^p \leqslant 10^{-6}$ équivaut à

$$\ln\left[\left(\frac{1}{4}\right)^p\right] \leqslant \ln\left(10^{-6}\right)$$ (car la fonction ln est strictement croissante sur $]0\,;+\infty[$)

$$p \ln \frac{1}{4} \leqslant -6 \ln 10$$

$$-p \ln 4 \leqslant -6 \ln 10$$

$$p \geqslant \frac{6 \ln 10}{\ln 4}$$

$$p \geqslant \frac{3 \ln 10}{\ln 2}.$$

Or $\dfrac{3 \ln 10}{\ln 2} = 9{,}9$ à 0,1 près.

u_{10} est une valeur approchée à 10^{-6} près de α.

De plus, on obtient, à l'aide de la calculatrice

$$\boxed{u_{10} = 0{,}659046 \text{ à } 10^{-6} \text{ près.}}$$

Une valeur approchée de α à 10^{-6} près est 0,659046.

4 CENTRES ÉTRANGERS GROUPE 1 — JUIN 1998 • SÉRIE S

EXERCICE 1 — 4 POINTS

Commun à tous les candidats

Une urne contient 5 boules blanches et 4 boules rouges indiscernables au toucher. On effectue n tirages successifs (n entier supérieur ou égal à 1) d'une boule en respectant la règle suivante : si la boule tirée est rouge, on la remet dans l'urne ; si elle est blanche, on ne la remet pas.

Les parties **A** et **B** sont indépendantes.

Partie A

Dans cette partie, $n = 3$.

On donnera les résultats sous forme de fractions irréductibles.

Si k est un entier compris entre 1 et 3, on note E_k l'événement « Seule la $k^{\text{ième}}$ boule tirée est blanche ». Par exemple, E_1 est l'événement « Seule la première boule tirée est blanche ».

▶ **1.** Montrer que la probabilité de l'événement E_1 est $p(E_1) = \dfrac{5}{36}$.
(0,5 POINT)

▶ **2.** Calculer les probabilités des événements E_2 et E_3.
(0,25 + 0,25 POINT)
En déduire la probabilité qu'on ait tiré une seule boule blanche à l'issue des 3 tirages. (0,25 POINT)

▶ **3.** Sachant que l'on a tiré exactement une boule blanche, quelle est la probabilité que cette boule ait été tirée en dernier ? (0,75 POINT)

Partie B

On effectue maintenant n tirages.

▶ **1.** Déterminer, en fonction de n, la probabilité p_n de tirer au moins une boule blanche en n tirages. (1 POINT)

▶ **2.** Quelles valeurs faut-il donner à n pour que $p_n > 0{,}99$? (1 POINT)

EXERCICE 2 — 5 POINTS

Candidats n'ayant pas suivi l'enseignement de spécialité

Le plan complexe est rapporté au repère orthonormal direct $(O ; \vec{u}, \vec{v})$. L'unité graphique est de 3 cm.

On considère les points B, C, D, E définissant le carré de sens direct BCDE d'affixes respectives :

$$b = 1 - i ; \quad c = -1 - i ; \quad d = -1 - 3i ; \quad e = 1 - 3i.$$

▶ **1.** Calculer $|b|$, $|c|$, $|d|$ et $|e|$. (0,5 POINT)

▶ **2.** Soit (Γ) le cercle de centre O passant par B.
Déterminer une équation du cercle (Γ). (0,5 POINT)
On considère Q un point de (Γ) distinct de B et C. L'affixe de Q est notée $q = x + iy$ (avec x et y réels).

▶ **3.** Soient F et G les points du plan tels que QBFG soit un carré de sens direct, c'est-à-dire tels que $(\overrightarrow{QB}, \overrightarrow{QG}) = +\frac{\pi}{2}$. On pose $Z = \dfrac{g - q}{b - q}$ où g est l'affixe du point G.
Interpréter géométriquement le module et un argument de Z.
En déduire Z. (0,5 + 0,5 POINT)

▶ 4. Prouver que $g = (1 + x + y) + i(1 - x + y)$.
En déduire $|g|$ en fonction de x et y. (0,5 + 0,5 POINT)

▶ 5. En utilisant la question 2., exprimer $|g|$ en fonction de y. (0,5 POINT)

▶ 6. À l'aide de considérations géométriques, prouver que : $|f| = |g|$, f étant l'affixe du point F. (0,5 POINT)

▶ 7. Pour quelles valeurs de x et de y les points E, D, G et F sont-ils sur un cercle de centre O ? (0,5 POINT)

Préciser le rayon de ce cercle. En déduire alors la nature du triangle QBC. (0,25 + 0,25 POINT)

PROBLÈME — 11 POINTS

Commun à tous les candidats

Le but du problème est l'étude d'une fonction g_k où k est un réel fixé qui vérifie : $0 < k < e$.

Dans la partie A on met en évidence certaines propriétés d'une fonction f qui seront utilisées dans la partie B.

Partie A

Soit f la fonction de la variable réelle x définie sur $\mathbb{R}$ par :

$$f(x) = (2 - x)e^x - k.$$

▶ 1. Déterminer les limites de f en $-\infty$ et en $+\infty$. (0,5 + 0,25 POINT)

▶ 2. Calculer $f'(x)$. En déduire le tableau de variation de f.

Calculer $f(1)$. (0,5 + 0,25 + 0,25 POINT)

▶ 3. *a*) Établir que l'équation $f(x) = 0$ a deux solutions, une notée α_k appartenant à l'intervalle $]-\infty\,;1[$ et une autre notée β_k appartenant à l'intervalle $]1\,;+\infty[$. (1 POINT)

b) Montrer que $e^{\alpha_k} - k\alpha_k = (e^{\alpha_k} - k)(\alpha_k - 1)$ (0,75 POINT)

On démontrerait de même que β_k vérifie l'égalité :

$$e^{\beta_k} - k\beta_k = (e^{\beta_k} - k)(\beta_k - 1).$$

▶ 4. Préciser le signe de $f(x)$ suivant les valeurs de x. (0,5 POINT)

Partie B

▶ **1.** Soit u la fonction de la variable réelle x définie sur $\mathbb{R}$ par :

$$u(x) = e^x - kx.$$

a) Étudier le sens de variation de u. (0,75 POINT)

b) On rappelle que $0 < k < e$. Justifier la propriété suivante :

pour tout réel x, $e^x - kx > 0$. (0,5 POINT)

▶ **2.** Soit g_k la fonction définie sur $\mathbb{R}$ par : $g_k(x) = \dfrac{e^x - k}{e^x - kx}$.

On note (C_k) la courbe représentative de la fonction g_k dans le plan rapporté à un repère orthogonal.

a) Déterminer la limite de g_k en $-\infty$ et en $+\infty$. (0,25 + 0,5 POINT)

b) Prouver que : $g_k'(x) = \dfrac{k \,.\, f(x)}{(e^x - kx)^2}$. (0,5 POINT)

c) En déduire le tableau de variation de g_k. Calculer $g_k(1)$. (0,5 + 0,25 POINT)

▶ **3.** On nomme M_k et N_k les points de la courbe (C_k) d'abscisses respectives α_k et β_k.

a) En utilisant la question **3.***b*) (Partie A), montrer que : $g_k(\alpha_k) = \dfrac{1}{\alpha_k - 1}$. (0,5 POINT)

b) Donner de même $g_h(\beta_h)$. (0,25 POINT)

c) Déduire de la question précédente que, lorsque k varie, les points M_k et N_k sont sur une courbe fixe (H) dont on donnera une équation. (1 POINT)

▶ **4.** Représentations graphiques pour des valeurs particulières de k.

a) Déterminer la position relative des courbes (C_1) et (C_2). (0,5 POINT)

b) Prouver que $\alpha_2 = 0$. (0,5 POINT)

c) En prenant comme unités 2 cm sur l'axe des abscisses et 4 cm sur l'axe des ordonnées, construire les courbes (C_1), (C_2) et (H) sur le même graphique. (1 POINT)

On prendra $\alpha_1 = -1{,}1$; $\beta_1 = 1{,}8$; $\beta_2 = 1{,}6$.

❑ Corrigé

EXERCICE 1

Objet du problème : Tirage de boules avec ou sans remise.

Connaissances mathématiques :
- Probabilités usuelles.
- Fonction logarithme népérien.

Partie A

▶ **1.** E_1 est l'événement « Seule la première boule tirée est blanche ». Ce qui signifie que la deuxième et la troisième boule sont rouges.

Donc $p(E_1) = \frac{5}{9} \times \frac{4}{8} \times \frac{4}{8}$ car E_1 est l'intersection de trois événements : B_1 « La première boule tirée est blanche » ; R_2 « La deuxième boule tirée est rouge » ; R_3 « La troisième boule tirée est rouge » avec $p(R_2/B_1) = \frac{4}{8}$ et $p(R_3/B_1 \cap R_2) = \frac{4}{8}$.

$$p(E_1) = \frac{5}{9} \times \frac{1}{2} \times \frac{1}{2} \text{ soit } \boxed{p(E_1) = \frac{5}{36}.}$$

▶ **2.** E_2 est l'événement « Seule la deuxième boule est blanche », ce qui signifie que la première boule tirée et la troisième boule tirée sont rouges.

Donc $p(E_2) = \frac{4}{9} \times \frac{5}{9} \times \frac{4}{8}$ soit $p(E_2) = \frac{10}{81}$ en utilisant le même raisonnement que pour **1.**

E_3 est l'événement « Seule la troisième boule est blanche », ce qui signifie que la première boule tirée, ainsi que la seconde, sont rouges.

Donc $p(E_3) = \frac{4}{9} \times \frac{4}{9} \times \frac{5}{9}$ soit $\boxed{p(E_3) = \frac{100}{729}.}$

Soit F l'événement « Une seule boule blanche a été tirée lors des trois tirages ».

Nous avons $F = E_1 \cup E_2 \cup E_3$ avec E_1, E_2, E_3 deux à deux incompatibles.

Donc : $p(F) = p(E_1) + p(E_2) + p(E_3)$

$$p(F) = \frac{5}{36} + \frac{10}{81} + \frac{100}{729} \text{ soit } \boxed{p(F) = \frac{1165}{2916}.}$$

▶ **3.** Soit G l'événement considéré :

$$\boxed{p(\mathrm{G}) = \frac{p(\mathrm{R}_1 \cap \mathrm{R}_2 \cap \mathrm{B}_3)}{p(\mathrm{F})} = \frac{64}{233}.}$$

P(G) = 64/217

Partie B

▶ **1.** Soit A l'événement « Tirer au moins une boule blanche en n tirages » ; $\bar{\mathrm{A}}$ est l'événement : « Tirer n fois une boule rouge ».

$$p(\bar{\mathrm{A}}) = \left(\frac{4}{9}\right)^n \text{ et } p(\mathrm{A}) = 1 - \left(\frac{4}{9}\right)^n. \quad \boxed{p_n = 1 - \left(\frac{4}{9}\right)^n.}$$

▶ **2.** $p_n > 0{,}99$ équivaut à $\quad 1 - \left(\frac{4}{9}\right)^n > 0{,}99$

$$-\left(\frac{4}{9}\right)^n > -\,0{,}01$$

$$\left(\frac{4}{9}\right)^n < 0{,}01.$$

Or la fonction logarithme népérien est strictement croissante sur $]0\,;+\infty[$.

$$\ln\left[\left(\frac{4}{9}\right)^n\right] < \ln\frac{1}{100}$$

$$n \ln\frac{4}{9} < -\ln 100$$

$$n \ln\frac{4}{9} < -\,2\ln 10$$

$$\text{Or } \ln\frac{4}{9} < 0 \text{ car } 0 < \frac{4}{9} < 1$$

$$n > -\frac{2\ln 10}{\ln\frac{4}{9}} \text{ avec } \frac{-\,2\ln 10}{\ln\frac{4}{9}} \approx 5{,}7.$$

$$\boxed{\text{Nous aurons } p_n > 0{,}99 \text{ dès que } n \geqslant 6.}$$

EXERCICE 2

Objet du problème : Étude d'une configuration.

Connaissances mathématiques :

– Module, argument d'un nombre complexe.

– Applications géométriques des nombres complexes.

▶ **1.** $b = 1 - i$ d'où $|b| = \sqrt{2}$.
$c = -1 - i$ d'où $|c| = \sqrt{2}$.
$d = -1 - 3i$ d'où $|d| = \sqrt{10}$.
$e = 1 - 3i$ d'où $|e| = \sqrt{10}$.

▶ **2.** Le cercle (Γ) de centre O passant par B$(1\ ;\ -1)$ a pour rayon : OB $= |b| = \sqrt{2}$.
Une équation de (Γ) est : $(x-1)^2 + (y+1)^2 = 2$
ou encore : $x^2 + y^2 - 2x + 2y = 0$.
Remarquons que (Γ) passe aussi par C puisque OC $= |c| = \sqrt{2}$.

Figure

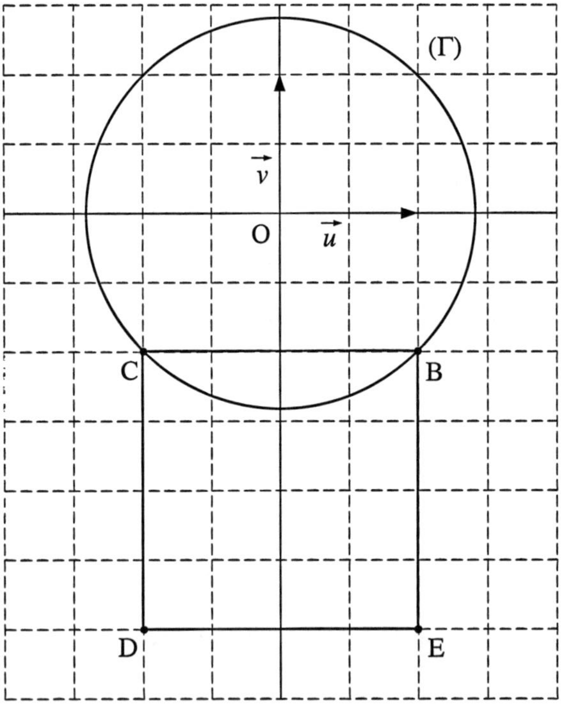

▶ **3.** Soit $Z = \dfrac{g - q}{b - q}$ où q est l'affixe de Q appartenant à (Γ) (Q $\neq$ B et Q $\neq$ C).

$|Z| = \dfrac{|g - q|}{|b - q|}$ soit $|Z| = \dfrac{QG}{QB}$.

Le carré QBFG nous amène QG = QB donc $\boxed{|Z| = 1.}$

$\arg Z = (\overrightarrow{QB}, \overrightarrow{QG})(2\pi)$ donc $\frac{\pi}{2}$ **est un argument de Z.**

Par conséquent : $\boxed{Z = i.}$

▶ 4. Nous avons : $i = \dfrac{g - q}{b - q}$ avec $q = x + iy$ et $b = 1 - i$.

Donc : $i(1 - i - x - iy) = g - x - iy$

$i + 1 - ix + y = g - x - iy$

$$\boxed{1 + x + y + i(1 - x + y) = g.}$$

$|g|^2 = (1 + x + y)^2 + (1 - x + y)^2$

$|g|^2 = 1 + x^2 + y^2 + 2x + 2y + 2xy + 1 + x^2 + y^2 - 2x + 2y - 2xy$

$|g|^2 = 2 + 2x^2 + 2y^2 + 4y.$

▶ 5. Or Q appartient à (Γ) donc $|q|^2 = x^2 + y^2 = 2$.

Donc $|g|^2 = 2 + 2(x^2 + y^2) + 4y^2$

$|g|^2 = 6 + 4y^2$ soit $\boxed{|g| = \sqrt{4y^2 + 6}.}$

▶ 6. Nous avons $(\overrightarrow{BF}, \overrightarrow{BQ}) = \frac{\pi}{2}(2\pi)$ et BF = BQ.

Donc en posant $Z' = \dfrac{f - b}{q - b}$ nous aurions, de même, $Z' = i$ et, par conséquent, $\boxed{|f| = \sqrt{4y^2 + 6}}$ par un raisonnement semblable.

▶ 7. E, D, G et F sont sur un même cercle de centre O si, et seulement si, $|e| = |d| = |g| = |f|$.

Nous savons déjà que $|g| = |f| = \sqrt{4y^2 + 6}$ et $|e| = |d| = \sqrt{10}$.

E, D, G, F sont sur un même cercle de centre O si, et seulement si,

$$\sqrt{4y^2 + 6} = \sqrt{10}$$
$$4y^2 + 6 = 10$$
$$4y^2 = 4$$
$$y^2 = 1 \text{ donc } y = 1 \text{ ou } y = -1.$$

Or $x^2 + y^2 = 2$.

pour $y = 1$, nous avons $x^2 = 1$ soit $x = 1$ ou $x = -1$

$y = -1$, nous avons $x^2 = 1$ soit $x = 1$ ou $x = -1$.

Les valeurs de x et y telles que E, D, G et F soient sur un même cercle de centre O sont $x = 1,\ y = 1$; $x = -1,\ y = 1$;
$x = 1,\ y = -1$; $x = -1,\ y = -1$.

Le rayon de ce cercle est $\sqrt{10}$ puisque OE est un rayon de ce cercle.

Donc $q = 1 + i$ ou $q = 1 - i$, ou $q = -1 + i$, ou $q = -1 - i$. Mais on a $Q \neq B$ et $Q \neq C$ donc les seules valeurs possibles pour q sont $1 + i$ et $-1 + i$ dont les modules respectifs sont égaux à $\sqrt{2}$ et, par conséquent, QBC est un triangle rectangle isocèle.

PROBLÈME

Objet du problème : Étude des propriétés d'une famille de fonctions.

Connaissances mathématiques :
– Fonction exponentielle.

Partie A

Soit f définie sur $\mathbb{R}$ par : $f(x) = (2 - x)e^x - k$ avec $0 < k < e$.

▶ 1. Pour tout $x \in \mathbb{R}$, $f(x) = 2e^x - xe^x - k$.
$\lim_{x \to -\infty} xe^x = 0$, $\lim_{x \to -\infty} 2e^x = 0$ donc $\lim_{x \to -\infty} f(x) = -k$.

$\boxed{\lim_{x \to +\infty} f(x) = -\infty}$ car $\lim_{x \to +\infty} (2 - x)e^x = -\infty$.

▶ 2. Pour tout $x \in \mathbb{R}$, $f'(x) = -e^x + (2 - x)e^x$
$f'(x) = e^x(1 - x)$.

Le signe de $f'(x)$ est celui de $1 - x$ puisque, pour tout $x \in \mathbb{R}$, $e^x > 0$.

Tableau des variations de f

x	$-\infty$		1		$+\infty$
Signe de $f'(x)$		$+$	0	$-$	
Variations de f	$-k$	↗	$e - k$	↘	$-\infty$

▶ **3.** *a*) Sur l'intervalle $]-\infty\,;1[$, f est dérivable et strictement croissante avec $\lim_{x\to-\infty} f(x) = -k$ et $-k < 0$. Nous avons aussi $f(1) = e - k$ avec $e - k > 0$ donc **l'équation $f(x) = 0$ admet une solution unique α_k appartenant à $]-\infty\,;1[$.**

Sur l'intervalle $]1\,;+\infty[$, f est dérivable et strictement décroissante. $f(1) = e - k$ avec $e - k > 0$ et $\lim_{x\to+\infty} f(x) = -\infty$ donc **l'équation $f(x) = 0$ admet une solution unique β_k appartenant à $]1\,;+\infty[$.**

b) $f(\alpha_k) = 0$ donc $(2-\alpha_k)e^{\alpha_k} - k = 0$ (*)

Par suite : $(e^{\alpha_k} - k)(\alpha_k - 1) = \alpha_k e^{\alpha_k} - e^{\alpha_k} - k\alpha_k + k$

Or $\alpha_k e^{\alpha_k} = 2e^{\alpha_k} - k$ d'après (*).

Donc : $(e^{\alpha_k} - k)(\alpha_k - 1) = 2e^{\alpha_k} - k - e^{\alpha_k} - k\alpha_k + k$

$$\boxed{(e^{\alpha_k} - k)(\alpha_k - 1) = e^{\alpha_k} - k\alpha_k.}$$

On démontrerait de même : $\boxed{e^{\beta_k} - k\beta_k = (e^{\beta_k} - k)(\beta_k - 1).}$

▶ **4.** D'après les résultats précédents et le sens de variation de f sur $]-\infty\,;1]$ et sur $[1\,;+\infty[$, nous en déduisons :

x	$-\infty$		α_k		1		β_k		$+\infty$
Signe de $f(x)$		$-$	0		$+$		0	$-$	

Partie B

▶ **1.** Soit u la fonction définie sur $\mathbb{R}$ par $u(x) = e^x - kx$.

a) Pour tout $x \in \mathbb{R}$, $u'(x) = e^x - k$ $(0 < k < e)$.

Nous avons : $e^x - k > 0$ équivaut à $e^x > k$ soit $x > \ln k$.

Tableau des variations de *u*

x	$-\infty$		$\ln k$		$+\infty$
Signe de $u'(x)$		$-$	0	$+$	
Variations de u		↘		↗	

$u(\ln k) = k - k \ln k$
$u(\ln k) = k(1 - \ln k)$.

b) Pour $0 < k < \mathrm{e}$, nous avons : $1 - \ln k > 0$ donc $u(\ln k) > 0$.
u est décroissante sur $]-\infty\ ;\ \ln k]$, croissante sur $[\ln k\ ;\ +\infty[$ et $u(\ln k) > 0$ donc u est une fonction positive sur $\mathbb{R}$.

Pour tout $x \in \mathbb{R}$, $\mathrm{e}^x - kx > 0$.

▶ **2.** Soit g_k la fonction définie sur $\mathbb{R}$ par : $g_k(x) = \dfrac{\mathrm{e}^x - k}{\mathrm{e}^x - kx}$.

a) $\lim\limits_{x \to -\infty} (\mathrm{e}^x - k) = -k$ et $\lim\limits_{x \to -\infty} (\mathrm{e}^x - kx) = +\infty$ $(0 < k < \mathrm{e})$

donc : $\boldsymbol{\lim\limits_{x \to -\infty} g_k(x) = 0.}$

Pour tout $x \in \mathbb{R}$, $g_k(x) = \dfrac{\mathrm{e}^x\left(1 - \dfrac{k}{\mathrm{e}^x}\right)}{\mathrm{e}^x\left(1 - k\dfrac{x}{\mathrm{e}^x}\right)}$ soit $g_k(x) = \dfrac{1 - \dfrac{k}{\mathrm{e}^x}}{1 - k\dfrac{x}{\mathrm{e}^x}}$.

Or $\lim\limits_{x \to +\infty} \dfrac{k}{\mathrm{e}^x} = 0$ et $\lim\limits_{x \to +\infty} \dfrac{x}{\mathrm{e}^x} = 0$ donc $\boldsymbol{\lim\limits_{x \to +\infty} g_k(x) = 1.}$

b) Pour tout $x \in \mathbb{R}$, g_k est le quotient de deux fonctions dérivables sur $\mathbb{R}$ (avec $\mathrm{e}^x - kx \neq 0$ pour tout $x \in \mathbb{R}$), donc g_k est dérivable sur $\mathbb{R}$.

Pour tout $x \in \mathbb{R}$, $g_k'(x) = \dfrac{\mathrm{e}^x(\mathrm{e}^x - kx) - (\mathrm{e}^x - k)(\mathrm{e}^x - k)}{(\mathrm{e}^x - kx)^2}$

$$g_k'(x) = \frac{\mathrm{e}^{2x} - kx\mathrm{e}^x - \mathrm{e}^{2x} + k\mathrm{e}^x + k\mathrm{e}^x - k^2}{(\mathrm{e}^x - kx)^2}$$

$$g_k'(x) = \frac{2k\mathrm{e}^x - k^2 - kx\mathrm{e}^x}{(\mathrm{e}^x - kx)^2}$$

$$g_k'(x) = \frac{k[2\mathrm{e}^x - k - x\mathrm{e}^x]}{(\mathrm{e}^x - kx)^2}$$

$$g_k'(x) = \frac{k[(2 - x)\mathrm{e}^x - k]}{(\mathrm{e}^x - kx)^2}$$

$$g_k'(x) = \frac{k \times f(x)}{(\mathrm{e}^x - kx)^2}.$$

c) Nous connaissons le signe de $f(x)$ d'après **A.4.** et $\dfrac{k}{(e^x - kx)^2} > 0$ donc :

Tableau des variations de g_k

x	$-\infty$		α_k		1		β_k		$+\infty$
Signe de $g_k'(x)$		$-$	0	$+$		$+$	0	$-$	
Variations de g_k		↘		↗	1	↗		↘	

$$g_k(1) = \frac{e - k}{e - k} = 1.$$

▶ **3.** *a)* Nous avons : $g_k(\alpha_k) = \dfrac{e^{\alpha_k} - k}{e^{\alpha_k} - k\alpha_k}$

Or, d'après **A.3.***b)*, nous avons : $e^{\alpha_k} - k\alpha_k = (e^{\alpha_k} - k)(\alpha_k - 1)$.

Donc $g_k(\alpha_k) = \dfrac{e^{\alpha_k} - k}{(e^{\alpha_k} - k)(\alpha_k - 1)}$ soit $\boxed{g_k(\boldsymbol{\alpha}_k) = \dfrac{1}{\boldsymbol{\alpha}_k - 1}.}$

b) De même, $g_k(\beta_k) = \dfrac{e^{\beta_k} - k}{e^{\beta_k} - k\beta_k}$.

Or, d'après **A.3.***b)*, nous avons : $e^{\beta_k} - k\beta_k = (e^{\beta_k} - k)(\beta_k - 1)$

$$\boxed{g_k(\boldsymbol{\beta}_k) = \frac{1}{\boldsymbol{\beta}_k - 1}.}$$

c) Nous avons : $M_k\left(\alpha_k \,;\, \dfrac{1}{\alpha_k - 1}\right)$, $N_k\left(\beta_k \,;\, \dfrac{1}{\beta_k - 1}\right)$. Il s'ensuit que M_k et N_k, lorsque k varie, sont sur la courbe (H) dont une équation cartésienne est $y = \dfrac{1}{x - 1}$.

▶ **4.** *a)* (C_1) a pour équation $y = \dfrac{e^x - 1}{e^x - x}$

(C_2) a pour équation $y = \dfrac{e^x - 2}{e^x - 2x}$.

Pour tout $x \in \mathbb{R}$,

$$\frac{e^x - 1}{e^x - x} - \frac{e^x - 2}{e^x - 2x} = \frac{(e^x - 1)(e^x - 2x) - (e^x - 2)(e^x - x)}{(e^x - x)(e^x - 2x)}$$

$$\frac{e^x - 1}{e^x - x} - \frac{e^x - 2}{e^x - 2x} = \frac{e^{2x} - 2xe^x - e^x + 2x - e^{2x} + xe^x + 2e^x - 2x}{(e^x - x)(e^x - 2x)}$$

$$\frac{e^x - 1}{e^x - x} - \frac{e^x - 2}{e^x - 2x} = \frac{e^x(1 - x)}{(e^x - x)(e^x - 2x)}.$$

Nous savons que (**B.1.***b*)), pour tout $x \in \mathbb{R}$, $e^x - kx > 0$ pour $0 < k < e$ donc, pour tout $x \in \mathbb{R}$, $e^x - x > 0$ et $e^x - 2x > 0$. Donc le signe de $g_1(x) - g_2(x)$ est celui de $1 - x$.

Il s'ensuit que (C_1) est au-dessus de (C_2) sur $]-\infty; 1[$ et que (C_1) est au-dessous de (C_2) sur $]1 ; +\infty[$.

b) Nous avons :

$f_2(\alpha_2) = (2 - \alpha_2)e^{\alpha_2} - 2$ avec $\alpha_2 \in \,]-\infty ; 1]$.

Or $f_2(\alpha_2) = 0$ avec $0 \in \,]-\infty; 1[$.

Grâce à l'unicité de la solution de l'équation $f_2(x) = 0$ sur $]-\infty ; 1[$, il en résulte que $\boxed{\alpha_2 = 0.}$

c) **Représentations graphiques**

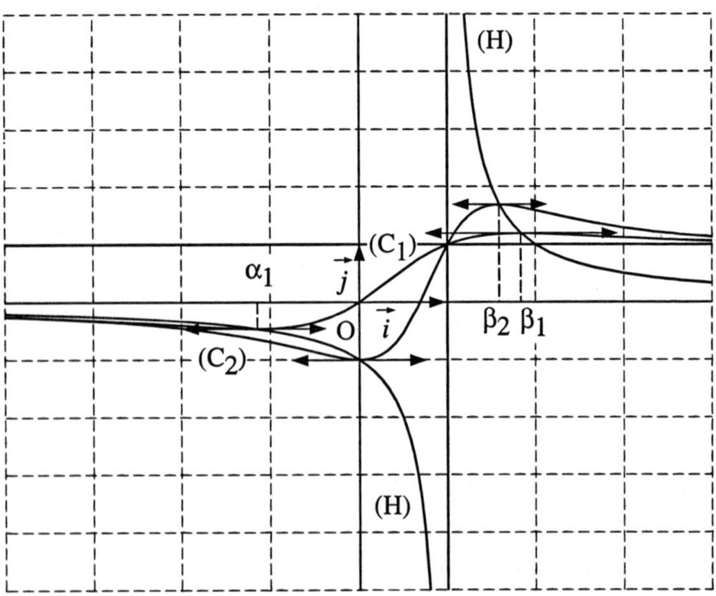

5 PONDICHÉRY
MAI 1998 • SÉRIE S

EXERCICE 1 — 4 POINTS

Commun à tous les candidats

▶ **1.** On dispose d'une urne U_1 contenant trois boules rouges et sept boules noires.
On extrait simultanément deux boules de cette urne ; on considère que tous les tirages sont équiprobables.
a) Quelle est la probabilité p_1 que les deux boules tirées soient rouges ? (0,5 POINT)
b) Quelle est la probabilité p_2 que les deux boules tirées soient noires ? (0,5 POINT)
c) Quelle est la probabilité p_3 que les deux boules tirées soient de même couleur ? (0,5 POINT)
d) Quelle est la probabilité p_4 que les deux boules tirées soient de couleurs différentes ? (0,5 POINT)

▶ **2.** On dispose aussi d'une deuxième urne U_2 contenant quatre boules rouges et six boules noires.
On tire maintenant deux boules de l'urne U_1 et une boule de l'urne U_2 ; on suppose que tous les tirages sont équiprobables.
On considère les événements suivants :
R : « Les trois boules tirées sont rouges » ;
D : « Les trois boules tirées ne sont pas toutes de la même couleur » ;
B : « La boule tirée dans l'urne U_2 est rouge ».
a) Calculer la probabilité de l'événement R. (0,5 POINT)
b) Quelle est la probabilité de tirer trois boules de même couleur ? (0,5 POINT)
c) Calculer la probabilité conditionnelle $p_D(B)$ de l'événement B sachant que l'événement D est réalisé. (1 POINT)

EXERCICE 2 — 5 POINTS

Candidats n'ayant pas suivi l'enseignement de spécialité

On considère le polynôme $P(z) = z^4 + 17z^2 - 28z + 260$, où z est un nombre complexe.

▶ **1.** Déterminer deux nombres réels a et b tels que :
$$P(z) = (z^2 + az + b)(z^2 + 4z + 20). \text{ (0,5 POINT)}$$

▶ **2.** Résoudre dans $\mathbb{C}$ l'équation $P(z) = 0$.

▶ **3.** Placer, dans un repère orthonormal direct $(O ; \vec{u}, \vec{v})$, les images M, N, P et Q des nombres complexes respectifs $m = -2 + 4i$, $n = -2 - 4i$, $p = 2 + 3i$ et $q = 2 - 3i$. (0,25 POINT)

▶ **4.** *a*) Déterminer le nombre complexe z vérifiant $\dfrac{z - p}{z - m} = i$.
Placer son image K. (0,5 + 0,25 POINT)
b) En déduire que le triangle MPK est isocèle rectangle en K. (0,5 POINT)

▶ **5.** *a*) Déterminer par le calcul l'affixe du point L, quatrième sommet du carré MKPL. (0,5 POINT)
b) Déterminer l'abscisse du point d'intersection R de la droite (KL) et de l'axe des abscisses. (0,5 POINT)
c) Montrer que M, N, P et Q sont sur un même cercle de centre R.

PROBLÈME | 11 POINTS

Commun à tous les candidats

On considère la fonction f définie sur $[0 ; +\infty[$ par $f(x) = \dfrac{e^x - 1}{xe^x + 1}$.

On désigne par (C) sa courbe représentative dans le plan rapporté à un repère orthonormal $(O ; \vec{i}, \vec{j})$; unité graphique : 4 cm.

Partie A

✪ Étude d'une fonction auxiliaire

Soit la fonction g définie sur l'intervalle $[0 ; +\infty[$ par $g(x) = x + 2 - e^x$.

▶ **1.** Étudier le sens de variation de g sur $[0 ; +\infty[$ et déterminer la limite de g en $+\infty$. (0,75 + 0,5 POINT)

▶ **2.** *a*) Montrer que l'équation $g(x) = 0$ admet une solution et une seule dans $[0 ; +\infty[$. (0,5 POINT)
On note α cette solution.
b) Prouver que $1,14 < \alpha < 1,15$.

▶ **3.** En déduire le signe de $g(x)$ suivant les valeurs de x.

Partie B

✪ Étude de la fonction *f* et tracé de la courbe (C)

▶ **1.** *a*) Montrer que, pour tout x appartenant à $[0\,;+\infty[$,

$$f'(x)=\frac{e^x g(x)}{(xe^x+1)^2}.$$ (0,5 POINT)

b) En déduire le sens de variation de la fonction f sur $[0\,;+\infty[$. (0,5 POINT)

▶ **2.** *a*) Montrer que, pour tout réel positif x, $f(x)=\dfrac{1-e^{-x}}{x+e^{-x}}$. (0,25 POINT)

b) En déduire la limite de f en $+\infty$. Interpréter graphiquement le résultat trouvé. (0,5 + 0,25 POINT)

▶ **3.** *a*) Établir que $f(\alpha)=\dfrac{1}{\alpha+1}$. (0,5 POINT)

b) En utilisant l'encadrement de α établi dans la question **A.2.**, donner un encadrement de $f(\alpha)$ d'amplitude 10^{-2}. (0,25 POINT)

▶ **4.** Déterminer une équation de la tangente (T) à la courbe (C) au point d'abscisse 0. (0,5 POINT)

▶ **5.** *a*) Établir que, pour tout x appartenant à l'intervalle $[0\,;+\infty[$,

$$f(x)-x=\frac{(x+1)\ u(x)}{xe^x+1}$$ avec $u(x)=e^x-xe^x-1$. (0,25 POINT)

b) Étudier le sens de variation de la fonction u sur l'intervalle $[0\,;+\infty[$. (0,5 POINT)

En déduire le signe de $u(x)$. (0,25 POINT)

c) Déduire des questions précédentes la position de la courbe (C) par rapport à la droite (T).

▶ **6.** Tracer (C) et (T).

Partie C

✪ Calcul d'aire et étude d'une suite

▶ **1.** Déterminer une primitive F de f sur $[0\,;+\infty[$; on pourra utiliser l'expression de $f(x)$ établie dans la question **B.2.** (0,5 POINT)

▶ **2.** On note $\mathcal{D}$ le domaine délimité par la courbe (C), la tangente (T) et les droites d'équations $x=0$ et $x=1$.

Calculer, en cm^2, l'aire A du domaine $\mathcal{D}$. (0,5 POINT)

Donner une valeur décimale au mm^2 près de l'aire A. (0,25 POINT)

▶ **3.** Pour tout entier naturel n, on pose $v_n = \int_n^{n+1} f(x)\,dx$.
a) Calculer v_0, v_1 et v_2.
On donnera des valeurs décimales approchées à 10^{-2} près de v_0, v_1 et v_2. (0,5 POINT)
b) Interpréter graphiquement v_n. (0,5 POINT)
c) Montrer que, pour tout $n \geqslant 2$, $f(n+1) \leqslant \int_n^{n+1} f(x)\,dx \leqslant f(n)$. (0,5 POINT)
En déduire la monotonie de la suite (v_n) à partir de $n = 1$. (0,5 POINT)
d) Déterminer la limite de la suite (v_n). (0,25 POINT)

❑ Corrigé

EXERCICE 1

Objet du problème : Tirage de boules.

Connaissances mathématiques :
- Probabilités usuelles.
- Probabilités conditionnelles.

▶ **1.** L'urne U_1 contient 10 boules (3 rouges et 7 noires).
On extrait simultanément deux boules de l'urne.
Le nombre de tirages distincts est $C_{10}^2 = 45$.
a) Il y a $C_3^2 = 3$ tirages favorables à la réalisation de l'événement « Les deux boules tirées sont rouges ». La probabilité p_1 de cet événement est :

$$p_1 = \frac{3}{45}$$

$$\boxed{p_1 = \frac{1}{15}.}$$

La probabilité de tirer deux boules rouges est égale à $\frac{1}{15}$.

b) $C_7^2 = 21$ tirages distincts sont favorables à la réalisation de l'événement « Les deux boules tirées sont noires ». La probabilité p_2 de celui-ci est :

$$p_2 = \frac{21}{45}$$

$$\boxed{p_2 = \frac{7}{15}.}$$

La probabilité de tirer deux boules noires est égale à $\frac{7}{15}$.

c) L'événement « Les deux boules tirées sont de la même couleur » est réalisé lorsque :

– soit les deux boules tirées sont rouges $\left(\text{événement de probabilité } \frac{1}{15}\right)$;

– soit les deux boules tirées sont noires $\left(\text{de probabilité égale à } \frac{7}{15}\right)$.

Ces deux événements sont incompatibles, donc la probabilité p_3 de tirer deux boules de même couleur est :

$$p_3 = \frac{7}{15} + \frac{1}{15}$$

$$\boxed{p_3 = \frac{8}{15}.}$$

La probabilité de tirer deux boules de même couleur est égale à $\frac{8}{15}$.

d) « Les deux boules sont de couleurs différentes » est l'événement contraire de « les deux boules sont de même couleur » de probabilité $\frac{8}{15}$.

Par conséquent, la probabilité p_4 de tirer deux boules de couleurs différentes est :

$$p_4 = 1 - \frac{8}{15}$$

$$\boxed{p_4 = \frac{7}{15}.}$$

La probabilité de tirer deux boules de couleurs différentes est égale à $\frac{7}{15}$.

▶ 2. On tire maintenant deux boules de l'urne U_1 et une boule de l'urne U_2 (contenant quatre boules rouges et six boules noires).

a) Soit R l'événement : « Les trois boules tirées sont rouges ».
R n'est réalisé que dans le cas où l'on a tiré deux boules rouges dans U_1 et une boule rouge dans U_2.
La probabilité de tirer deux boules rouges dans U_1 est $\frac{1}{15}$, celle de tirer une boule rouge dans U_2 est $\frac{4}{10} = \frac{2}{5}$.
Puisque les tirages dans les deux urnes s'effectuent de façon indépendante, on en déduit que

$$p(R) = \frac{1}{15} \times \frac{2}{5}$$

$$\boxed{p(R) = \frac{2}{75}.}$$

La probabilité de tirer trois boules rouges est égale à $\frac{2}{75}$.

b) Soit N l'événement : « On a tiré trois boules noires », réalisé dans le seul cas où l'on a tiré deux boules noires dans U_1 $\left(\text{de probabilité } \frac{7}{15}\right)$ et une boule noire dans U_2 $\left(\text{de probabilité } \frac{6}{10} = \frac{3}{5}\right)$.

Comme précédemment, on a :

$$p(N) = \frac{7}{15} \times \frac{3}{5}$$

$$\boxed{p(N) = \frac{7}{25}.}$$

Les trois boules tirées sont de la même couleur lorsque :
– soit on a tiré trois boules rouges,
– soit on a tiré trois boules noires.
Ces deux événements étant incompatibles, la probabilité de l'événement $\overline{D}$: « Les trois boules sont de la même couleur » (D désignant l'événement « Les trois boules ne sont pas de la même couleur ») est :

$$p(\overline{D}) = p(R) + p(N)$$

$$p(\overline{D}) = \frac{2}{75} + \frac{7}{25}$$

$$\boxed{p(\overline{D}) = \frac{23}{75}.}$$

La probabilité de tirer trois boules de même couleur est égale à $\frac{23}{75}$.

c) Du résultat précédent, nous déduisons que :

$$p(\mathrm{D}) = 1 - p(\overline{\mathrm{D}})$$

$$p(\mathrm{D}) = 1 - \frac{23}{75}$$

$$p(\mathrm{D}) = \frac{52}{75}.$$

$\mathrm{B} \cap \mathrm{D}$: « Les trois boules tirées ne sont pas toutes de la même couleur et la boule tirée dans U_2 est rouge » est réalisé lorsque l'on a :

– soit tiré deux boules noires dans U_1 et une boule rouge dans U_2 $\left(\text{événement de probabilité } \frac{7}{15} \times \frac{2}{5} = \frac{14}{75}\right)$;

– soit tiré une boule rouge et une boule noire dans U_1 et une boule rouge dans U_2 $\left(\text{événement de probabilité } \frac{7}{15} \times \frac{2}{5} = \frac{14}{75}\right)$.

Ces deux événements étant incompatibles, on en déduit que

$$p(\mathrm{B} \cap \mathrm{D}) = \frac{14}{75} + \frac{14}{75}$$

$$p(\mathrm{B} \cap \mathrm{D}) = \frac{28}{75}.$$

Il s'ensuit que la probabilité de l'événement B sachant que D est réalisé est :

$$p_{\mathrm{D}}(\mathrm{B}) = \frac{p(\mathrm{B} \cap \mathrm{D})}{p(\mathrm{D})}$$

$$p_{\mathrm{D}}(\mathrm{B}) = \frac{\frac{28}{75}}{\frac{52}{75}}$$

$$\boxed{p_{\mathrm{D}}(\mathrm{B}) = \frac{7}{13}.}$$

La probabilité de tirer une boule rouge dans U_2 sachant que les trois boules ne sont pas de la même couleur est égale à $\frac{7}{13}$.

Objet du problème : Points cocycliques.

Connaissances mathématiques :
- Équation dans $\mathbb{C}$.
- Module, argument d'un nombre complexe.
- Applications géométriques des nombres complexes.

▶ **1.** Pour tout complexe z, $P(z) = z^4 + 17z^2 - 28z + 260$.
Pour tout complexe z,

$$z^4 + 17z^2 - 28z + 260 = (z^2 + az + b)(z^2 + 4z + 20)$$

$$z^4 + 17z^2 - 28z + 260 = z^4 + 4z^3 + 20z^2 + az^3 + 4az^2 + 20az + bz^2 + 4bz + 20b.$$

Ce qui équivaut à :

$$\begin{cases} 0 = 4 + a \\ 17 = 20 + 4a + b \\ -28 = 20a + 4b \\ 260 = 20b \end{cases}$$

$$\begin{cases} a = -4 \\ -3 = 4a + b \\ -7 = 5a + b \\ 13 = b \end{cases} \quad \text{ce qui nous donne} \quad \begin{cases} a = -4 \\ b = 13. \end{cases}$$

Par conséquent :

Pour tout z complexe, $P(z) = (z^2 - 4z + 13)(z^2 + 4z + 20)$

▶ **2.** $P(z) = 0$ équivaut à $z^2 - 4z + 13 = 0$ ou $z^2 + 4z + 20 = 0$.
Or $z^2 - 4z + 13 = (z - 2)^2 + 9$
$z^2 + 4z + 20 = (z + 2)^2 + 16$.

$z^2 - 4z + 13 = 0$ équivaut à $(z - 2)^2 = -9$
$(z - 2)^2 = (3i)^2$
$z - 2 = 3i$ ou $z - 2 = -3i$
$z = 2 + 3i$ ou $z = 2 - 3i$.

$z^2 + 4z + 20 = 0$ équivaut à $(z + 2)^2 = -16$
$(z + 2)^2 = (4i)^2$
$z + 2 = 4i$ ou $z + 2 = -4i$
$z = -2 + 4i$ ou $z = -2 - 4i$.

Les solutions de l'équation $P(z) = 0$ sont : $2 + 3i$, $2 - 3i$, $-2 + 4i$, $-2 - 4i$.

▶ 3. Figure

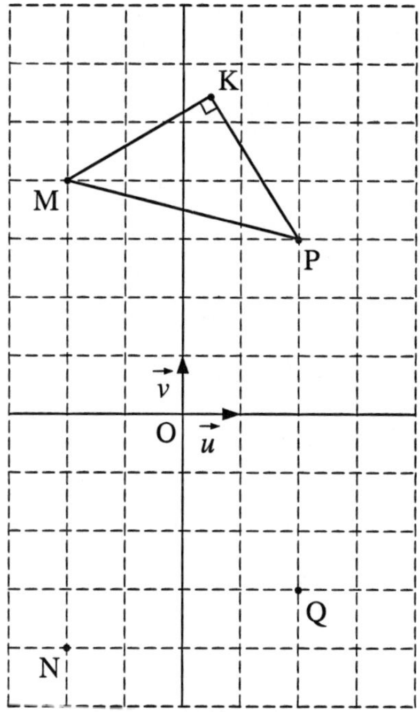

▶ 4. *a)* $\dfrac{z-p}{z-m} = i$ équivaut à : $\dfrac{z-2-3i}{z+2-4i} = i$

$$z - 2 - 3i = i(z + 2 - 4i)$$
$$z - 2 - 3i = iz + 2i + 4$$
$$z - iz = 2 + 3i + 2i + 4$$
$$z - iz = 6 + 5i$$
$$(1 - i)z = 6 + 5i.$$
$$z = \frac{6 + 5i}{1 - i}$$
$$z = \frac{(6 + 5i)(1 + i)}{2}$$
$$z = \frac{6 + 6i + 5i - 5}{2}$$
$$\boxed{z = \frac{1}{2} + \frac{11}{2}i.}$$

Son image est le point K de coordonnées $\left(\dfrac{1}{2}\ ;\ \dfrac{11}{2}\right)$ dans le repère proposé.

b) $\overrightarrow{KM}$ a pour affixe $m - \left(\frac{1}{2} + \frac{11}{2}i\right)$

soit $-2 + 4i - \frac{1}{2} - \frac{11}{2}i = -\frac{5}{2} - \frac{3}{2}i.$

$\overrightarrow{KP}$ a pour affixe $p - \left(\frac{1}{2} + \frac{11}{2}i\right)$

soit $2 + 3i - \frac{1}{2} - \frac{11}{2}i = \frac{3}{2} - \frac{5}{2}i.$

$\overrightarrow{KP} \cdot \overrightarrow{KM} = -\frac{15}{4} + \frac{15}{4} = 0.$

Le triangle MPK est rectangle en K.

De plus, $KM = \left|-\frac{5}{2} - \frac{3}{2}i\right|$ soit $KM = \sqrt{\frac{25}{4} + \frac{9}{4}} = \frac{\sqrt{34}}{2}$

$KP = \left|-\frac{5}{2}i + \frac{3}{2}\right|$ soit $KP = \sqrt{\frac{25}{4} + \frac{9}{4}} = \frac{\sqrt{34}}{2}.$

On constate que KM = KP.

Le triangle MPK est un triangle rectangle isocèle.

▶ 5. *a*) MKPL est un carré si, et seulement si, $\overrightarrow{MK} = \overrightarrow{LP}$ puisque MPK est un triangle isocèle rectangle.

$\overrightarrow{MK}$ a pour affixe $\frac{5}{2} + \frac{3}{2}i$ et $\overrightarrow{LP}$ a pour affixe $p - l$ en appelant l l'affixe du point L.

$\overrightarrow{MK} = \overrightarrow{LP}$ équivaut à $\frac{5}{2} + \frac{3}{2}i = 2 + 3i - l$

$$-\frac{1}{2} + \frac{3}{2}i = l.$$

L a donc pour affixe $-\frac{1}{2} + \frac{3}{2}i$.

b) La droite (KL) a pour équation réduite $y = ax + b$, elle passe par les points $K\left(\frac{1}{2}\,;\frac{11}{2}\right)$ et $L\left(-\frac{1}{2}\,;\frac{3}{2}\right)$.

$y - y_k = m(x - x_k)$ où $m = \frac{y_L - y_K}{x_L - x_K} = 4.$

La droite (KL) a pour équation réduite $y = 4x + \frac{7}{2}$, elle coupe l'axe des abscisses au point R d'abscisse x telle que $4x + \frac{7}{2} = 0$ soit $x = -\frac{7}{8}$.

R est le point de l'axe des abscisses dont l'abscisse est égale à $-\frac{7}{8}$.

c) $\text{RM} = \left|-2 + 4i + \frac{7}{8}\right|$

soit $\text{RM} = \left|-\frac{9}{8} + 4i\right| = \sqrt{\frac{81}{64} + 16}$

donc $\text{RM} = \frac{\sqrt{1105}}{8}$.

$\text{RN} = \left|-2 - 4i + \frac{7}{8}\right|$

soit $\text{RN} = \left|-\frac{9}{8} - 4i\right| = \sqrt{\frac{81}{64} + 16}$

donc $\text{RN} = \frac{\sqrt{1105}}{8}$.

$\text{RP} = \left|2 + 3i + \frac{7}{8}\right|$

soit $\text{RP} = \left|\frac{23}{8} + 3i\right| = \sqrt{\frac{529}{64} + 9}$

donc $\text{RP} = \frac{\sqrt{1105}}{8}$.

$\text{RQ} = \left|2 - 3i + \frac{7}{8}\right|$

soit $\text{RQ} = \left|\frac{23}{8} - 3i\right| = \sqrt{\frac{529}{64} + 9}$

donc $\text{RQ} = \frac{\sqrt{1105}}{8}$.

Il s'ensuit que : RM = RN = RP = RQ.

Les quatre points M, N, P, Q sont sur un même cercle de centre R.

Figure

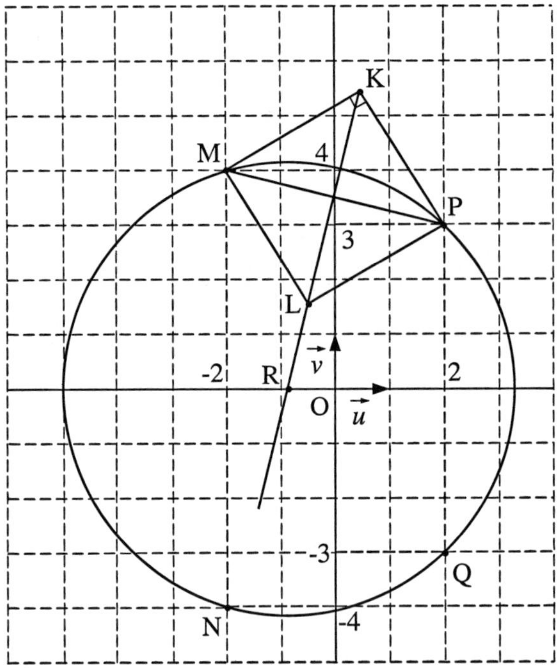

PROBLÈME

Objet du problème : Autour d'une fonction numérique.

Connaissances mathématiques :
- Fonction exponentielle de base e.
- Primitives usuelles.
- Calcul d'aire.
- Suite numérique.

Soit la fonction numérique f définie sur $[0\ ;+\infty[$ par $f(x)=\dfrac{e^x-1}{xe^x+1}$.

Partie A

✪ Étude d'une fonction auxiliaire

Soit la fonction numérique g définie sur $[0\ ;+\infty[$ par

$$g(x) = x + 2 - e^x.$$

▶ **1.** g est dérivable sur $[0\ ;+\infty[$ comme somme de deux fonctions ($x \mapsto x + 2$ et $x \mapsto -e^x$) dérivables sur $\mathbb{R}$ donc dérivables sur $[0\ ;+\infty[$.
Pour tout x de $[0\ ;+\infty[$, $g'(x) = 1 - e^x$.
Nous avons :
pour $x = 0$, $g'(x) = 0$;
pour $x > 0$, $g'(x) < 0$.

g est donc strictement décroissante sur $[0\ ;+\infty[$.

$\lim\limits_{x \to +\infty} (x + 2) = +\infty$ et $\lim\limits_{x \to +\infty} e^x = +\infty$ donc nous sommes en présence d'une forme indéterminée « $\infty - \infty$ ».
Pour tout $x > 0$,

$g(x) = x\left(1 + \dfrac{2}{x} - \dfrac{e^x}{x}\right)$ et $\lim\limits_{x \to +\infty} \left(1 + \dfrac{2}{x} - \dfrac{e^x}{x}\right) = -\infty$ donc

$$\boxed{\lim_{x \to +\infty} g(x) = -\infty.}$$

▶ **2.** *a)* g est dérivable et strictement décroissante sur l'intervalle $[0\ ;+\infty[$ avec $g(0) = 1$ et $\lim\limits_{x \to +\infty} g(x) = -\infty$ donc elle réalise une bijection de $[0\ ;+\infty[$ sur $]-\infty\ ;1[$ et **l'équation $g(x) = 0$ admet une solution unique α dans l'intervalle $[0\ ;+\infty[$.**

b) Nous avons, de plus, $g(1{,}14) \approx 0{,}01$ et $g(1{,}15) \approx -0{,}008$ et $g(\alpha) = 0$ d'où :
$g(1{,}15) < g(\alpha) < g(1{,}14)$ avec g strictement décroissante sur $[0\ ;+\infty[$

donc $$\boxed{1{,}14 < \alpha < 1{,}15.}$$

▶ **3.** g étant décroissante sur $[0\ ;+\infty[$ avec $g(\alpha) = 0$ et $1{,}14 < \alpha < 1{,}15$, nous en déduisons que :

x	0		α		$+\infty$
Signe de $g(x)$	1	+	0	−	

Partie B

✪ Étude de la fonction f et tracé de la courbe (C)

▶ **1.** *a)* Sur $[0\ ;+\infty[$, f est dérivable comme quotient de deux fonctions dérivables sur cet intervalle avec xe^x+1 non nul.

Pour tout x de $[0\ ;+\infty[$, $f'(x)=\dfrac{e^x(xe^x+1)-(e^x-1)(e^x+xe^x)}{(xe^x+1)^2}$

$$f'(x)=\frac{xe^{2x}+e^x-e^{2x}-xe^{2x}+e^x+xe^x}{(xe^x+1)^2}$$

$$f'(x)=\frac{2e^x-e^{2x}+xe^x}{(xe^x+1)^2}$$

$$f'(x)=\frac{e^x(x+2-e^x)}{(xe^x+1)^2}$$

$$f'(x)=\frac{e^x\times g(x)}{(xe^x+1)^2}.$$

b) Pour tout x de $[0\ ;+\infty[$, $f'(x)$ est du signe de $g(x)$ puisque, sur cet intervalle, $\dfrac{e^x}{(xe^x+1)^2}>0$.

Nous en déduisons le tableau des variations de f.

x	0		α		$+\infty$
Signe de $f'(x)$	1	+	0	−	
Variations de f		↗		↘	

f est strictement croissante sur $[0\ ;\alpha]$ et strictement décroissante sur $[\alpha\ ;+\infty[$.

▶ **2.** *a)* Pour tout réel positif x, $\dfrac{1-e^{-x}}{x+e^{-x}}=\dfrac{1-\dfrac{1}{e^x}}{x+\dfrac{1}{e^x}}$

$$\frac{1-e^{-x}}{x+e^{-x}}=\frac{e^x-1}{xe^x+1}$$

$$\frac{1-e^{-x}}{x+e^{-x}}=f(x).$$

b) À l'aide du résultat précédent nous avons :
$\lim\limits_{x \to +\infty} (1 - e^{-x}) = 1$ et $\lim\limits_{x \to +\infty} (x + e^{-x}) = +\infty$ puisque

$\lim\limits_{x \to +\infty} e^{-x} = 0$ et alors $\boxed{\lim\limits_{x \to +\infty} f(x) = 0.}$

Il s'ensuit que la droite d'équation $y = 0$ est asymptote à la courbe représentative de f au voisinage de $+\infty$.

▸ 3. *a*) $f(\alpha) = \dfrac{e^{\alpha} - 1}{\alpha e^{\alpha} + 1}$ avec $\alpha + 2 - e^{\alpha} = 0$ soit $\alpha + 2 = e^{\alpha}$.

En reportant ce résultat dans l'expression de $f(\alpha)$, nous obtenons :

$$f(\alpha) = \frac{\alpha + 1}{\alpha(\alpha + 2) + 1}$$

$$f(\alpha) = \frac{\alpha + 1}{\alpha^2 + 2\alpha + 1} \quad (\alpha > 0)$$

$$f(\alpha) = \frac{\alpha + 1}{(\alpha + 1)^2} \text{ soit } \boxed{f(\alpha) = \frac{1}{\alpha + 1}.}$$

b) D'après l'encadrement de α obtenu dans la question **A.2.**, nous avons :
$1,14 < \alpha < 1,15$
$2,14 < \alpha + 1 < 2,15$
$\dfrac{1}{2,15} < \dfrac{1}{\alpha + 1} < \dfrac{1}{2,14}$. Or $\dfrac{1}{2,14} \approx 0,467$ et $\dfrac{1}{2,15} \approx 0,465$.
Nous obtenons comme encadrement de $f(\alpha)$ d'amplitude 10^{-2} :

$$\boxed{0,46 < f(\alpha) < 0,47.}$$

▸ 4. Une équation de la tangente (T) à la courbe représentative de f au point d'abscisse 0 est donnée par $y - f(0) = f'(0)(x - 0)$.

$$\boxed{y = x.}$$

▸ 5. *a*) Pour tout x de $[0 ; +\infty[$,

$$f(x) - x = \frac{e^x - 1}{xe^x + 1} - x$$

$$f(x) - x = \frac{e^x - 1 - x^2e^x - x}{xe^x + 1}$$

$$f(x) - x = \frac{e^x(1 - x^2) - (x + 1)}{xe^x + 1}$$

$$f(x) - x = \frac{e^x(1 - x)(1 + x) - (x + 1)}{xe^x + 1}$$

$$f(x) - x = \frac{(x + 1)(e^x - xe^x - 1)}{xe^x + 1}$$

Par conséquent : pour tout $x \geqslant 0$, $f(x) - x = \dfrac{(x + 1)u(x)}{xe^x + 1}$ avec $u(x) = e^x - xe^x - 1$.

b) La fonction u est dérivable, sur l'intervalle $[0 ; +\infty[$, comme somme de fonctions dérivables sur cet intervalle. Nous avons ainsi :
$u'(x) = e^x - e^x - xe^x$
$u'(x) = -xe^x$
Pour $x = 0$, $u'(x) = 0$; pour $x > 0$, $u'(x) < 0$.
u est strictement décroissante sur $[0 ; +\infty[$ et $u(0) = 0$, donc u est négative sur cet intervalle.

c) Sur $[0 ; +\infty[$, $f(x) - x = \dfrac{(x + 1)u(x)}{xe^x + 1}$ est négatif ou nul et nous en déduisons que **la courbe représentative de f est située au-dessous de la droite** (T) sur l'intervalle précédent.

▶ **6. Courbe représentative de f**

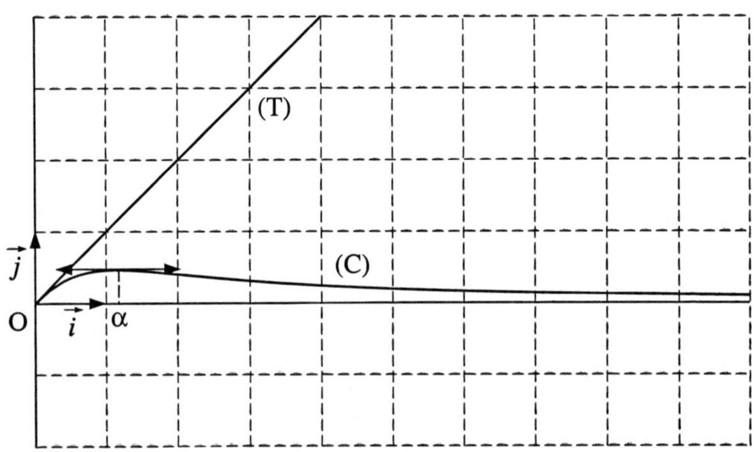

Partie C

✪ Calcul d'aire et étude d'une suite

▶ **1.** D'après **B.2.**, nous avons : pour tout x de $[0\ ;+\infty[$,
$\dfrac{1-e^{-x}}{x+e^{-x}}=f(x)$ avec $x\mapsto 1-e^{-x}$ fonction dérivée de $x\mapsto x+e^{-x}$.

Nous en déduisons que : $f=\dfrac{v'}{v}$ où v est la fonction positive, définie sur $[0\ ;+\infty[$, par $v(x)=x+e^{-x}$.

Par conséquent, une primitive F de f sur $[0\ ;+\infty[$, est donnée par :

$$\mathbf{F(x)=\ln(x+e^{-x}).}$$

▶ **2.** Nous avons : $A=\displaystyle\int_0^1 (x-f(x))\,dx\times 16\ \text{cm}^2$

Or $\displaystyle\int_0^1 (x-f(x))\,dx=\left[\frac{x^2}{2}-F(x)\right]_0^1$

$\displaystyle\int_0^1 (x-f(x))\,dx=\left(\frac{1}{2}-F(1)\right)-\left(0-F(0)\right)$

avec $F(1)=\ln(1+e^{-1})$ et $F(0)=0$.

$\displaystyle\int_0^1 (x-f(x))\,dx=0{,}5-\ln(1+e^{-1})$.

La valeur exacte de A est donc : $16\times(0{,}5-\ln(1+e^{-1}))$ cm^2.

Une valeur décimale de A au mm^2 près est 2,98 cm^2.

▶ **3.** Pour tout n entier naturel, nous avons : $v_n=\displaystyle\int_n^{n+1} f(x)\,dx$.

a) $v_0=\displaystyle\int_0^1 f(x)\,dx=F(1)-F(0)$ soit $v_0=\ln(1+e^{-1})$ ou encore

$v_0=-1+\ln(1+e)$ (voir figure page 90)

$v_1=\displaystyle\int_1^2 f(x)\,dx=F(2)-F(1)$ soit $v_1=\ln(2+e^{-2})-\ln(1+e^{-1})$

$v_1=\ln\left(\dfrac{2e^2+1}{e^2}\right)-\ln\left(\dfrac{e+1}{e}\right)$ ou encore

$v_1=\ln(2e^2+1)-\ln(1+e)-1$ (voir figure page 90)

$v_2=\displaystyle\int_2^3 f(x)\,dx=F(3)-F(2)$ soit $v_2=\ln(3+e^{-3})-\ln(2+e^{-2})$

$v_2=\ln\left(\dfrac{3e^3+1}{e^3}\right)-\ln\left(\dfrac{2e^2+1}{e^2}\right)$ ou encore

$v_2=\ln(3e^3+1)-\ln(2e^2+1)-1$ (voir figure page 90).

b) v_n **représente l'aire en unités d'aire de la portion de plan délimitée par la courbe (C), l'axe des abscisses et les droites d'équations** $x = n$ **et** $x = n + 1$**.**

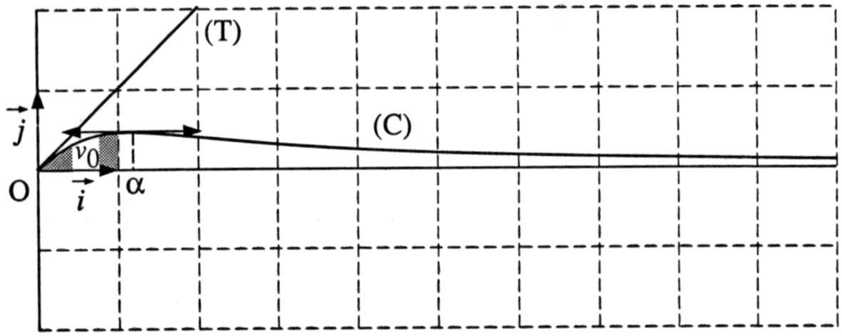

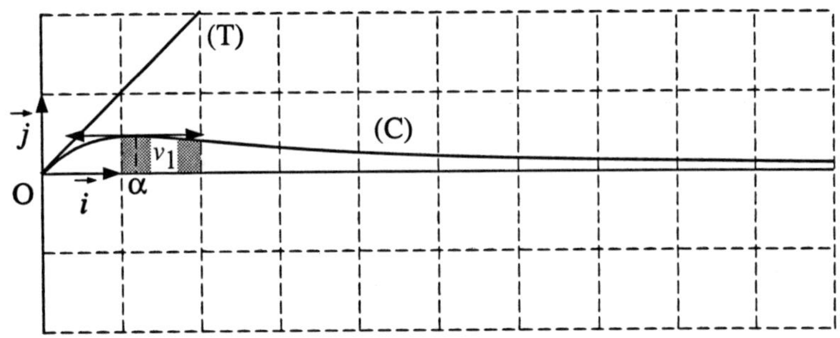

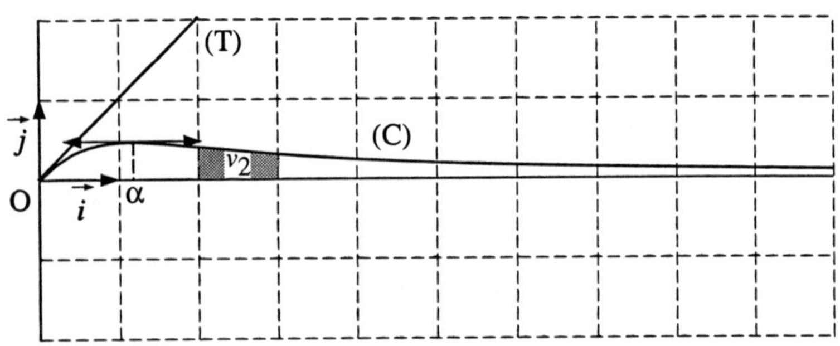

c) Pour tout x de $[n\ ;\ n+1]$, avec $n \geqslant 2$, nous avons, puisque f est décroissante sur cet intervalle, $f(n+1) \leqslant f(x) \leqslant f(n)$ soit, en utilisant les propriétés de l'intégration :

$$\int_n^{n+1} f(n+1)\,\mathrm{d}x \leqslant \int_n^{n+1} f(x)\,\mathrm{d}x \leqslant \int_n^{n+1} f(n)\,\mathrm{d}x$$

$$f(n+1) \leqslant \int_n^{n+1} f(x)\,\mathrm{d}x \leqslant f(n).$$

Pour tout entier naturel $n \geqslant 1$, nous avons $f(n+1) \leqslant v_n \leqslant f(n)$.

D'où :

$$\ldots \leqslant f(n+2) \leqslant v_{n+1} \leqslant f(n+1) \leqslant v_n \leqslant f(n) \leqslant v_{n-1} \leqslant f(n-1). \ldots$$

La suite (v_n) est donc décroissante.

d) Pour tout n, nous avons $v_n = \ln\,(n+1+\mathrm{e}^{-n-1}) - \ln\,(n+\mathrm{e}^{-n})$

$$v_n = \ln\left(n+1+\frac{1}{\mathrm{e}^{n+1}}\right) - \ln\left(n+\frac{1}{\mathrm{e}^{n}}\right)$$

$$v_n = \ln\left(\frac{n+1+\dfrac{1}{\mathrm{e}^{n+1}}}{n+\dfrac{1}{\mathrm{e}^{n}}}\right)$$

Or $\lim\limits_{n \to +\infty} \dfrac{n+1+\dfrac{1}{\mathrm{e}^{n+1}}}{n+\dfrac{1}{\mathrm{e}^{n}}} = 1$ donc $\boxed{\lim\limits_{n \to +\infty} v_n = 0.}$

EXERCICE 1 — 5 POINTS

Commun à tous les candidats

Afin de créer une loterie, on met dans une urne n billets différents (n supérieur ou égal à 3), dont deux et deux seulement sont gagnants.

▶ **1.** Dans cette question, on choisit au hasard et simultanément deux billets dans l'urne.

a) On suppose ici $n = 10$. X désigne la variable aléatoire qui donne le nombre de billets gagnants parmi les deux choisis.
Déterminer la loi de probabilité de X. (1 POINT)

b) On revient au cas général avec n supérieur ou égal à 3.
Calculer la probabilité, notée p_n, d'avoir exactement un billet gagnant parmi les deux choisis. (0,5 POINT)

▶ **2.** Dans cette question, on choisit au hasard deux billets dans cette urne en remettant le premier billet tiré avant de tirer le second.

a) On suppose ici $n = 10$. Y désigne la variable aléatoire qui donne le nombre de billets gagnants parmi les deux choisis.
Déterminer la loi de probabilité de Y. (1 POINT)

b) On revient au cas général avec n supérieur ou égal à 3.
Calculer la probabilité, notée q_n, d'avoir exactement un billet gagnant parmi les deux choisis. (0,5 POINT)

▶ **3.** *a)* Montrer que, pour tout n supérieur ou égal à 3, on a :

$$p_n - q_n = \frac{4(n-2)}{n^2(n-1)}. \text{ (0,5 POINT)}$$

b) En remarquant que, pour tout entier n, $n-2$ est inférieur à $n-1$, déterminer un entier naturel n_0 tel que, pour tout n supérieur ou égal à n_0, on ait $p_n - q_n < 10^{-3}$. (1 POINT)

c) Pour obtenir exactement un billet gagnant en choisissant deux billets de cette loterie, est-il préférable de les tirer simultanément ou de les tirer l'un après l'autre en remettant le premier billet tiré ? (0,5 POINT)

EXERCICE 2 — 5 POINTS

Candidats n'ayant pas suivi l'enseignement de spécialité

Dans le plan complexe rapporté à un repère orthonormal direct $(O\ ;\ \vec{u}, \vec{v})$, (unité graphique : 4 cm), on donne les points A et B d'affixes respectives 1 et $\frac{1}{2} - i\frac{\sqrt{3}}{2}$.

Pour chaque point M du plan, d'affixe z, M_1 d'affixe z_1 désigne l'image de M par la rotation de centre O et d'angle $\frac{\pi}{3}$, puis M′ d'affixe z' l'image de M_1 par la translation de vecteur $-\vec{u}$.

Enfin, on note T la transformation qui, à chaque point M, associe le point M′.

▶ **1.** *a*) Démontrer : $z' = e^{i\frac{\pi}{3}} z - 1$. (0,5 POINT)

b) Déterminer l'image du point B. (0,5 POINT)

c) Montrer que T admet un unique point invariant dont on précisera l'affixe. (0,5 POINT)

▶ **2.** On pose $z = x + iy$, avec x et y réels.

a) Pour z non nul, calculer la partie réelle du quotient $\frac{z'}{z}$ en fonction de x et de y. (0,5 POINT)

b) Démontrer que l'ensemble (E) des points M du plan, tels que le triangle OMM′ soit rectangle en O, est un cercle (C), dont on précisera le centre et le rayon, privé de deux points. (1 POINT)

Tracer (E). (0,25 POINT)

▶ **3.** Dans cette question, on pose $z = 1 + i$.

a) Vérifier que M appartient à (E). Placer M et M′ sur la figure. (0,25 + 0,25 POINT)

b) Calculer le module de z'. (0,5 POINT)

c) Calculer l'aire, en cm^2, du triangle OMM′. (0,75 POINT)

PROBLÈME — 10 POINTS

On désigne par n un entier supérieur ou égal à 2 et on considère les fonctions, notées f_n, qui sont définies pour x appartenant à l'intervalle $]0\ ;+\infty[$ par :

$$f_n(x) = \frac{1 + n\ln x}{x^2}.$$

Partie A

✪ I. – Étude des fonctions f_n

▶ **1.** Calculer $f_n'(x)$ et montrer que l'on peut écrire le résultat sous la forme d'un quotient dont le numérateur est $n - 2 - 2n \ln x$.
(0,5 + 0,25 POINT)

▶ **2.** Résoudre l'équation $f_n'(x) = 0$. Étudier le signe de $f_n'(x)$.
(0,25 + 0,5 POINT)

▶ **3.** Déterminer la limite de f_n en $+\infty$. (0,25 POINT)

▶ **4.** Établir le tableau de variation de la fonction f_n et calculer sa valeur maximale en fonction de n. (0,25 + 0,25 POINT)

✪ II. – Représentation graphique de quelques fonctions f_n

Le plan est rapporté à un repère orthonormal $(O ; \vec{i}, \vec{j})$, (unité graphique : 5 cm).
On note (C_n) la courbe représentative de la fonction f_n dans ce repère.

▶ **1.** Tracer (C_2) et (C_3). (0,5 + 0,5 POINT)

▶ **2.** *a*) Calculer $f_{n+1}(x) - f_n(x)$. Cette différence est-elle dépendante de l'entier n ? (0,5 + 0,25 POINT)
b) Expliquer comment il est possible de construire point par point la courbe (C_4) à partir de (C_2) et (C_3). Tracer (C_4). (0,5 + 0,5 POINT)

Partie B

✪ Calculs d'aires

▶ **1.** Calculer, en intégrant par parties, l'intégrale $I = \int_1^e \frac{\ln x}{x^2}\, dx$.

▶ **2.** En déduire l'aire, en unités d'aire, du domaine plan limité par les courbes (C_n) et (C_{n+1}) et les droites d'équations $x = 1$ et $x = e$.
(0,5 POINT)

▶ **3.** On note A_n l'aire, en unités d'aire, du domaine plan limité par la courbe (C_n) et les droites d'équations $y = 0$, $x = 1$ et $x = e$.
a) Calculer A_2. (0,25 POINT)
b) Déterminer la nature de la suite (A_n) en précisant l'interprétation graphique de sa raison. (0,5 POINT)

Partie C

✪ **Étude sur l'intervalle]1 ; + ∞[de l'équation $f_n(x) = 1$.**

Dans toute la suite, on prendra $n \geqslant 3$.

▶ **1.** *a)* Vérifier que, pour tout n, $e^{\frac{n-2}{2n}} > 1$ et $f_n\left(e^{\frac{n-2}{2n}}\right) > 1$. (0,25 + 0,25 POINT)

b) Vérifier que l'équation $f_n(x) = 1$ n'a pas de solution sur l'intervalle $\left]1\,;\,e^{\frac{n-2}{2n}}\right[$. (0,5 POINT)

▶ **2.** Montrer que l'équation $f_n(x) = 1$ admet sur l'intervalle $\left[e^{\frac{n-2}{2n}}\,;+\infty\right[$ exactement une solution notée α_n. (0,5 POINT)

▶ **3.** On se propose de déterminer la limite de la suite (α_n).

a) Calculer $f_n(\sqrt{n})$ et montrer que, pour $n > e^2$, on a $f_n(\sqrt{n}) \geqslant 1$. (0,25 + 0,5 POINT)

b) En déduire que, pour $n \geqslant 8$, on a $\alpha_n \geqslant \sqrt{n}$ et donner la limite de la suite (α_n). (0,5 + 0,5 POINT)

❑ Corrigé

EXERCICE 1

Objet du problème : Loterie.

Connaissances mathématiques :
- Variable aléatoire.
- Loi de probabilité.
- Suite numérique.

▶ **1.** *Dans cette question, on choisit au hasard et simultanément deux billets dans l'urne.*

a) Pour $n = 10$, X prend les valeurs 0, 1, 2 et le nombre de tirages possibles est égal à $C_{10}^2 = 45$. Nous sommes dans une situation d'équiprobabilité et alors :

$$p(X = 0) = \frac{C_8^2}{45} = \frac{28}{45}$$

$$p(X = 1) = \frac{C_2^1 \times C_8^1}{45} = \frac{16}{45}$$

$$p(X = 2) = \frac{C_2^2}{45} = \frac{1}{45}.$$

Loi de probabilité de X

x	0	1	2
$p(X = x)$	$\frac{28}{45}$	$\frac{16}{45}$	$\frac{1}{45}$

b) Pour $n \geqslant 3$, soit A l'événement « Avoir un billet gagnant parmi les deux choisis ». Le nombre de tirages possibles est :

$$C_n^2 = \frac{n!}{2!(n-2)!} = \frac{n(n-1)}{2}.$$

Nous sommes dans une situation d'équiprobabilité.

$$p(A) = \frac{C_2^1 \times C_{n-2}^1}{C_n^2} \text{ soit } p(A) = \frac{2(n-2)}{\frac{n(n-1)}{2}} \text{ d'où } \boxed{p_n = \frac{4(n-2)}{n(n-1)}}.$$

▶ **2.** *Dans cette question, on choisit au hasard deux billets dans cette urne en remettant le premier billet tiré avant de tirer le second.*

a) Pour $n = 10$, Y désigne le nombre de billets gagnants parmi les deux choisis. Le nombre de tirages possibles est $C_{10}^1 \times C_{10}^1 = 100$.

Y prend les valeurs 0, 1, 2.

$$p(Y = 0) = \frac{8}{10} \times \frac{8}{10} = \frac{64}{100}.$$

$p(Y = 1) = \frac{2}{10} \times \frac{8}{10} + \frac{8}{10} \times \frac{2}{10} = \frac{32}{100}$ puisque le billet gagnant peut être obtenu lors du premier tirage ou lors du second tirage.

$$p(Y = 2) = \frac{2}{10} \times \frac{2}{10} = \frac{4}{100}.$$

Loi de probabilité de Y

x	0	1	2
$p(Y = x)$	$\dfrac{64}{100}$	$\dfrac{32}{100}$	$\dfrac{4}{100}$

b) Pour $n \geqslant 3$, nous avons $C_n^1 \times C_n^1 = n^2$ cas possibles et, de ce fait, $q_n = \dfrac{2}{n} \times \dfrac{n-2}{n} \times 2$ puisque le billet gagnant peut être obtenu au premier tirage ou au second. $\boxed{q_n = \dfrac{4(n-2)}{n^2}.}$

▶ **3.** *a*) Pour tout $n \geqslant 3$, $p_n - q_n = \dfrac{4(n-2)}{n(n-1)} - \dfrac{4(n-2)}{n^2}$

$$p_n - q_n = \frac{4n(n-2) - 4(n-1)(n-2)}{n^2(n-1)}$$

$$p_n - q_n = \frac{4(n-2)(n-n+1)}{n^2(n-1)}$$

$$\boxed{p_n - q_n = \frac{4(n-2)}{n^2(n-1)}.}$$

b) Pour tout $n \geqslant 3$, $n - 2 < n - 1$ donc $\dfrac{4(n-2)}{n^2(n-1)} = \dfrac{4}{n^2} \times \dfrac{n-2}{n-1}$ avec $0 < \dfrac{n-2}{n-1} < 1$. Donc, pour que $p_n - q_n < 10^{-3}$, **il suffit que** $\dfrac{4}{n^2} < 10^{-3}$ c'est-à-dire que : $n^2 > 4 \times 10^3$.

$$n > 20\sqrt{10}.$$

Or $20\sqrt{10} \approx 63{,}24$ donc, pour que $p_n - q_n < 10^{-3}$, il suffit que $n \geqslant 64$.

$$\boxed{n_0 = 64.}$$

c) Pour tout $n \geqslant 3$, nous avons : $p_n - q_n = \dfrac{4(n-2)}{n^2(n-1)}$ donc $p_n - q_n > 0$.

Du résultat précédent, nous déduisons que, pour obtenir un billet gagnant en choisissant deux billets, il est préférable de tirer simultanément deux billets plutôt que de les tirer l'un après l'autre.

Objet du problème : Applications géométriques des nombres complexes.

Connaissances mathématiques :
- Rotation. Translation
- Parties réelle et imaginaire d'un nombre complexe.

▶ **1.** *a)* Nous avons $z_1 = e^{i\frac{\pi}{3}}z$ et $z' = z_1 - 1$ d'où $\boxed{z' = e^{i\frac{\pi}{3}}z - 1.}$

b) L'affixe de l'image de B par cette transformation est donnée par :

$$z' = e^{i\frac{\pi}{3}}\left(\frac{1}{2} - i\frac{\sqrt{3}}{2}\right) - 1$$

$$z' = \left(\frac{1}{2} - i\frac{\sqrt{3}}{2}\right)\left(\frac{1}{2} - i\frac{\sqrt{3}}{2}\right) - 1$$

$$z' = \frac{1}{4} + \frac{3}{4} - 1 = 0.$$

L'image de B est le point O.

c) Un point M est invariant par T si, et seulement si, son affixe z est telle que : $z = e^{i\frac{\pi}{3}}z - 1$, ce qui équivaut à :

$$z\left(1 - e^{i\frac{\pi}{3}}\right) = -1$$

$$z\left(\frac{1}{2} - i\frac{\sqrt{3}}{2}\right) = -1$$

$$z = \frac{-1}{\frac{1}{2} - i\frac{\sqrt{3}}{2}} \text{ soit } \boxed{z = -\frac{1}{2} - i\frac{\sqrt{3}}{2}.}$$

▶ **2.** *a)* Pour z non nul,

$$\frac{z'}{z} = \frac{e^{i\frac{\pi}{3}}z - 1}{z}$$

$$\frac{z'}{z} = \frac{(e^{i\frac{\pi}{3}}z - 1)\bar{z}}{z\bar{z}}.$$

$$\frac{z'}{z} = \frac{e^{i\frac{\pi}{3}} z\bar{z} - \bar{z}}{z\bar{z}}. \text{ Or } z\bar{z} = x^2 + y^2.$$

$$\frac{z'}{z} = \frac{\left(\frac{1}{2} + i\frac{\sqrt{3}}{2}\right)(x^2 + y^2) - (x - iy)}{x^2 + y^2}$$

$$\frac{z'}{z} = \frac{\frac{1}{2}(x^2 + y^2) + i\frac{\sqrt{3}}{2}(x^2 + y^2) - x + iy}{x^2 + y^2}$$

$$\frac{z'}{z} = \frac{\frac{1}{2}(x^2 + y^2) - x + i\left(\frac{\sqrt{3}}{2}(x^2 + y^2) + y\right)}{x^2 + y^2}$$

$$\frac{z'}{z} = \frac{\frac{1}{2}(x^2 + y^2 - 2x) + i\left(\frac{\sqrt{3}}{2}(x^2 + y^2) + y\right)}{x^2 + y^2}$$

$$\frac{z'}{z} = \frac{(x^2 + y^2 - 2x) + i(\sqrt{3}(x^2 + y^2) + 2y)}{2(x^2 + y^2)}.$$

Il s'ensuit que la partie réelle de $\frac{z'}{z}$ est $\frac{(x^2 + y^2 - 2x)}{2(x^2 + y^2)}$.

b) OMM′ est un triangle rectangle en O si, et seulement si, $z \neq 0$ et $z' \neq 0$ et $\arg z' - \arg z = \frac{\pi}{2}\ (2\pi)$.

Ce qui se traduit par $\arg\left(\frac{z'}{z}\right) = \frac{\pi}{2}\ (\pi)$ soit par $\text{Re}\left(\frac{z'}{z}\right) = 0$.

OMM′ est un triangle rectangle en O si, et seulement si : $x^2 + y^2 - 2x = 0$ avec $(x\,;y) \neq (0\,;0)$.

OMM′ est un triangle rectangle en O (avec $M \neq O$ et $M' \neq O$) si, et seulement si, $x^2 + y^2 - 2x = 0$ avec $(x, y) \neq (0, 0)$ et $z' \neq 0$. Ce qui équivaut à $(x - 1)^2 + y^2 = 1$ avec $(x, y) \neq (0, 0)$ et $z \neq z_B$ (car $z' = 0$ équivaut à $z = z_B$). Or l'équation $(x - 1)^2 + y^2 = 1$ caractérise le cercle de centre A et de rayon 1. Par conséquent, (E) est le cercle de centre A et de rayon 1, privé de O et de B.

(E) est le cercle de centre A et de rayon 1 privé du point O et du point B.

Figure

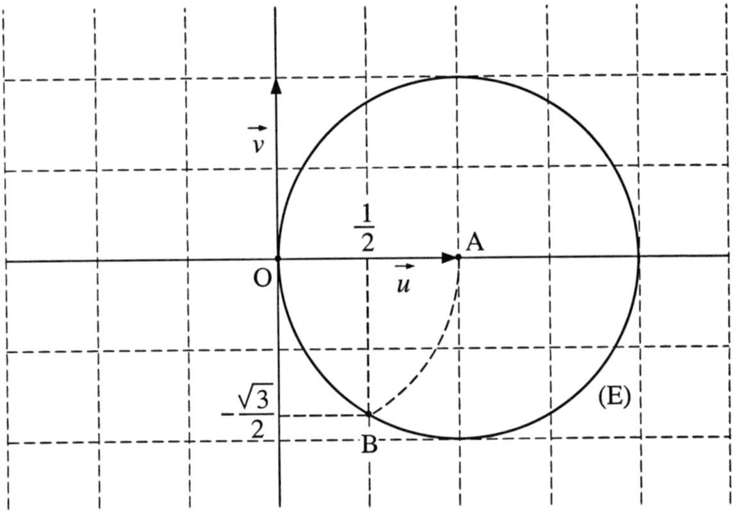

▶ **3.** Dans cette question, $z = 1 + i$.

a) Le point M a pour coordonnées (1 ; 1) et ses coordonnées vérifient l'équation de (E). Donc, dans ce cas **M appartient à (E)**.

Figure

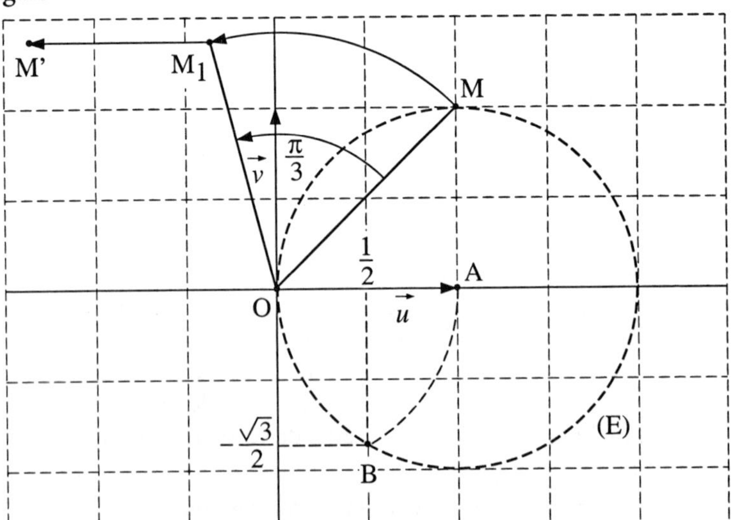

b) Nous avons : $z' = e^{i\frac{\pi}{3}}(1 + i) - 1$

$$z' = \left(\frac{1}{2} + i\frac{\sqrt{3}}{2}\right)(1 + i) - 1$$

$$z' = \frac{1}{2} + \frac{1}{2}i + i\frac{\sqrt{3}}{2} - \frac{\sqrt{3}}{2} - 1$$

$$z' = \left(-\frac{1}{2} - \frac{\sqrt{3}}{2}\right) + i\left(\frac{1}{2} + \frac{\sqrt{3}}{2}\right).$$

D'où $|z'| = \sqrt{\left(-\frac{1}{2} - \frac{\sqrt{3}}{2}\right)^2 + \left(\frac{1}{2} + \frac{\sqrt{3}}{2}\right)^2}$ soit

$$|z'| = \sqrt{\left(\frac{1}{2} + \frac{\sqrt{3}}{2}\right)^2 + \left(\frac{1}{2} + \frac{\sqrt{3}}{2}\right)^2}$$

$$|z'| = \sqrt{2\left(\frac{1}{2} + \frac{\sqrt{3}}{2}\right)^2}$$

$$|z'| = \sqrt{2} \times \left(\frac{1}{2} + \frac{\sqrt{3}}{2}\right) \quad \boxed{|z'| = \frac{\sqrt{2} + \sqrt{6}}{2}.}$$

c) L'aire du triangle OMM′ est alors $\frac{1}{2}$ (OM × OM′) $= \frac{1}{2}|z| \times |z'|$ avec

$|z| = \sqrt{2}$ et $|z'| = \dfrac{\sqrt{2} + \sqrt{6}}{2}$ et, par conséquent,

aire (OMM′) $= \dfrac{1}{2} \times \sqrt{2} \times \dfrac{\sqrt{2} + \sqrt{6}}{2} \times 4$ cm^2.

$$\boxed{\text{Aire (OMM}') = 2 + 2\sqrt{3}\ \text{cm}^2.}$$

PROBLÈME

Objet du problème : Famille de fonctions numériques.

Connaissances mathématiques :
- Fonction logarithme népérien.
- Primitives usuelles.
- Intégration par parties.
- Calculs d'aires.
- Suite numérique.

Partie A

✪ I. Étude des fonctions f_n

▶ **1.** Nous avons, pour tout x de $]0\,;+\infty[$,

$$f_n(x) = \frac{1 + n\ln x}{x^2} \text{ avec } n \geqslant 2.$$

$$f_n'(x) = \frac{\frac{n}{x} \times x^2 - (1 + n\ln x)(2x)}{x^4}.$$

$$f_n'(x) = \frac{nx - 2x - 2nx\ln x}{x^4}$$

$$f_n'(x) = \frac{n - 2 - 2n\ln x}{x^3}.$$

▶ **2.** $\begin{cases} x > 0 \\ f_n'(x) = 0 \end{cases}$ équivaut à $\begin{cases} x > 0 \\ n - 2 - 2n\ln x = 0 \end{cases}$

$$\begin{cases} x > 0 \\ \ln x = \dfrac{n-2}{2n} \end{cases}$$

$$\begin{cases} x > 0 \\ x = e^{\frac{n-2}{2n}}. \end{cases}$$

Pour $x > e^{\frac{n-2}{2n}}$ équivaut à $\ln x > \dfrac{n-2}{2n}$

$$2n\ln x > n - 2$$

$$n - 2 - 2\,n\ln x < 0.$$

$0 < x < e^{\frac{n-2}{2n}}$ équivaut à $n - 2 - 2\,n\ln x > 0$.

Tableau de signes

x	0		$e^{\frac{n-2}{2n}}$		$+\infty$
Signe de $f_n'(x)$	‖	$+$	0	$-$	

▶ **3.** $\lim_{x \to +\infty} f_n(x) = \lim_{x \to +\infty} \left(\frac{1}{x^2} + n\frac{\ln x}{x^2}\right)$.

Or $\lim_{x \to +\infty} \frac{1}{x^2} = 0$ $\lim_{x \to +\infty} \frac{\ln x}{x^2} = 0$ (croissances comparées).

Donc $\boxed{\lim_{x \to +\infty} f_n(x) = 0.}$

▶ **4. Tableau des variations de f_n**

x	0		$e^{\frac{n-2}{2n}}$		$+\infty$
Signe de $f_n'(x)$	‖	$+$	0	$-$	
Variations de f_n	‖	↗		↘	0

La valeur maximale de f en $e^{\frac{n-2}{2n}}$ est donnée par :

$$f\left(e^{\frac{n-2}{2n}}\right) = \frac{1 + n\ln\left(e^{\frac{n-2}{2n}}\right)}{\left(e^{\frac{n-2}{2n}}\right)^2}$$

$$f\left(e^{\frac{n-2}{2n}}\right) = \frac{1 + n \times \left(\frac{n-2}{2n}\right)}{e^{\frac{n-2}{n}}}$$

$$f\left(e^{\frac{n-2}{2n}}\right) = \frac{1 + \frac{n-2}{2}}{e^{\frac{n-2}{2}}}$$

$$f\left(e^{\frac{n-2}{2n}}\right) = \frac{n}{2e^{\frac{n-2}{2}}}.$$

La valeur maximale de f en $e^{\frac{n-2}{2n}}$ est $\frac{n}{2}e^{-\frac{n-2}{2}}$.

✪ II. Représentation graphique de quelques fonctions f_n

▶ 1. Courbe (C_2)

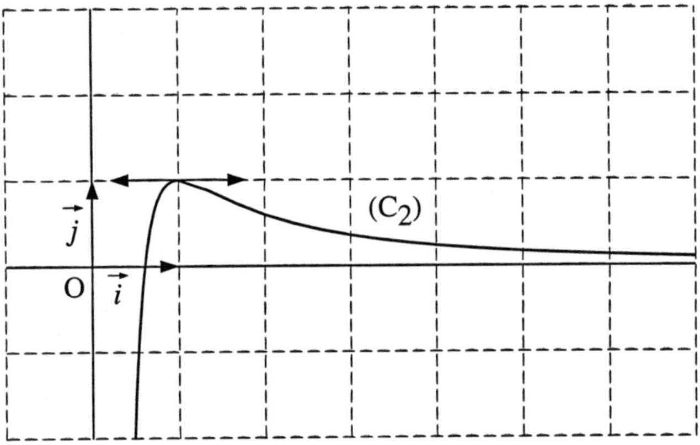

Courbe (C_3)

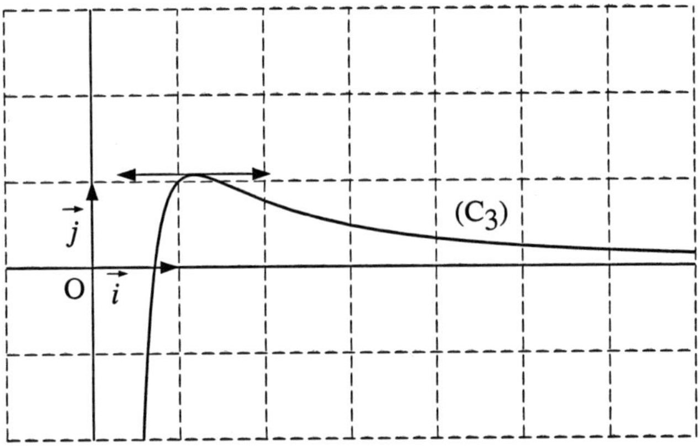

▶ 2. *a*) Pour tout réel $x > 0$,

$$f_{n+1}(x) - f_n(x) = \frac{1 + (n+1)\ln x}{x^2} - \frac{1 + n\ln x}{x^2}.$$

$$f_{n+1}(x) - f_n(x) = \frac{1 + (n+1)\ln x - 1 - n\ln x}{x^2}$$

$$f_{n+1}(x) - f_n(x) = \frac{\ln x}{x^2}.$$

Cette différence est indépendante de *n*.

b) Le résultat précédent nous permet d'écrire que, pour tout $x > 0$,
$f_4(x) - f_3(x) = f_3(x) - f_2(x)$

$f_4(x) = 2f_3(x) - f_2(x)$ ou $\dfrac{f_2(x) + f_4(x)}{2} = f_3(x)$.

Pour une même abscisse, appelons M_2, M_3, M_4 les points d'abscisse x situés respectivement sur (C_2), (C_3), (C_4).
Alors la relation précédente prouve que M_3 est le milieu de $[M_2M_4]$, ce qui permet de construire M_4 à partir de M_2 et M_3.

Tracé de (C_4)

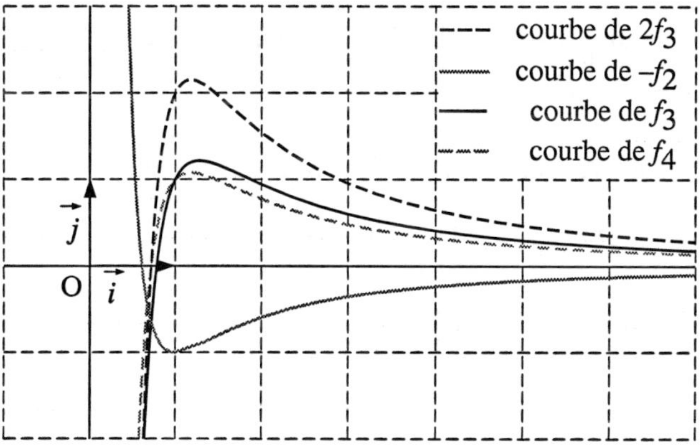

Partie B

✪ Calculs d'aires

▶ **1.** Soit $I = \displaystyle\int_1^e \frac{1}{x^2} \ln x \, dx$.

Intégrons par partie en posant (u, v, toutes deux dérivables) :

$u(x) = \ln x$ soit $u'(x) = \dfrac{1}{x}$. $v'(x) = \dfrac{1}{x^2}$ soit $v(x) = -\dfrac{1}{x}$.

$I = \left[-\dfrac{1}{x} \ln x\right]_1^e - \displaystyle\int_1^e -\frac{1}{x^2}\, dx.$

$I = -\dfrac{1}{e} \ln e + \ln 1 - \left[\dfrac{1}{x}\right]_1^e$

$I = -\dfrac{1}{e} - \dfrac{1}{e} + 1$ soit $\boxed{I = -\dfrac{2}{e} + 1}$.

▶ **2.** Pour tout $x > 0$, nous avons, d'après **A. 2.** *b)* :

$$f_{n+1}(x) - f_n(x) = \frac{\ln x}{x^2}.$$

Pour x élément de l'intervalle $[1 ; e]$, $f_{n+1}(x) - f_n(x) > 0$ et l'aire du domaine plan limité par les courbes (C_{n+1}) et (C_n) et les droites d'équations $x = 1$ et $x = e$ est donnée en unités d'aire par :

$$\int_1^e (f_{n+1}(x) - f_n(x))\mathrm{d}x = \int_1^e \frac{\ln x}{x^2}\,\mathrm{d}x$$

c'est-à-dire, d'après la question précédente, $1 - \frac{2}{e}$.

L'aire, en unités d'aire, du domaine plan défini précédemment est donc $1 - \frac{2}{e}$.

▶ **3.** *a)* L'aire A_2 est, en unités d'aire, donnée par : $\int_1^e \frac{1 + 2\ln x}{x^2}\,\mathrm{d}x$.

Or $\int_1^e \frac{1 + 2\ln x}{x^2}\,\mathrm{d}x = \int_1^e \left(\frac{1}{x^2} + 2\frac{\ln x}{x^2}\right)\mathrm{d}x$.

$$\int_1^e \frac{1 + 2\ln x}{x^2}\,\mathrm{d}x = \left[-\frac{1}{x}\right]_1^e + 2I.$$

$$\int_1^e \frac{1 + 2\ln x}{x^2}\,\mathrm{d}x = -\frac{1}{e} + 1 + 2 - \frac{4}{e}.$$

$$\int_1^e \frac{1 + 2\ln x}{x^2}\,\mathrm{d}x = 3 - \frac{5}{e} \text{ donc } \boxed{A_2 = 3 - \frac{5}{e} \text{ unités d'aire}}.$$

b) D'après la question **B. 2**, nous avons :

pour tout $n \geqslant 2$, $A_{n+1} - A_n = 1 - \frac{2}{e}$.

La suite (A_n) est donc une suite arithmétique de raison $1 - \frac{2}{e}$.

Pour tout $n \geqslant 2$, l'aire comprise entre deux courbes (C_{n+1}) et (C_n) et les droites d'équations $x = 1$ et $x = e$ est constante ; c'est la raison de la suite arithmétique (A_n).

Partie C

✪ **Étude sur l'intervalle $]1\ ;+\infty[$ de l'équation $f_n(x) = 1$ avec $n \geqslant 3$.**

▶ **1.** *a)* Nous avons, d'après la partie **A** : $f_n\left(e^{\frac{n-2}{2n}}\right) = \dfrac{n}{2e^{\frac{n-2}{2n}}}$.

Pour tout $n \geqslant 3$, $\dfrac{n-2}{2n} > 0$ donc la fonction exponentielle étant strictement croissante sur $\mathbb{R}$, nous en déduisons que $e^{\frac{n-2}{2n}} > e^0$ soit $e^{\frac{n-2}{2n}} > 1$.

La fonction f_n étant strictement croissante sur $\left]0\ ;\ e^{\frac{n-2}{2n}}\right]$ avec $e^{\frac{n-2}{2n}} > 1$, on a donc $f_n\left(e^{\frac{n-2}{2n}}\right) > f_n(1)$ avec $f_n(1) = 1$.

$$\boxed{f_n\left(e^{\frac{n-2}{2n}}\right) > 1.}$$

b) Sur l'intervalle $\left]1\ ;\ e^{\frac{n-2}{2n}}\right[$, la fonction f_n est strictement croissante, avec $f_n(x) > 1$, **donc l'équation $f_n(x) = 1$ n'a pas de solution sur l'intervalle $\left]1\ ;\ e^{\frac{n-2}{2n}}\right[$.**

▶ **2.** Sur l'intervalle $\left[e^{\frac{n-2}{2n}}\ ;+\infty\right[$, f_n est dérivable et strictement décroissante avec $f_n\left(e^{\frac{n-2}{2n}}\right) > 1$ et $\lim\limits_{x\to+\infty} f_n(x) = 0$.

Donc l'équation $f_n(x) = 1$ admet une solution unique α_n.

▶ **3.** *a)* $f_n(\sqrt{n}) = \dfrac{1 + n\ln\sqrt{n}}{n}$ soit $f_n(\sqrt{n}) = \dfrac{1 + \frac{1}{2}n\ln n}{n}$

$$f_n(\sqrt{n}) = \frac{2 + n\ln n}{2n}.$$

Pour $n > e^2$, $f_n(\sqrt{n}) - 1 = \dfrac{2 + n\ln n}{2n} - 1$

$$f_n(\sqrt{n}) - 1 = \frac{2 + n\ln n - 2n}{2n}$$

$$f_n(\sqrt{n}) - 1 = \frac{2 + n(-2 + \ln n)}{2n}$$

avec $-2 + \ln n > 0$ donc $f_n(\sqrt{n}) - 1 \geqslant 0$.

Donc, pour $n > e^2$, $f_n(\sqrt{n}) \geqslant 1$.

b) Nous savons que $f_n(\alpha_n) = 1$ donc, pour $n > e^2$, nous pouvons écrire $f_n(\sqrt{n}) \geqslant f_n(\alpha_n)$. C f_n est strictement décroissante sur l'intervalle $\left[e^{\frac{n-2}{2n}} ; +\infty\right[$, donc sur l'intervalle $]e^2 ; +\infty[$, nous en déduisons que $\alpha_n \geqslant \sqrt{n}$.

De $\lim\limits_{n \to +\infty} \sqrt{n} = +\infty$ et $e^2 \approx 7{,}38$, nous déduisons que :

La suite (α_n) tend vers $+\infty$.

7 ASIE
JUIN 1998 • SÉRIE S

EXERCICE 1 — 4 POINTS

Commun à tous les candidats

Le plan complexe $\mathcal{P}$ est rapporté à un repère orthonormal direct $(O ; \vec{u}, \vec{v})$, ayant comme unité graphique 3 cm.
Les nombres complexes z_1, z_2, z_3, z_4, z_5 et z_6 que l'on va calculer dans cet exercice seront tous exprimés sous forme algébrique et sous forme exponentielle ($\rho e^{i\theta}$).

▶ 1. Résoudre dans $\mathbb{C}$ l'équation : $z^2 - \sqrt{3}z + 1 = 0$. (0,5 POINT)

On pose $z_1 = \dfrac{\sqrt{3}+i}{2}$ et $z_2 = \dfrac{\sqrt{3}-i}{2}$. Exprimer z_1 et z_2 sous forme exponentielle et placer les points M_1 et M_2 d'affixes respectives z_1 et z_2 dans le plan $\mathcal{P}$. (0,5 + 0,25 POINT)

▶ 2. Soit r la rotation de centre O et d'angle $\dfrac{2\pi}{3}$.

Calculer l'affixe z_3 du point $M_3 = r(M_2)$. (0,25 POINT)
Placer M_3 sur la figure précédente. (0,25 POINT)

▶ 3. Soit t la translation dont le vecteur $\vec{w}$ a pour affixe $-\dfrac{\sqrt{3}+i}{2}$.

Calculer l'affixe z_4 du point $M_4 = t(M_2)$. (0,25 POINT)
Placer M_4 sur la figure. (0,25 POINT)

▶ 4. Soient $z_5 = \dfrac{i}{2}(1 + i\sqrt{3})$ et $z_6 = \dfrac{2}{i-\sqrt{3}}$.

Exprimer z_5 et z_6 sous forme algébrique et sous forme exponentielle. (0,25 + 0,25 POINT)

Placer les points M_5 et M_6 d'affixes respectives z_5 et z_6 sur la figure. (0,25 POINT)

▶ 5. *a*) Calculer z_k^6 pour $k \in \{1, 2, 3, 4, 5, 6\}$. (0,5 POINT)

b) Écrire $z^6 + 1$ sous forme d'un produit de trois polynômes du second degré à coefficients réels. Justifier cette écriture. (0,5 POINT)

EXERCICE 2 — 5 POINTS

Candidats n'ayant pas suivi l'enseignement de spécialité

Les questions 1 et 2 sont indépendantes.
$\mathbb{N}^*$ est l'ensemble des entiers strictement positifs.

Pour tout entier n de $\mathbb{N}^*$, on considère l'intégrale : $I_n = \int_1^e (\ln x)^n \, dx$.

▶ 1. *a*) Démontrer que, pour tout x dans l'intervalle $]1 ; e[$, et pour tout n entier naturel, on a :

$$(\ln x)^n - (\ln x)^{n+1} > 0. \text{ (0,5 POINT)}$$

b) En déduire que la suite (I_n) est décroissante. (0,25 POINT)

▶ **2.** *a*) Calculer I_1 à l'aide d'une intégration par parties. (0,25 POINT)
b) Démontrer à l'aide d'une intégration par parties que, pour tout $n \in \mathbb{N}^*$, $I_{n+1} = e - (n+1)I_n$. (1 POINT)
c) En déduire I_2, I_3 et I_4. Donner les valeurs exactes, exprimées en fonction de e, et les valeurs approchées à 10^{-3} près par défaut.
(0,75 + 0,25 POINT)

▶ **3.** *a*) Démontrer que, pour tout $n \in \mathbb{N}^*$, $I_n \geqslant 0$. (0,5 POINT)
b) Démontrer que, pour tout $n \in \mathbb{N}^*$, $(n+1)I_n \leqslant e$. (0,5 POINT)
c) En déduire la limite de I_n. (0,25 POINT)
d) Déterminer la valeur de $nI_n + (I_n + I_{n+1})$ et en déduire la limite de nI_n. (0,25 + 0,5 POINT)

PROBLÈME — 5 POINTS

Partie A

Soit la fonction g, définie sur $\mathbb{R}$, qui, à tout x, associe :

$$g(x) = e^x(x-1) + x^2.$$

▶ **1.** *a*) Montrer que la dérivée de la fonction g sur $\mathbb{R}$ est :

$$g'(x) = x(e^x + 2) \quad \text{(0,5 POINT)}$$

b) Déterminer les limites de g en $(+\infty)$ et en $(-\infty)$. (0,25 + 0,5 POINT)
c) Étudier le signe de $g'(x)$ sur $\mathbb{R}$, et dresser le tableau de variation de g sur $\mathbb{R}$. (0,25 + 0,25 POINT)

▶ **2.** Montrer que l'équation $g(x) = 0$ admet une solution α et une seule sur l'intervalle $[0\,;+\infty[$.
Montrer que α est dans l'intervalle $I = \left[\frac{1}{2}\,;1\right]$. (1 POINT)

Partie B

Soit la fonction f définie sur $[0\,;+\infty[$ par :

$$f(x) = \frac{e^x}{e^x + x}.$$

▶ **1.** Montrer que les équations $f(x) = x$ et $g(x) = 0$ sont équivalentes sur $[0\,;+\infty[$, et que, par suite, l'équation $f(x) = x$ admet α pour solution unique sur I. (0,5 + 0,5 POINT)

▶ 2. *a*) Calculer la dérivée de f et en déduire le sens de variation de f sur $[0 ; +\infty[$. (0,5 + 0,5 POINT)
b) Déterminer la limite de f en $+\infty$. (0,25 POINT)
c) Dresser le tableau de variation de f. (0,25 POINT)
d) Construire la courbe représentative ($\mathscr{C}$) de f sur $[0 ; +\infty[$ dans un repère orthonormal (unité 2 cm). On indiquera en particulier les tangentes à ($\mathscr{C}$) aux points d'abscisse 0 et 1. (1 POINT)

Partie C

▶ 1. Montrer que, pour tout x appartenant à I, $f(x)$ appartient à I. (0,5 POINT)

▶ 2. Soit la suite $(u_n)_{n \in \mathbb{N}^*}$ définie par $\begin{cases} u_1 = \dfrac{1}{2} \\ u_n = f(u_{n-1}) \text{ pour tout } n > 1 \end{cases}$

a) Montrer que, pour tout $n \in \mathbb{N}^*$, $u_n \in$ I. (0,5 POINT)

b) Montrer que, pour tout $x \in$ I, $|f'(x)| \leqslant \dfrac{1}{2}$. (0,5 POINT)

c) En appliquant le théorème de l'inégalité des accroissements finis, démontrer que :

$$\text{pour tout } n > 1, |u_n - \alpha| \leqslant \frac{1}{2}|u_{n-1} - \alpha|. \text{ (0,75 POINT)}$$

d) En déduire, par un raisonnement par récurrence, que :

$$\text{pour tout } n \in \mathbb{N}^*, |u_n - \alpha| \leqslant \left(\frac{1}{2}\right)^n. \text{ (0,75 POINT)}$$

e) En déduire que (u_n) converge vers α. (0,25 POINT)
f) À priori, combien suffit-il de calculer de termes de la suite pour obtenir une valeur approchée de α à 10^{-7} près ? (0,5 POINT)

▶ 3. En utilisant la décroissance de f, montrez que α est compris entre deux termes consécutifs quelconques de la suite. En déduire un encadrement de α d'amplitude 10^{-7}. (0,5 + 0,5 POINT)

❑ Corrigé

EXERCICE I

Objet du problème : Applications géométriques des nombres complexes.

Connaissances mathématiques :
- Rotation, translation.
- Module, argument d'un nombre complexe.

▶ **1.** Résolution de l'équation (E) : $z^2 - \sqrt{3}z + 1 = 0$.

$\Delta = -1 = i^2$ donc les solutions complexes conjuguées de (E) sont :

$$\boxed{z_1 = \frac{\sqrt{3}+i}{2} \text{ et } z_2 = \frac{\sqrt{3}-i}{2}.}$$

$z_1 = \frac{\sqrt{3}}{2} + \frac{1}{2}i$ donc z_1 est le complexe de module 1 dont un argument θ_1 vérifie $\cos\theta_1 = \frac{\sqrt{3}}{2}$ et $\sin\theta_1 = \frac{1}{2}$ d'où $\theta_1 = \frac{\pi}{6}$.

Comme z_2 est le conjugué de z_1, nous en déduisons que z_2 est le complexe de module 1 dont un argument est $-\frac{\pi}{6}$.

Ainsi : $\boxed{z_1 = e^{i\frac{\pi}{6}} \text{ et } z_2 = e^{-i\frac{\pi}{6}}.}$

▶ **2.** L'expression complexe de la rotation r de centre O et d'angle $\frac{2\pi}{3}$ est $z' = e^{i\frac{2\pi}{3}}z$. Donc l'affixe de M_3, image de M_2 par r, est égale à $z_3 = e^{i\frac{2\pi}{3}} \times z_2$ soit $z_3 = e^{i\frac{2\pi}{3}} \times e^{-i\frac{\pi}{6}}$ c'est-à-dire $\boxed{z_3 = e^{i\frac{\pi}{2}} = i.}$

▶ **3.** La translation t de vecteur $\vec{w}$ d'affixe $-\frac{\sqrt{3}+i}{2}$ a pour expression complexe $z' = z - \frac{\sqrt{3}+i}{2}$. Donc l'affixe du point M_4 image de M_2 par t est donnée par $z_4 = z_2 - \frac{\sqrt{3}+i}{2}$ soit $z_4 = \frac{\sqrt{3}-i}{2} - \frac{\sqrt{3}+i}{2}$ c'est-à-dire $\boxed{z_4 = -i.}$

▶ 4. Soit $z_5 = \frac{i}{2}(1 + i\sqrt{3})$ et $z_6 = \frac{2}{i - \sqrt{3}}$.

Nous avons : $\boxed{z_5 = -\frac{\sqrt{3}}{2} + \frac{1}{2}i}$ et $z_6 = \frac{2(-\sqrt{3} - i)}{4}$

z_6 s'écrit aussi $\boxed{z_6 = -\frac{\sqrt{3}}{2} - \frac{1}{2}i.}$

z_5 est le complexe de module 1 dont un argument θ_5 vérifie $\cos\theta_5 = -\frac{\sqrt{3}}{2}$ et $\sin\theta_5 = \frac{1}{2}$, d'où $\theta_5 = \frac{5\pi}{6}$. Par suite, $\boxed{z_5 = e^{i\frac{5\pi}{6}}.}$

z_6 est le complexe de module 1 dont un argument θ_6 vérifie

$\cos\theta_6 = -\frac{\sqrt{3}}{2}$ et $\sin\theta_6 = -\frac{1}{2}$. Par suite, $\boxed{z_6 = e^{-i\frac{5\pi}{6}}.}$

▶ 5. *a*) $z_1^6 = (e^{i\frac{\pi}{6}})^6$ soit $z_1^6 = e^{i\pi} = -1$.

$z_2^6 = (e^{-i\frac{\pi}{6}})^6$ soit $z_2^6 = e^{-i\pi} = -1$.

$z_3^6 = (e^{i\frac{\pi}{2}})^6$ soit $z_3^6 = e^{i3\pi} = -1$.

$z_4^6 = (e^{-i\frac{\pi}{2}})^6$ soit $z_4^6 = e^{-i3\pi} = -1$.

$z_5^6 = (e^{i\frac{5\pi}{6}})^6$ soit $z_5^6 = e^{i5\pi} = -1$.

$z_6^6 = (e^{-i\frac{5\pi}{6}})^6$ soit $z_6^6 = e^{-i5\pi} = -1$.

b) $z^6 + 1 = (z^2)^3 + 1^3$ soit $z^6 + 1 = (z^2 + 1)(z^4 + z^2 + 1)$.
Or $z^4 + z^2 + 1 = (z^2 + 1)^2 - z^2$ soit
$z^4 + z^2 + 1 = (z^2 - z + 1)(z^2 + z + 1)$

$$\boxed{\mathbf{z^6 + 1 = (z^2 + 1)(z^2 - z + 1)(z^2 + z + 1).}}$$

Les solutions de l'équation $z^6 + 1 = 0$ sont les affixes des points M_k pour $k \in \{1\,;2\,;3\,;4\,;5\,;6\}$.

Autre méthode : Dans **5.***a*), nous avons trouvé 6 nombres complexes solutions de l'équation $z^6 + 1 = 0$; nous pouvons construire le polynôme de degré 6 :

$$P(z) = (z - z_1)(z - z_2)(z - z_3)(z - z_4)(z - z_5)(z - z_6)$$

qui admet pour racines ces six nombres, et nous obtiendrons $P(z) = z^6 + 1$; il ne reste plus qu'à regrouper les facteurs deux à deux, en observant que : $z_2 = \overline{z_1}$, $z_4 = \overline{z_3}$ et $z_6 = \overline{z_5}$.

Figure

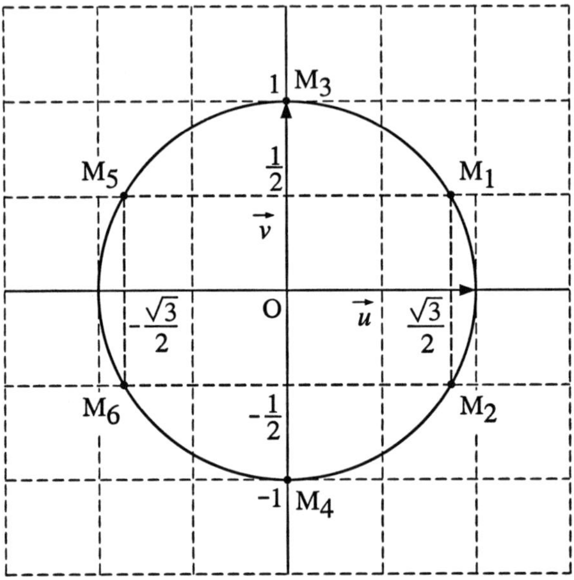

EXERCICE II

Objet du problème : Suite d'intégrales.

Connaissances mathématiques :
- Fonction logarithme népérien.
- Suite numérique.
- Intégration par parties.

Soit, pour tout n de $\mathbb{N}^*$, $I_n = \int_1^e (\ln x)^n \, dx$.

▶ **1.** *a)* Pour tout x de $]1 ; e[$, $(\ln x)^n - (\ln x)^{n+1} = (\ln x)^n \times (1 - \ln x)$.

Or, pour tout x de $]1 ; e[$, $0 < \ln x < 1$ et, par conséquent, $(\ln x)^n > 0$ et $1 - \ln x > 0$ donc :

Pour tout x de $]1 ; e[$, $(\ln x)^n - (\ln x)^{n+1} > 0$.

b) Pour tout n de $\mathbb{N}^*$, $I_{n+1} - I_n = \int_1^e \left[(\ln x)^{n+1} - (\ln x)^n\right] dx$.

Or, d'après la question précédente, nous savons que, pour tout x de $]1 ; e[$, $(\ln x)^n - (\ln x)^{n+1} < 0$. D'après la propriété de positivité de l'intégrale, nous en déduisons : pour tout n de $\mathbb{N}^*$, $I_{n+1} - I_n \leqslant 0$.
La suite $(I_n)_{n \in \mathbb{N}^*}$ est une suite décroissante.

▶ **2.** *a*) Calculons $I_1 = \int_1^e \ln x \, dx$ à l'aide d'une intégration par parties et pour cela posons :

$u(x) = \ln x$ et $v'(x) = 1$ soit $u'(x) = \dfrac{1}{x}$ et $v(x) = x$.

(u et v sont deux fonctions dérivables sur $[1 ; e]$.)

$I_1 = [x \ln x]_1^e - \int_1^e 1 \, dx$

$I_1 = e \ln e - 1 \ln 1 - [x]_1^e$

$I_1 = e - e + 1$. **$I_1 = 1$.**

b) Pour tout n de $\mathbb{N}^*$, $I_{n+1} = \int_1^e \left[(\ln x)^{n+1}\right] dx$. Intégrons par parties en posant $u(x) = (\ln x)^{n+1}$ et $v'(x) = 1$. On a $u'(x) = (n+1) \times \dfrac{1}{x} \times (\ln x)^n$ et $v(x) = x$ (u et v sont des fonctions dérivables sur $[1 ; e]$.)

$I_{n+1} = [x \times (\ln x)^n]_1^e - (n+1) \int_1^e (\ln x)^n \, dx$

$I_{n+1} = e \times (\ln e)^n - (n+1) I_n$

$I_{n+1} = e - (n+1) I_n$.

c) D'après le résultat précédent, nous avons :

pour $n = 1$: $I_2 = e - 2I_1$ soit **$I_2 = e - 2$ et $I_2 \approx 0{,}718$.**

pour $n = 2$: $I_3 = e - 3I_2$ soit $I_3 = e - 3(e - 2)$ c'est-à-dire

$I_3 = -2e + 6$ et $I_3 \approx 0{,}563$.

pour $n = 3$: $I_4 = e - 4I_3$ soit $I_4 = e - 4(-2e + 6)$ c'est-à-dire

$I_4 = 9e - 24$ et $I_4 \approx 0{,}464$.

▶ **3.** *a*) Pour tout x de $[1 ; e]$, $\ln x \geqslant 0$ donc, pour tout n de $\mathbb{N}^*$, $(\ln x)^n \geqslant 0$ et, par conséquent : **Pour tout n de $\mathbb{N}^*$, $I_n \geqslant 0$.**

b) D'après **2.*b***), nous avons : pour tout n de $\mathbb{N}^*$, $I_{n+1} = e - (n+1)I_n$ et, d'après la question précédente, $I_{n+1} \geqslant 0$ soit :

$$\textbf{pour tout } n \textbf{ de } \mathbb{N}^*, e - (n+1)I_n \geqslant 0 \text{ et } (n+1)I_n \leqslant e.$$

c) Les deux résultats obtenus précédemment nous permettent d'écrire :

$$0 \leqslant I_n \leqslant \frac{e}{n+1}.$$

Or $\lim\limits_{n \to +\infty} \frac{e}{n+1} = 0$ donc, d'après la propriété d'encadrement,

$$\boxed{\lim_{n \to +\infty} I_n = 0.}$$

d) D'après **2.*b***), nous avons :

pour tout n de $\mathbb{N}^*$, $I_{n+1} = e - (n+1)I_n$

$$\mathbf{I_{n+1} + I_n + nI_n = e}$$

donc $nI_n = e - (I_{n+1} + I_n)$.

$\boxed{\lim\limits_{n \to +\infty} nI_n = e}$ puisque $\lim\limits_{n \to +\infty} (I_{n+1} + I_n) = 0$.

PROBLÈME

Objet du problème : Autour d'une fonction numérique.

Connaissances mathématiques :
- Fonction exponentielle.
- Accroissements finis.
- Suites numériques.

Partie A

Soit g la fonction définie, pour tout réel x, par $g(x) = e^x(x-1) + x^2$.

▶ **1.** *a*) Pour tout $x \in \mathbb{R}$, $g'(x) = e^x \times (x-1) + e^x \times 1 + 2x$

$g'(x) = xe^x - e^x + e^x + 2x.$

$$\boxed{\textbf{Pour tout } x \in \mathbb{R}, g'(x) = x(e^x + 2).}$$

b) Nous avons $\begin{cases} \lim\limits_{x \to +\infty} e^x = +\infty \\ \lim\limits_{x \to +\infty} (x-1) = +\infty \\ \lim\limits_{x \to +\infty} x^2 = +\infty \end{cases}$

donc $\boxed{\lim\limits_{x \to +\infty} \mathbf{g(x) = +\infty.}}$

Pour tout $x \in \mathbb{R}$, $g(x) = xe^x - e^x + x^2$.

Nous avons $\lim\limits_{x \to -\infty} xe^x = 0$ (croissances comparées).

De plus $\begin{cases} \lim\limits_{x \to -\infty} e^x = 0. \\ \lim\limits_{x \to -\infty} x^2 = +\infty. \end{cases}$

Donc $\boxed{\lim\limits_{x \to -\infty} \mathbf{g(x) = +\infty.}}$

c) $g'(x)$ est du signe de x, car, pour tout $x \in \mathbb{R}$, $e^x + 2 > 0$.

Il s'ensuit que :

Pour tout $x \in]-\infty\,;0[$, $g'(x) < 0$.
Pour tout $x \in]0\,;+\infty[$, $g'(x) > 0$.
$g'(0) = 0$.

g est strictement décroissante sur $]-\infty\,;0]$ et strictement croissante sur $[0\,;+\infty[$.

De plus, $g(0) = e^0(0-1) + 0$

$\boxed{\mathbf{g(0) = -1.}}$

Tableau des variations de g

x	$-\infty$		0		$+\infty$
Signe de $g'(x)$		$+$	0	$-$	
Variations de g	$+\infty$	↘	-1	↗	$+\infty$

▶ 2. g est dérivable et strictement croissante sur l'intervalle $[0\,;+\infty[$.
g réalise une bijection de $[0\,;+\infty[$ sur $[-1\,;+\infty[$.
Puisque $0 \in [-1\,;+\infty[$, l'équation $g(x) = 0$ admet une unique solution α appartenant à $[0\,;+\infty[$.

Puisque $g\left(\frac{1}{2}\right) = -0{,}575$ à 10^{-3} près

on a $g\left(\frac{1}{2}\right) < 0$

et $g(1) = 1$ ($g(1) > 0$).

On en déduit que l'équation $g(x) = 0$ admet une unique solution α sur $[0\,;+\infty[$ et $\alpha \in I$, où $I = \left[\frac{1}{2}\,;1\right]$.

Partie B

Soit f la fonction définie, pour tout $x \in [0\,;+\infty[$, par $f(x) = \dfrac{e^x}{e^x + x}$.

▶ 1. L'équation $f(x) = x$ équivaut, sur $[0\,;+\infty[$, à :

$$\frac{e^x}{e^x + x} = x$$

$$\frac{e^x}{e^x + x} - \frac{x(e^x + x)}{e^x + x} = 0$$

$$\frac{-e^x(x-1) - x^2}{e^x + x} = 0$$

$$-e^x(x-1) - x^2 = 0 \quad \text{(car, pour tout } x \in [0\,;+\infty[,\ e^x + x \neq 0)$$

$$e^x(x-1) + x^2 = 0$$

$$\boxed{g(x) = 0.}$$

Puisque l'équation $g(x) = 0$ admet α pour unique solution sur $[0\,;+\infty[$ et que $\alpha \in I$, on en déduit que **l'équation $f(x) = x$ admet α pour unique solution sur I.**

▶ 2. *a*) Pour tout $x \in [0\,;+\infty[$, $f'(x) = \dfrac{e^x \times (e^x + x) - e^x \times (e^x + 1)}{(e^x + x)^2}$

$$f'(x) = \frac{e^{2x} + xe^x - e^{2x} - e^x}{(e^x + x)^2}$$

$$\boxed{\textbf{Pour tout } x \in [0\,;+\infty[,\ f'(x) = \frac{e^x(x-1)}{(e^x + x)^2}.}$$

$f'(x)$ est du signe de $(x-1)$ car, pour tout $x \in [0\,;+\infty[$, $\dfrac{e^x}{(e^x+x)^2} > 0$.

Pour tout $x \in [0\,;1[$, $f'(x) < 0$.
Pour tout $x \in]1\,;+\infty[$, $f'(x) > 0$.
$f'(1) = 0$.

f est strictement décroissante sur $[0\,;1]$ et strictement croissante sur $[1\,;+\infty[$.

De plus **$f(1) = \dfrac{e}{e+1}$.**

b) Pour tout $x \in [0\,;+\infty[$,

$$f(x) = \frac{e^x}{e^x\left(1+\dfrac{x}{e^x}\right)}$$

$$f(x) = \frac{1}{1+\dfrac{x}{e^x}}$$

Or $\lim\limits_{x\to+\infty} \dfrac{e^x}{x} = +\infty$ (croissances comparées),

donc $\lim\limits_{x\to+\infty} \dfrac{x}{e^x} = 0$ et $\lim\limits_{x\to+\infty} \dfrac{1}{1+\dfrac{x}{e^x}} = 1$.

Par suite, **$\lim\limits_{x\to+\infty} f(x) = 1$.**

La droite d'équation $y = 1$ est asymptote à (C) au voisinage de $+\infty$.

c) **Tableau des variations de f**

x	0		1		$+\infty$
Signe de $f'(x)$		$-$	0	$+$	
Variations de f	1	↘	$\dfrac{e}{e+1}$	↗	1

d) La tangente à (C) au point d'abscisse 0 admet pour coefficient directeur $f'(0) = \dfrac{e^0(0-1)}{(e^0+0)^2}$, soit $f'(0) = -1$.

Représentation graphique

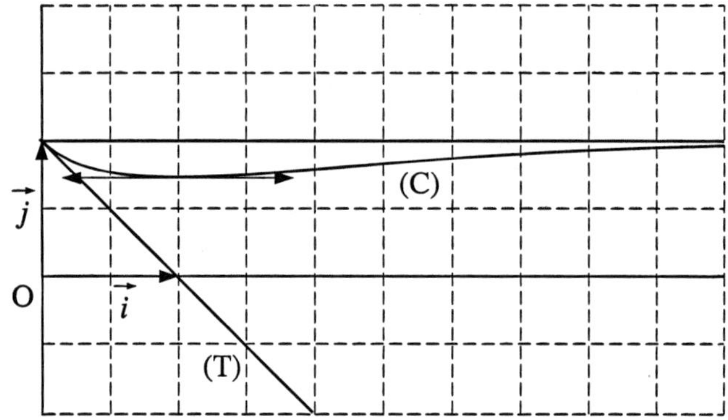

Partie C

▶ **1.** Nous avons vu que f est strictement décroissante sur $[0 ; 1]$. f est donc strictement décroissante sur $I = \left[\frac{1}{2} ; 1\right]$, ce qui signifie que, pour tout $x \in I$, $f(1) \leqslant f(x) \leqslant f\left(\frac{1}{2}\right)$.

Or $f(1) = 0{,}73$ à 10^{-2} près et $f\left(\frac{1}{2}\right) = 0{,}77$ à 10^{-2} près.

Donc $f(1) \geqslant \frac{1}{2}$ et $f\left(\frac{1}{2}\right) \leqslant 1$. Par suite, pour tout $x \in I$, $\frac{1}{2} \leqslant f(x) \leqslant 1$.

Pour tout x appartenant à I, $f(x)$ appartient à I.

▶ **2.** Soit (u_n) la suite définie par $\begin{cases} u_1 = \frac{1}{2} \\ u_n = f(u_{n-1}) \text{ pour tout } n > 1. \end{cases}$

a) Procédons par récurrence.

Nous avons $u_1 = \frac{1}{2}$ donc $u_1 \in I$.

Supposons que $u_n \in I$. Alors $f(u_n) \in I$, en utilisant le résultat établi à la question précédente.

Par conséquent, pour tout entier naturel $n > 1$, $u_n \in I$.

b) Nous avons montré que, pour tout $x \in I$, $f'(x) = \dfrac{e^x(x-1)}{(e^x+x)^2}$.

Pour tout $x \in I$, $$-\frac{1}{2} \leqslant x - 1 \leqslant 0$$

$$|x-1| \leqslant \frac{1}{2}$$

et, pour tout $x \in I$, $$0 < e^x < e^x + x$$

soit $$0 < \frac{e^x}{e^x + x} < 1.$$

Ainsi, pour tout $x \in I$,

$$0 \leqslant \frac{e^x}{e^x+x} \times |x-1| < 1 \times \frac{1}{2}$$

soit $$0 \leqslant \left|\frac{e^x(x-1)}{e^x+x}\right| \leqslant \frac{1}{2}.$$

Pour tout $x \in I$, $|f'(x)| \leqslant \frac{1}{2}$.

c) D'après l'inégalité des accroissements finis, nous en déduisons que, pour tout $n \in \mathbb{N}^*$,

$$|f(u_{n-1}) - f(\alpha)| \leqslant \frac{1}{2}|u_{n-1} - \alpha|$$

avec $f(u_{n-1}) = u_n$ et $f(\alpha) = \alpha$, car α est solution de l'équation $f(x) = x$.

Par suite : **Pour tout $n \in \mathbb{N}^*$, $|u_n - \alpha| \leqslant \frac{1}{2}|u_{n-1} - \alpha|$.**

d) Démontrons par récurrence que, pour tout $n \in \mathbb{N}^*$,

$$|u_n - \alpha| \leqslant \left(\frac{1}{2}\right)^n.$$

Nous avons $$|u_1 - \alpha| = \left|\frac{1}{2} - \alpha\right|$$

et $$\left|\frac{1}{2} - \alpha\right| \leqslant 1 \text{ puisque } \alpha \in \left[\frac{1}{2}\,;\,1\right]$$

donc $$|u_1 - \alpha| \leqslant \left(\frac{1}{2}\right)^0.$$

Supposons maintenant que, pour n entier non nul fixé, $|u_n - \alpha| \leqslant \left(\frac{1}{2}\right)^n$, et montrons que l'on a alors $|u_{n+1} - \alpha| \leqslant \left(\frac{1}{2}\right)^{n+1}$.

Puisque $$|u_{n+1} - \alpha| \leqslant \frac{1}{2}|u_n - \alpha|$$

nous en déduisons que

$$|u_{n+1} - \alpha| \leqslant \frac{1}{2} \times \left(\frac{1}{2}\right)^n$$

$$|u_{n+1} - \alpha| \leqslant \left(\frac{1}{2}\right)^{n+1}$$

Ainsi, pour tout $n \in \mathbb{N}^*$, $|u_n - \alpha| \leqslant \left(\frac{1}{2}\right)^n$.

e) Nous avons $$\lim_{n \to +\infty} \left(\frac{1}{2}\right)^n = 0$$

donc $$\lim_{n \to +\infty} |u_n - \alpha| = 0$$

c'est-à-dire $$\lim_{n \to +\infty} u_n = \alpha.$$

(u_n) converge vers α.

f) u_p est une valeur approchée à 10^{-7} près de α lorsque $|u_p - \alpha| \leqslant 10^{-7}$.

Pour avoir $|u_p - \alpha| \leqslant 10^{-7}$, il suffit que l'on ait $\left(\frac{1}{2}\right)^p \leqslant 10^{-7}$, ce qui équivaut à

$$\ln\left[\left(\frac{1}{2}\right)^p\right] \leqslant \ln\,[10^{-7}]$$ (car la fonction ln est strictement croissante sur $]0\,;+\infty[$)

$$p \ln \frac{1}{2} \leqslant -7 \ln 10$$

$$-p \ln 2 \leqslant -7 \ln 10$$

$$p \ln 2 \geqslant 7 \ln 10$$

$$p \geqslant \frac{7 \ln 10}{\ln 2}$$ (car $\ln 2 > 0$ puisque $2 > 1$).

Or $\frac{7 \ln 10}{\ln 2} = 23{,}3$ à 0,1 près. Il suffit donc que $p \geqslant 24$.

Il suffit de calculer 24 termes de (u_n) pour déterminer une valeur approchée de α à 10^{-7} près.

▸ **3.** Supposons qu'il existe un entier non nul n tel que $\alpha \leqslant u_n$. Puisque f est décroissante sur I, nous avons alors $f(\alpha) \leqslant f(u_n)$, c'est-à-dire $\alpha \leqslant u_{n+1}$.
Par suite, nous avons $u_n \leqslant \alpha \leqslant u_{n+1}$.
On obtient $u_{24} = 0{,}73912274$ et $u_{25} = 0{,}73912274$ à 10^{-8} près.
Un encadrement de α à 10^{-7} près est $0{,}7391227 \leqslant \alpha \leqslant 0{,}7391228$.

Enseignement obligatoire

1 Nombres complexes

8 GUADELOUPE, GUYANE, MARTINIQUE — 5 POINTS
SEPTEMBRE 1997 • SÉRIE S

Candidats n'ayant pas choisi l'enseignement de spécialité

Dans le plan orienté, on considère le carré ABCD de centre O tel que AB = 6 cm et $(\overrightarrow{AB}, \overrightarrow{AD}) = \frac{\pi}{2}$. On définit les points P, Q, R, S de la façon suivante :

$$\overrightarrow{AP} = \frac{1}{3}\overrightarrow{AB}, \quad \overrightarrow{BQ} = \frac{1}{3}\overrightarrow{BC}, \quad \overrightarrow{CR} = \frac{1}{3}\overrightarrow{CD}, \quad \overrightarrow{DS} = \frac{1}{3}\overrightarrow{DA}.$$

Le but de l'exercice est de préciser la nature du quadrilatère PQRS *en utilisant des méthodes différentes.*

Placer les points P, Q, R et S sur une figure.

▶ **1. Première méthode, utilisant les nombres complexes**

On considère le repère orthonormal $(A ; \vec{u}, \vec{v})$, les vecteurs unitaires étant respectivement colinéaires et de même sens que $\overrightarrow{AB}$ et $\overrightarrow{AD}$, l'unité étant le cm.

a) Déterminer les affixes *a*, *b*, *c*, *d* respectives des points A, B, C, D. ($4 \times 0{,}25$ POINT)

Calculer les affixes *p*, *q*, *r*, *s* respectives des points P, Q, R, S. ($4 \times 0{,}25$ POINT)

b) Calculer les affixes des vecteurs $\overrightarrow{PQ}$ et $\overrightarrow{SR}$, puis le quotient $\frac{s-p}{q-p}$. (0,25 + 0,25 POINT)

c) Interpréter géométriquement ces résultats et en déduire la nature du quadrilatère PQRS. (0,5 POINT)

▶ **2. Deuxième méthode, géométrique**
On note f la rotation de centre O et d'angle $\frac{\pi}{2}$.

a) Déterminer les images par f de A et B. (0,25 POINT)
Montrer que l'image de P par f est le point Q. (0,25 POINT)
b) Déterminer les images de Q, R et S par f. (0,5 POINT)
c) En utilisant ce qui précède, préciser et justifier la nature du quadrilatère PQRS. (1 POINT)

❑ Corrigé

Objet du problème : Nature d'un quadrilatère.

Connaissances mathématiques :
- Affixe d'un vecteur.
- Module, argument d'un nombre complexe.
- Rotation de centre O.

Figure

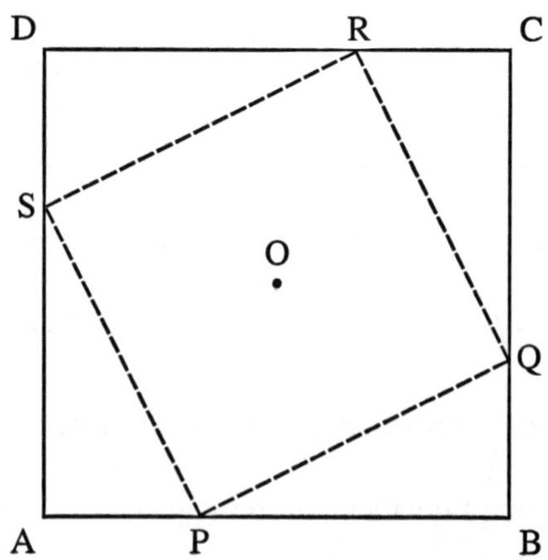

▶ **1. Première méthode : utilisation des nombres complexes**

$(A\,;\vec{u},\vec{v})$ est un repère orthonormal direct avec $\vec{u}=\frac{1}{6}\overrightarrow{AB}$, $\vec{v}=\frac{1}{6}\overrightarrow{AD}$.

a) $\boxed{a=0,\ b=6,\ c=6+6i,\ d=6i.}$.

$\overrightarrow{AP}=\frac{1}{3}\overrightarrow{AB}$ donc $p=\frac{1}{3}b$ soit $\boxed{p=2.}$

$\overrightarrow{AQ}=\overrightarrow{AB}+\overrightarrow{BQ}$

$\overrightarrow{AQ}=6\vec{u}+2\vec{v}$ donc $\boxed{q=6+2i.}$

$\overrightarrow{AR}=\overrightarrow{AD}+\overrightarrow{DR}$

$\overrightarrow{AR}=6\vec{v}+4\vec{u}$ soit $\boxed{r=4+6i.}$

$\overrightarrow{AS}=4\vec{v}$ soit $\boxed{s=4i.}$

b) $\overrightarrow{PQ}$ a pour affixe $q-p=4+2i$.

$\overrightarrow{SR}$ a pour affixe $r-s=4+2i$.

$$\frac{s-p}{q-p}=\frac{4i-2}{6+2i-2}\quad\text{soit}\quad\frac{s-p}{q-p}=\frac{-2+4i}{4+2i}$$

$$\frac{s-p}{q-p}=\frac{-1+2i}{2+i}\quad\text{soit}\quad\frac{s-p}{q-p}=\frac{(-1+2i)(2-i)}{5}$$

$$\frac{s-p}{q-p}=\frac{-2+i+4i+2}{5}\ \text{soit}\ \boxed{\frac{s-p}{q-p}=i.}$$

c) $\frac{s-p}{q-p}=i$ équivaut à : $s-p=e^{i\frac{\pi}{2}}(q-p)$

$$\boxed{(\overrightarrow{PQ},\overrightarrow{PS})=\frac{\pi}{2}\ (2\pi)\ \text{et}\ PQ=PS.}$$

De même :

$\frac{q-r}{s-r}$ donne $\frac{2-4i}{-4-2i}=\frac{1-2i}{-2-i}=i$ ce qui équivaut à :

$$\boxed{(\overrightarrow{RS},\overrightarrow{RQ})=\frac{\pi}{2}\ (2\pi)\ \text{et}\ RS=RQ.}$$

Par conséquent : **PQRS est un carré.**

▶ **2. Deuxième méthode : géométrique**

Soit $f = R\left(O\,;\frac{\pi}{2}\right)$.

a) $\boxed{f(A) = B}$ car ABCD étant un carré tel que $(\overrightarrow{AB}, \overrightarrow{AD}) = \frac{\pi}{2}\ (2\pi)$, de centre O, nous en déduisons que $(\overrightarrow{OA}, \overrightarrow{OB}) = \frac{\pi}{2}\ (2\pi)$ avec OA = OB.

De même, $\boxed{f(B) = C}$ car $(\overrightarrow{OB}, \overrightarrow{OC}) = \frac{\pi}{2}\ (2\pi)$ et OB = OC.

L'image de [AB] par f est [BC] et f étant une isométrie, le point P de [AB] tel que $AP = \frac{1}{3}AB$ a pour image le point P′ de [AC] tel que $AP' = \frac{1}{3}AC$ qui n'est autre que le point Q.

$$\boxed{f(P) = Q.}$$

b) Le même raisonnement que précédemment nous conduit à :

$$\boxed{f(Q) = R,\ f(R) = S \text{ et } f(S) = P.}$$

c) $f(P) = Q$; $f(Q) = R$; $f(R) = S$; $f(S) = P$;
donc PQ = QR = RS = SP.
Ceci prouve que PQRS est un losange. De plus $(\overrightarrow{PQ}, \overrightarrow{QR}) = \frac{\pi}{2}\ (2\pi)$.
Cela suffit pour conclure que **PQRS est un carré.**

9 FRANCE MÉTROPOLITAINE — 5 POINTS
SEPTEMBRE 1997 • SÉRIE S

Candidats n'ayant pas choisi l'enseignement de spécialité

Dans le plan complexe rapporté au repère orthonormal direct $(O\ ;\ \vec{u}, \vec{v})$ (unité graphique : 2 cm), on considère :
– le point A d'affixe $a = 5 - i\sqrt{3}$;
– le point B tel que le triangle OAB soit équilatéral direct, c'est-à-dire avec $(\overrightarrow{OA}, \overrightarrow{OB}) = \dfrac{\pi}{3}$;
– le milieu Q de [OB].

▶ **1.** *a*) Démontrer que B a pour affixe $b = 4 + 2i\sqrt{3}$.
En déduire l'affixe q de Q. (0,5 + 0,25 POINT)
b) Déterminer l'affixe z_K du point K tel que ABQK soit un parallélogramme. (0,75 POINT)
c) Démontrer que $\dfrac{z_K - a}{z_K}$ est imaginaire pur. Qu'en déduit-on pour le triangle OKA ? (0,5 + 0,5 POINT)
Préciser la nature du quadrilatère OQAK. (0,5 POINT)
d) Placer les points A, B, Q et K dans le plan. (0,25 POINT)

▶ **2.** Soit C le point d'affixe $c = \dfrac{2a}{3}$.

a) Calculer $\dfrac{z_K - b}{z_K - c}$. Que peut-on en déduire pour les points B, C et K ? (1 + 0,5 POINT)
b) Placer C sur la figure. (0,25 POINT)

❑ Corrigé

Objet du problème : Applications géométriques des nombres complexes.

Connaissances mathématiques :
- Module, argument d'un nombre complexe.
- Colinéarité.

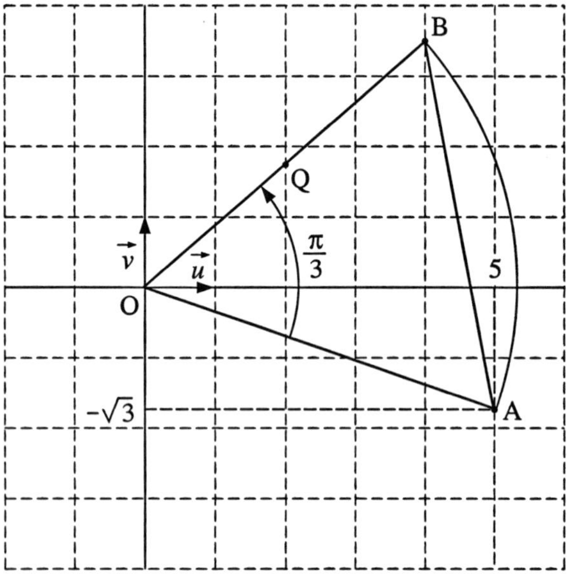

▶ **1.** *a)* B est l'image de A par la rotation de centre O et d'angle $\frac{\pi}{3}$ donc $b = e^{i\frac{\pi}{3}}a$

$$b = \left(\frac{1}{2} + i\frac{\sqrt{3}}{2}\right)(5 - i\sqrt{3})$$

$$b = \frac{5}{2} - i\frac{\sqrt{3}}{2} + 5\frac{\sqrt{3}}{2}i + \frac{3}{2} \quad \text{d'où} \quad \boxed{b = 4 + 2i\sqrt{3}.}$$

Q étant le milieu de [OB], nous avons : $q = \frac{b}{2}$ soit $\boxed{q = 2 + i\sqrt{3}.}$

b) ABQK est un parallélogramme si, et seulement si : $\overrightarrow{AK} = \overrightarrow{BQ}$.

Ce qui traduit par : $z_K - a = q - b$

$$z_K = a + q - b$$

$$z_K = 5 - i\sqrt{3} + 2 + i\sqrt{3} - 4 - 2i\sqrt{3}$$

$$\boxed{z_K = 3 - 2i\sqrt{3}.}$$

c) $\dfrac{z_K - a}{z_K} = \dfrac{3 - 2i\sqrt{3} - 5 + i\sqrt{3}}{3 - 2i\sqrt{3}}$

$$\frac{z_K - a}{z_K} = \frac{-2 - i\sqrt{3}}{3 - 2i\sqrt{3}}$$

$$\frac{z_K - a}{z_K} = \frac{(-2 - i\sqrt{3})(3 + 2i\sqrt{3})}{(3 - 2i\sqrt{3})(3 + 2i\sqrt{3})}$$

$\dfrac{z_K - a}{z_K} = \dfrac{-6 - 4i\sqrt{3} - 3i\sqrt{3} + 6}{21}$ soit $\dfrac{z_K - a}{z_K} = -i\dfrac{\sqrt{3}}{3}$.

$$\boxed{\frac{z_K - a}{z_K} \text{ est un imaginaire pur.}}$$

$\dfrac{z_K - a}{z_K} = -i\dfrac{\sqrt{3}}{3}$ soit $z_K - a = -\dfrac{\sqrt{3}}{3} e^{i\frac{\pi}{2}} z_K$. Comme $z_K - a$ est l'affixe de $\overrightarrow{AK}$ et z_K l'affixe de $\overrightarrow{OK}$, $\overrightarrow{OK}$ et $\overrightarrow{AK}$ sont orthogonaux.

Le triangle OKA est rectangle en K.

$\overrightarrow{AK} = \overrightarrow{BQ}$ puisque ABQK est un parallélogramme.

Or Q est le milieu de [OB] donc $\overrightarrow{QO} = \overrightarrow{BQ}$.

D'où : $\overrightarrow{AK} = \overrightarrow{QO}$ et le quadrilatère OQAK est un parallélogramme.

Comme le triangle OKA est rectangle en K, nous en concluons que **OQAK est un rectangle.**

d) Figure

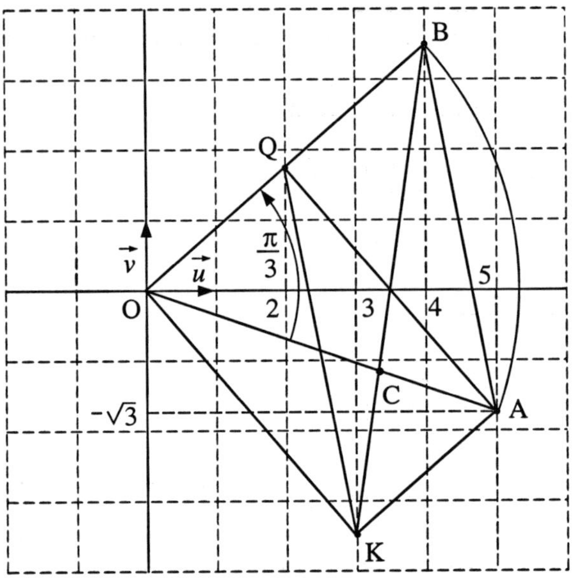

▶ **2.** C a pour affixe $c = \frac{2}{3}a$ soit $c = \frac{10}{3} - \frac{2i\sqrt{3}}{3}$.

a) $\frac{z_K - b}{z_K - c} = \frac{3 - 2i\sqrt{3} - 4 - 2i\sqrt{3}}{3 - 2i\sqrt{3} - \frac{10}{3} + 2i\frac{\sqrt{3}}{3}}$

$\frac{z_K - b}{z_K - c} = \frac{-1 - 4i\sqrt{3}}{-\frac{1}{3} - \frac{4}{3}i\sqrt{3}}$ soit $\frac{z_K - b}{z_K - c} = 3$

donc $z_K - b = 3\,(z_K - c)$

$\overrightarrow{BK} = 3\overrightarrow{CK}$.

Les vecteurs $\overrightarrow{BK}$ et $\overrightarrow{CK}$ sont colinéaires donc **B, C et K sont alignés**.

b) Voir figure ci-dessus.

10 SPORTIFS DE HAUT NIVEAU — 5 POINTS
OCTOBRE 1997 • SÉRIE S

Candidats n'ayant pas suivi l'enseignement de spécialité

Le plan complexe est rapporté à un repère orthonormal direct $(O ; \vec{u}, \vec{v})$ (unité graphique : 4 cm).

On considère les points A et C d'affixes respectives a et c. On suppose que les points O, A, C ne sont pas alignés.

On note B le point image de A par la rotation de centre O et d'angle $-\frac{\pi}{2}$ et D le point image de C par la rotation de centre O et d'angle $\frac{\pi}{2}$.

▶ **1.** Dans cette question, on suppose que $a = 3 + \frac{1}{4}i$ et $c = \frac{1}{2} - i\frac{\sqrt{3}}{2}$.

Placer sur une figure les points O, A, B, C, D (on justifiera la construction du point C). (0,5 POINT)

Dans les questions suivantes, on revient au cas général.

On suppose que les points B et C sont distincts.

▶ **2.** Calculer les affixes des vecteurs $\overrightarrow{AD}$ et $\overrightarrow{BC}$. (0,5 POINT)

Comparer les longueurs AD et BC et démontrer que les droites (AD) et (BC) sont perpendiculaires. (0,5 + 1 POINT)

▶ **3.** On désigne par I le milieu du segment [AC]. En utilisant les affixes de deux vecteurs que l'on précisera, démontrer que la médiane (OI) du triangle OAC est une hauteur du triangle ODB et que DB = 2OI. (1 POINT)

▶ **4.** La médiane issue de O du triangle ODB est-elle une hauteur du triangle OAC ? Justifier la réponse. (1 + 0,5 POINT)

❑ Corrigé

Objet du problème : Médiane à la hauteur.

Connaissances mathématiques :
- Module, argument d'un nombre complexe.
- Rotation.
- Affixe d'un vecteur

▸ 1. Figure

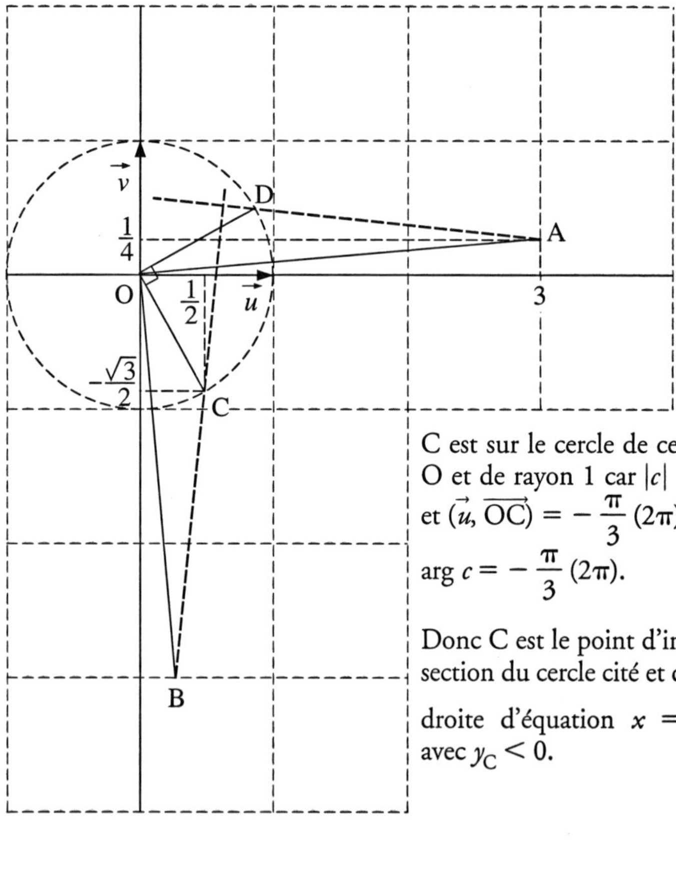

C est sur le cercle de centre O et de rayon 1 car $|c| = 1$ et $(\vec{u}, \overrightarrow{OC}) = -\frac{\pi}{3}\ (2\pi)$ car $\arg c = -\frac{\pi}{3}\ (2\pi)$.

Donc C est le point d'intersection du cercle cité et de la droite d'équation $x = \frac{1}{2}$ avec $y_C < 0$.

▶ **2.** Nous avons : $z_A = a$, $z_D = e^{i\frac{\pi}{2}} z_C$ soit $z_D = iz_C = ic$.

D'où : $z_{\overrightarrow{AD}} = z_D - z_A$ soit $\boxed{z_{\overrightarrow{AD}} = ic - a.}$

Nous avons : $z_B = e^{-i\frac{\pi}{2}} z_A$ soit $z_B = -ia$.

D'où : $z_{\overrightarrow{BC}} = z_C - z_B$ soit $\boxed{z_{\overrightarrow{BC}} = c + ia.}$

Attention ! $|c + ia| \neq \sqrt{c^2 + a^2}$ car a et c sont des nombres complexes.
Or $c + ia = -i(-a + ic)$ (*)

Donc $|c + ia| = |-a + ic|$ et $\boxed{AD = BC.}$

(*) nous permet aussi d'écrire que :

$z_{\overrightarrow{BC}} = e^{-i\frac{\pi}{2}} z_{\overrightarrow{AD}}$

$(\vec{u}, \overrightarrow{BC}) = -\frac{\pi}{2} + (\vec{u}, \overrightarrow{AD})\ (2\pi)$

$(\vec{u}, \overrightarrow{BC}) - (\vec{u}, \overrightarrow{AD}) = -\frac{\pi}{2}\ (2\pi)$

$(\overrightarrow{AD}, \overrightarrow{BC}) = -\frac{\pi}{2}\ (2\pi)$ donc **(AD) et (BC) sont perpendiculaires.**

▶ **3.** L'affixe du milieu I de [AC] est $\frac{a + c}{2}$.

$z_{\overrightarrow{OI}} = \frac{a + c}{2}$ et $z_{\overrightarrow{DB}} = z_B - z_D = -ia - ic$ soit $z_{\overrightarrow{DB}} = -i(a + c)$.

Par suite : $z_{\overrightarrow{DB}} = -2i\, z_{\overrightarrow{OI}}$

$z_{\overrightarrow{DB}} = -2\, e^{i\frac{\pi}{2}} z_{\overrightarrow{OI}}$ donc **$\overrightarrow{DB}$ et $\overrightarrow{OI}$ sont orthogonaux.**

La droite (OI) (médiane du triangle OAC) est perpendiculaire à (DB) donc est une hauteur du triangle OBD.
L'égalité $z_{\overrightarrow{DB}} = -2i\, z_{\overrightarrow{OI}}$ permet d'écrire, en considérant les modules des deux membres de l'égalité :

$$\boxed{DB = 2\ OI}$$

▶ **4.** Soit J le milieu de [DB].

$z_{\overrightarrow{OJ}}$ a pour affixe $\dfrac{z_B + z_D}{2} = \dfrac{-ia + ic}{2}$ soit $z_{\overrightarrow{OJ}} = \dfrac{i}{2}(c - a)$

$$z_{\overrightarrow{OJ}} = \frac{i}{2} z_{\overrightarrow{AC}}$$

$$z_{\overrightarrow{OJ}} = \frac{1}{2} e^{i\frac{\pi}{2}} z_{\overrightarrow{AC}}.$$

Donc (OJ) et (AC) sont perpendiculaires.

La médiane issue de O dans le triangle ODB est aussi une hauteur du triangle OAC.

11 POLYNÉSIE — 6 POINTS
SEPTEMBRE 1997 • SÉRIE S

Commun à tous les candidats

Le plan complexe est rapporté à un repère orthonormal $(O ; \vec{u}, \vec{v})$ (unité graphique : 1 cm).

Soient les nombres complexes $a = \dfrac{\sqrt{3}+1}{4} + i\left(\dfrac{\sqrt{3}-1}{4}\right)$ et $z_0 = 6 + 6i$ d'image A_0.

Pour tout n entier naturel non nul, on désigne par A_n le point d'affixe z_n définie par $z_n = a^n z_0$.

Partie A

▶ **1.** Exprimer z_1 et a^2 sous forme algébrique. (0,5 POINT)

Écrire z_1 sous forme exponentielle et montrer que $a^2 = \dfrac{1}{2} e^{i\frac{\pi}{6}}$. (0,5 POINT)

▶ **2.** Exprimer z_3 puis z_7 en fonction de z_1 et a^2 ; en déduire l'expression de z_3 et z_7 sous forme exponentielle. (1 POINT)

▶ **3.** Placer les points A_0, A_1, A_3 et A_7 images respectives des complexes z_0, z_1, z_3 et z_7. (1 POINT)

Partie B

Pour tout n entier naturel, on pose $|z_n| = r_n$.

▸ 1. Montrer que, pour tout n de $\mathbb{N}$, $r_n = 12\left(\frac{\sqrt{2}}{2}\right)^{n+1}$. (0,5 POINT)

▸ 2. En déduire que la suite $(r_n)_{n \in \mathbb{N}}$ est une suite géométrique dont on précisera le premier terme et la raison. (1 POINT)

▸ 3. Déterminer la limite de la suite (r_n) et interpréter géométriquement le résultat obtenu. (0,5 POINT)

▸ 4. Déterminer le plus petit entier naturel p tel que $OA_p \leqslant 10^{-3}$ et donner alors une mesure de l'angle orienté $(\vec{u}, \overrightarrow{OA_p})$. (1 POINT)

❑ Corrigé

Objet du problème : Suite de points.

Connaissances mathématiques :
- Forme exponentielle d'un nombre complexe.
- Suite géométrique.
- Fonction logarithme népérien.

$a = \frac{\sqrt{3}+1}{4} + i\left(\frac{\sqrt{3}-1}{4}\right)$ et $z_0 = 6 + 6i$ d'image A_0.

Pour tout $n \in \mathbb{N}^*$, A_n est d'affixe z_n avec $z_n = a^n z_0$.

Partie A

▸ 1. $z_1 = az_0 = \left(\frac{\sqrt{3}+1}{4} + i\frac{\sqrt{3}-1}{4}\right)(6+6i)$

$$z_1 = \frac{3\sqrt{3}+3}{2} + i\frac{3\sqrt{3}-3}{2} + \frac{3\sqrt{3}+3}{2}i - \frac{3\sqrt{3}-3}{2}$$

soit $\boxed{z_1 = 3 + 3i\sqrt{3}.}$

$$a^2 = \left(\frac{\sqrt{3}+1}{4}\right)^2 - \left(\frac{\sqrt{3}-1}{4}\right)^2 + 2\left(\frac{\sqrt{3}+1}{4}\right)\left(\frac{\sqrt{3}-1}{4}\right) i.$$

$$a^2 = \left(\frac{\sqrt{3}+1}{4} + \frac{\sqrt{3}-1}{4}\right)\left(\frac{\sqrt{3}+1}{4} - \frac{\sqrt{3}-1}{4}\right) + \frac{1}{4} i.$$

$$a^2 = \frac{\sqrt{3}}{2}\left(\frac{1}{2}\right) + \frac{1}{4} i \text{ soit } \boxed{a^2 = \frac{\sqrt{3}}{4} + \frac{1}{4} i.}$$

$$|z_1| = \sqrt{9+27} = 6 \text{ soit } z_1 = 6\left(\frac{1}{2} + i\frac{\sqrt{3}}{2}\right) \text{ donc } \boxed{z_1 = 6\,e^{i\frac{\pi}{3}}.}$$

$$a^2 = \frac{1}{2}\left(\frac{\sqrt{3}}{2} + \frac{1}{2} i\right). \text{ Or } \frac{\sqrt{3}}{2} + \frac{1}{2} i = e^{i\frac{\pi}{6}} \text{ et } \boxed{a^2 = \frac{1}{2}\,e^{i\frac{\pi}{6}}.}$$

▶ **2.** $z_3 = a^3 z_0$ ou $z_3 = a^2 z_1$ car $z_1 = a z_0$.

$$z_3 = \frac{1}{2} e^{i\frac{\pi}{6}} \times 6 e^{i\frac{\pi}{3}} \text{ d'où } \boxed{z_3 = 3e^{i\frac{\pi}{2}} = 3\,i.}$$

$$z_7 = a^7 z_0 = a^6 z_1.$$

$$z_7 = \frac{1}{8} e^{i\frac{3\pi}{6}} \times 6\,e^{i\frac{\pi}{3}} \text{ soit } \boxed{z_7 = \frac{3}{4}\,e^{i\frac{5\pi}{6}} = -\frac{3\sqrt{3}}{8} + \frac{3}{8} i.}$$

▶ **3. Figure**

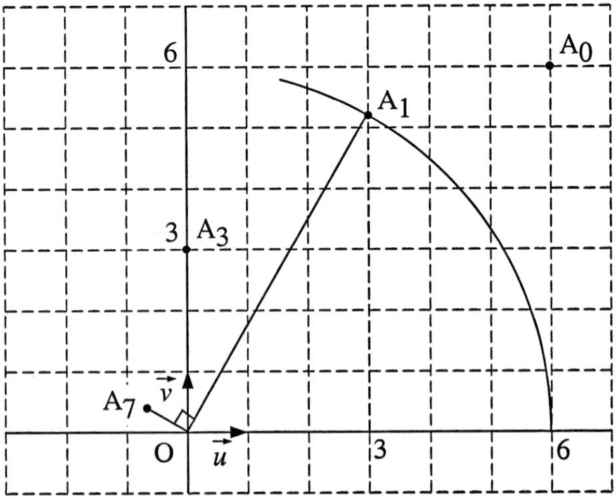

Partie B

Pour tout $n \in \mathbb{N}$, $|z_n| = r_n$.

▶ **1.** Pour tout $n \in \mathbb{N}$, $r_n = |a^n z_0|$

$$r_n = |a|^n\,|z_0|$$

avec $|a| = \sqrt{\left(\frac{\sqrt{3}+1}{4}\right)^2 + \left(\frac{\sqrt{3}-1}{4}\right)^2} = \frac{\sqrt{2}}{2}$ et $|z_0| = 6\sqrt{2}$.

Pour tout $n \in \mathbb{N}$, $r_n = 6\sqrt{2} \times \left(\frac{\sqrt{2}}{2}\right)^n$. Or $6\sqrt{2} = 12\,\frac{\sqrt{2}}{2}$.

$$r_n = 12\left(\frac{\sqrt{2}}{2}\right)\left(\frac{\sqrt{2}}{2}\right)^n$$

Pour tout $n \in \mathbb{N}$, $r_n = 12\left(\frac{\sqrt{2}}{2}\right)^{n+1}$.

▶ **2.** Pour tout $n \in \mathbb{N}$, r_n est de la forme kb^n avec $b = \frac{\sqrt{2}}{2}$ et $k = 6\sqrt{2}$.

Donc (r_n) est la suite géométrique de raison $\frac{\sqrt{2}}{2}$ et de premier terme $r_0 = |z_0| = 6\sqrt{2}$.

▶ **3.** $0 < \frac{\sqrt{2}}{2} < 1$ donc (r_n) converge vers 0. Il s'ensuit que **la suite des points A_n tend vers le point O** car la distance OA_n tend vers 0 quand n tend vers l'infini.

▶ **4.** $OA_p \leqslant 10^{-3}$ équivaut à

$$|z_p| \leqslant 10^{-3}$$

$$r_p \leqslant 10^{-3}$$

$$12\left(\frac{\sqrt{2}}{2}\right)^{p+1} \leqslant 10^{-3}$$

$$\left(\frac{\sqrt{2}}{2}\right)^{p+1} \leqslant \frac{1}{12.10^3}.$$

La fonction ln étant strictement croissante sur $]0\ ;\ +\infty[$, on obtient les inéquations équivalentes :

$$(p+1)\ln\left(\frac{1}{\sqrt{2}}\right) \leqslant \ln\left(\frac{1}{12.10^3}\right)$$

$$-(p+1)\ln\sqrt{2} \leqslant -\ln(12.10^3)$$

$$\frac{p+1}{2}\ln 2 \geqslant \ln(12.10^3)$$

$$p+1 \geqslant \frac{2\ln(12.10^3)}{\ln 2}$$

$$p \geqslant \frac{2\ln(12.10^3)}{\ln 2} - 1. \text{ Or } \frac{2\ln(12.10^3)}{\ln 2} - 1 \approx 26{,}1.$$

Le plus petit entier p tel que $OA_p \leqslant 10^{-3}$ est 27.
Nous avons :

$(\vec{u}, \overrightarrow{OA_{27}}) = \arg(z_{27})\ (2\pi)$.

Or $z_{27} = a^{27} z_0 = a^{26} z_1$ soit $z_{27} = (a^2)^{13}\ z_1$.

$$\arg(z_{27}) = 13\arg(a^2) + \arg(z_1)\ (2\pi)$$

$$\arg(z_{27}) = 13 \times \frac{\pi}{6} + \frac{\pi}{3}\ (2\pi)$$

$$\arg(z_{27}) = \frac{15\pi}{6}\ (2\pi)$$

$$\arg(z_{27}) = 2\pi + \frac{\pi}{2}\ (2\pi) \text{ donc } \boxed{(\vec{u}, \overrightarrow{OA_{27}}) = \frac{\pi}{2}\ (2\pi)}.$$

12 POLYNÉSIE — 5 POINTS
JUIN 1997 • SÉRIE S

Candidats n'ayant pas choisi l'enseignement de spécialité

Dans le plan complexe rapporté à un repère orthonormal direct $(O\ ;\ \vec{u}, \vec{v})$, on considère les points M_n d'affixes $z_n = \left(\frac{1}{2}i\right)^n (1 + i\sqrt{3})$ où n est un entier naturel.

▶ **1.** Exprimer z_{n+1} en fonction de z_n, puis z_n en fonction de z_0 et n. (0,25 + 0,25 POINT)

Donner z_0, z_1, z_2, z_3 et z_4 sous forme algébrique et sous forme trigonométrique. (1 POINT)

▶ **2.** Placer les points M_0, M_1, M_2, M_3 et M_4 (unité graphique : 4 cm). (0,5 POINT)

▶ **3.** Déterminer la distance OM_n en fonction de n. (0,5 POINT)

▶ **4.** *a)* Montrer que l'on a $M_nM_{n+1} = \frac{\sqrt{5}}{2^n}$ pour tout n entier naturel. (0,5 POINT)

b) On pose $L_n = \sum_{k=0}^{n} M_kM_{k+1}$

(c'est-à-dire $L_n = M_0M_1 + M_1M_2 + \ldots + M_nM_{n+1}$).

Déterminer L_n en fonction de n, puis la limite de L_n quand n tend vers $+\infty$. (0,5 + 0,5 POINT)

▶ **5.** Déterminer une mesure de l'angle $(\overrightarrow{OM_0}, \overrightarrow{OM_n})$ en fonction de n. (0,5 POINT)

Pour quelles valeurs de n les points O, M_0 et M_n sont-ils alignés ? (0,5 POINT)

❑ Corrigé

Objet du problème : Suite de nombres complexes.

Connaissances mathématiques :
- Forme algébrique d'un nombre complexe, module.
- Argument d'un nombre complexe.
- Suite géométrique.
- Somme de termes d'une suite géométrique.

M_n a pour affixe $z_n = \left(\frac{1}{2}i\right)^n (1 + i\sqrt{3})$ où $n \in \mathbb{N}$.

▶ **1.** Pour tout $n \in \mathbb{N}$, $z_{n+1} = \left(\frac{1}{2}i\right)^{n+1} (1 + i\sqrt{3})$

$$z_{n+1} = \left(\frac{1}{2}i\right)\left(\frac{1}{2}i\right)^n (1 + i\sqrt{3})$$

$$\boxed{\textbf{Pour tout } n \in \mathbb{N},\ z_{n+1} = \frac{1}{2}\,i\,z_n}.$$

$(z_n)_{n \in \mathbb{N}}$ est la suite géométrique de raison $\frac{1}{2}\,i$ et de premier terme $z_0 = 1 + i\sqrt{3}$.

Par suite : $\boxed{\textbf{Pour tout } n \in \mathbb{N},\ z_n = \left(\frac{1}{2}i\right)^n z_0}.$

$\boxed{z_0 = 1 + i\sqrt{3}}$ soit $z_0 = 2\left(\frac{1}{2} + \frac{i\sqrt{3}}{2}\right)$ et $\boxed{z_0 = 2e^{i\frac{\pi}{3}}}.$

$z_1 = \left(\frac{1}{2}i\right)(1 + i\sqrt{3})$ soit $\boxed{z_1 = -\frac{\sqrt{3}}{2} + \frac{1}{2}i}$ et $\boxed{z_1 = e^{i\frac{5\pi}{6}}}.$

$z_2 = \left(\frac{1}{2}i\right)^2 (1 + i\sqrt{3})$ soit $\boxed{z_2 = -\frac{1}{4} - i\frac{\sqrt{3}}{4}}$

et $z_2 = \frac{1}{2}\left(-\frac{1}{2} - \frac{i\sqrt{3}}{2}\right)$ d'où $\boxed{z_2 = \frac{1}{2}e^{i\frac{4\pi}{3}}}.$

$$z_3 = \left(\frac{1}{2}i\right)^3(1 + i\sqrt{3}) \text{ soit } \boxed{z_3 = -\frac{1}{8}i + \frac{\sqrt{3}}{8}} \text{ et } z_3 = \frac{1}{4}\left(\frac{\sqrt{3}}{2} - \frac{1}{2}i\right)$$

$$\boxed{z_3 = \frac{1}{4}e^{-i\frac{\pi}{6}}.}$$

$$z_4 = \left(\frac{1}{2}i\right)^4(1 + i\sqrt{3}) \text{ soit } \boxed{z_4 = \frac{1}{16} + i\frac{\sqrt{3}}{16}} \text{ et } z_4 = \frac{1}{8}\left(\frac{1}{2} + i\frac{\sqrt{3}}{2}\right)$$

$$\boxed{z_4 = \frac{1}{8}e^{i\frac{\pi}{3}}.}$$

▶ **2. Représentation graphique**

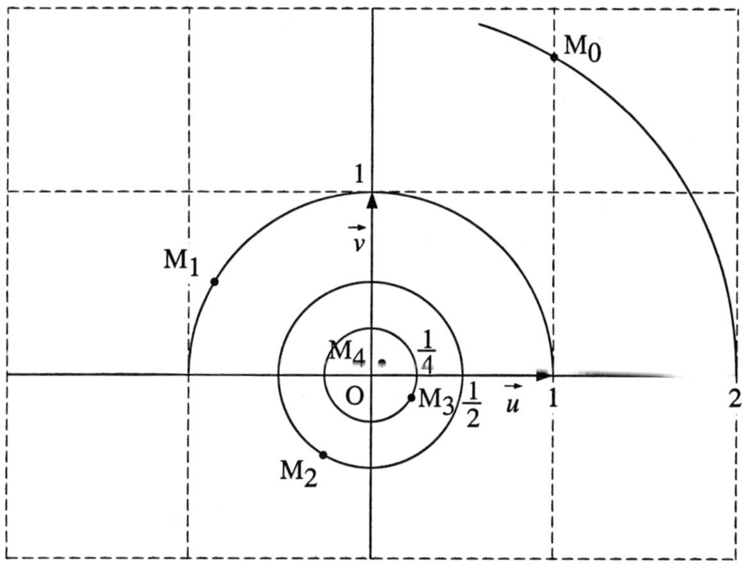

▶ **3.** Pour tout $n \in \mathbb{N}$, $OM_n = |z_n|$

$$OM_n = \left|\frac{1}{2}i\right|^n |1 + i\sqrt{3}|. \text{ Or } |1 + i\sqrt{3}| = 2.$$

$$OM_n = \left(\frac{1}{2}\right)^n \times 2 \text{ soit } \boxed{OM_n = \frac{1}{2^{n-1}}.}$$

▶ 4. *a*) Pour tout $n \in \mathbb{N}$, $M_n M_{n+1} = |z_{n+1} - z_n|$

$$M_n M_{n+1} = \left|\left(\frac{1}{2}\, i\right) z_n - z_n\right|$$

$$M_n M_{n+1} = |z_n| \times \left|- 1 + \frac{1}{2}\, i\right|$$

$$M_n M_{n+1} = \frac{1}{2^{n-1}} \times \sqrt{\frac{1}{4} + 1}$$

soit
$$M_n M_{n+1} = \frac{1}{2^{n-1}} \times \sqrt{\frac{5}{4}}$$

Pour tout $n \in \mathbb{N}$, $M_n M_{n+1} = \dfrac{1}{2^n} \times \sqrt{5}$.

b) $L_n = \sum_{k=0}^{n} M_k M_{k+1}$ avec $M_k M_{k+1} = \dfrac{\sqrt{5}}{2^k}$.

On en tire $L_n = \sum_{k=0}^{n} \dfrac{\sqrt{5}}{2^k}$ soit $L_n = \sqrt{5} \sum_{k=0}^{n} \left(\dfrac{1}{2}\right)^k$.

Or $$\sum_{k=0}^{n} \left(\frac{1}{2}\right)^k = \frac{1 - \left(\frac{1}{2}\right)^{n+1}}{1 - \frac{1}{2}} = 2\left(1 - \left(\frac{1}{2}\right)^{n+1}\right)$$

(Ce dernier terme est la somme des $n + 1$ premiers termes de la suite géométrique de raison $\dfrac{1}{2}$ et de premier terme 1).

D'où :

$$\boxed{L_n = 2\sqrt{5}\left(1 - \left(\frac{1}{2}\right)^{n+1}\right)}.$$

$\lim\limits_{n \to +\infty} \left(\dfrac{1}{2}\right)^{n+1} = 0$ car $0 < \dfrac{1}{2} < 1$ donc $\boxed{\lim\limits_{n \to +\infty} L_n = 2\sqrt{5}.}$

▶ **5.** Une mesure de l'angle $(\overrightarrow{OM_0}, \overrightarrow{OM_n})$ est donnée par un argument du nombre complexe défini par :

$(\overrightarrow{OM_0}, \overrightarrow{OM_n}) = (\vec{u}, \overrightarrow{OM_n}) - (\vec{u}, \overrightarrow{OM_0})\ (2\pi)$

$(\overrightarrow{OM_0}, \overrightarrow{OM_n}) = \arg z_n - \arg z_0\ (2\pi)$

$$(\overrightarrow{OM_0}, \overrightarrow{OM_n}) = \arg \frac{z_n}{z_0}\ (2\pi)$$

$$(\overrightarrow{OM_0}, \overrightarrow{OM_n}) = \arg \left[\left(\frac{1}{2}i\right)^n\right]\ (2\pi)$$

$$(\overrightarrow{OM_0}, \overrightarrow{OM_n}) = n \arg \left(\frac{1}{2}i\right) = \frac{n\pi}{2}\ (2\pi).$$

$$\boxed{(\overrightarrow{OM_0}, \overrightarrow{OM_n}) = n\frac{\pi}{2}\ (2\pi).}$$

O, M_0, M_n alignés si, et seulement si, $n\dfrac{\pi}{2} = k\pi$ soit $\boxed{n \text{ pair}}$.

13 PARIS ET ACADÉMIES RATTACHÉES — 5 POINTS
JUIN 1997 • SÉRIE S

Candidats n'ayant pas choisi l'enseignement de spécialité

Le plan complexe $\mathcal{P}$ est rapporté à un repère orthonormal direct $(O\ ; \vec{u}, \vec{v})$, ayant comme unité graphique 4 cm. On note A, B et C les points d'affixes respectives $2i$, -1 et i.

On considère l'application f de $\mathcal{P} - \{A\}$ dans $\mathcal{P}$ qui, à tout point M de $\mathcal{P} - \{A\}$ d'affixe z, associe le point M′ d'affixe z' telle que :

$$z' = \frac{z+1}{z-2i}.$$

▶ **1.** *a)* Faire une figure que l'on complétera au cours de l'exercice. (1 POINT)

b) Déterminer l'affixe du point C′ image de C. Quelle est la nature du quadrilatère ACBC′ ? (0,25 + 0,75 POINT)

c) Montrer que le point C admet un unique antécédent par f que l'on notera C″. Quelle est la nature du triangle BCC″ ? (0,25 + 0,75 POINT)

▶ **2.** Donner une interprétation géométrique de l'argument et du module de z'. (0,25 + 0,25 POINT)

▶ **3.** Déterminer, en utilisant la question précédente, quels sont les ensembles suivants :

a) L'ensemble E_a des points M dont les images par f ont pour affixe un nombre réel strictement négatif. (0,5 POINT)

b) L'ensemble E_b des points M dont les images par f ont pour affixe un nombre imaginaire pur non nul. (0,5 POINT)

c) L'ensemble E_c des points M dont les images appartiennent au cercle de centre O et de rayon 1. (0,5 POINT)

❑ Corrigé

Objet du problème : Étude de configurations et recherche d'ensembles de points.

Connaissances mathématiques :
- Configurations usuelles.
- Module et argument d'un nombre complexe.

▶ **1.** *a*) **Figure**

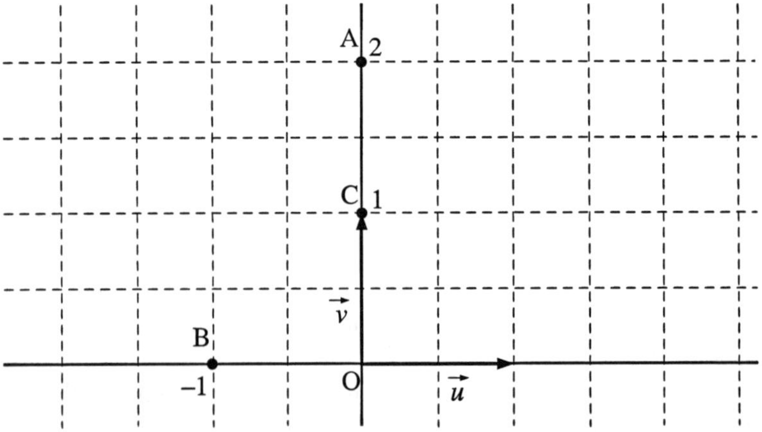

b) C admet pour affixe i.

L'affixe $z_{C'}$ du point C′, image de C par f, est :

$$z_{C'} = \frac{i+1}{i-2i}$$

$$z_{C'} = \frac{i+1}{-i}$$

$$z_{C'} = \frac{i(i+1)}{-i^2}$$

$$z_{C'} = \frac{i^2+i}{1}$$

$$\boxed{z_{C'} = -1 + i.}$$

C′ admet pour affixe $-1 + i$.

L'affixe du vecteur $\overrightarrow{BC}$ est $i - (-1) = 1 + i$, et celle du vecteur $\overrightarrow{C'A}$ est $2i - (-1 + i) = 1 + i$. Les affixes de ces deux vecteurs étant égales, nous en déduisons que $\overrightarrow{BC} = \overrightarrow{C'A}$.

Le quadrilatère ACBC′ est un parallélogramme.

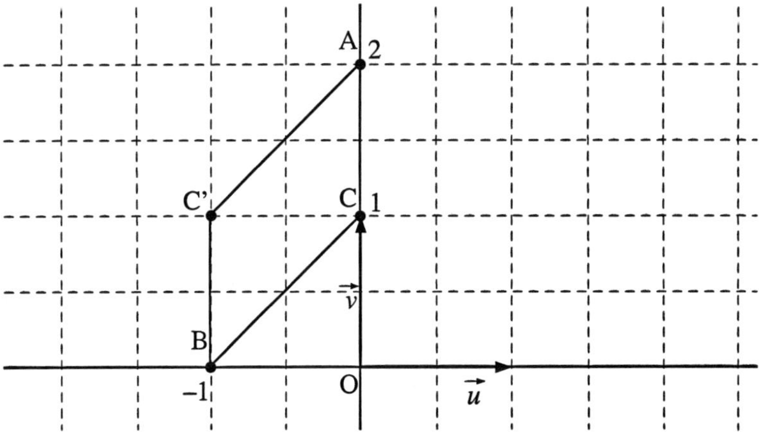

c) Résolvons dans $\mathbb{C} - \{2i\}$ l'équation $i = \dfrac{z+1}{z-2i}$.

Dans $\mathbb{C} - \{2i\}$, $\quad i = \dfrac{z+1}{z-2i}$ équivaut à

$$i - \frac{z+1}{z-2i} = 0$$

$$\frac{iz + 2 - z - 1}{z - 2i} = 0$$

$$\frac{(-1+i)z + 1}{z-2i} = 0$$

$$(-1+i)z + 1 = 0$$

$$z = \frac{1}{1-i}$$

$$z = \frac{1+i}{1+1}$$

$$\boxed{z = \frac{1}{2} + \frac{1}{2}\,i.}$$

C admet un unique antécédent C″ d'affixe $\dfrac{1}{2} + \dfrac{1}{2}i$.

Nous avons $\dfrac{z_{C''} - z_C}{z_B - z_C} = \dfrac{\dfrac{1}{2} + \dfrac{1}{2}i - i}{-1-i}$

$$\frac{z_{C''} - z_C}{z_B - z_C} = \frac{\dfrac{1}{2} - \dfrac{1}{2}i}{-1-i}$$

$$\frac{z_{C''} - z_C}{z_B - z_C} = \frac{\dfrac{1}{2}i\,(-1-i)}{-1-i}$$

soit $\qquad \dfrac{z_{C''} - z_C}{z_B - z_C} = \dfrac{1}{2}i.$

Par conséquent, $\arg\left(\dfrac{z_{C''} - z_C}{z_B - z_C}\right) = \arg\left(\dfrac{1}{2}i\right) \ (2\pi)$

$$(\overrightarrow{CB}\,;\overrightarrow{CC''}) = \frac{\pi}{2}\ (2\pi).$$

Le triangle BCC″ est rectangle en C.

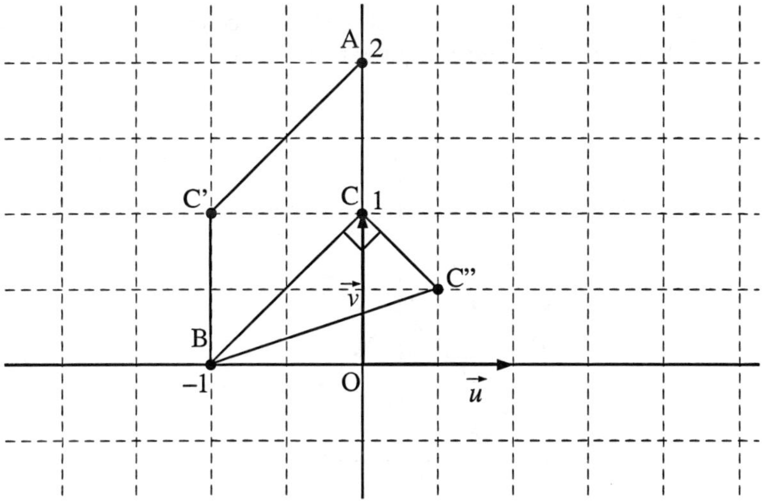

▶ **2.** Nous avons $|z'| = \left|\dfrac{z+1}{z-2i}\right| = \dfrac{|z-(-1)|}{|z-2i|}$

$$\boxed{|z'| = \frac{\text{BM}}{\text{AM}} \text{ ou } \text{OM}' = \frac{\text{BM}}{\text{AM}}.}$$

$$\arg(z') = \arg\left(\frac{z+1}{z-2i}\right)\ (2\pi)$$

$$\arg(z') = \arg(z+1) - \arg(z-2i)\ (2\pi)$$

$$\arg(z') = (\vec{u}\,;\overrightarrow{\text{BM}}) - (\vec{u}\,;\overrightarrow{\text{AM}})\ (2\pi)$$

$$\boxed{\begin{array}{c}\arg(z') = (\overrightarrow{\text{AM}}\,;\overrightarrow{\text{BM}})\ (2\pi) \text{ avec } z' \neq 0 \\ (\vec{u}\,;\overrightarrow{\text{OM}'}) = (\overrightarrow{\text{AM}}\,;\overrightarrow{\text{BM}})\ (2\pi).\end{array}}$$

▶ **3.** *a*) L'ensemble (E_a) des points M dont les images par *f* ont pour affixe un nombre réel strictement négatif est l'ensemble des points M pour lesquels :

$$\arg(z') = \pi\ (2\pi) \text{ avec } z' \neq 0.$$

Ce qui équivaut à : $(\overrightarrow{\text{AM}}\,;\overrightarrow{\text{BM}}) = \pi\ (2\pi)$.

C'est-à-dire que les vecteurs $\overrightarrow{AM}$ et $\overrightarrow{BM}$ sont colinéaires et de sens opposés. **L'ensemble (E_a) est le segment [AB] privé des points A et B.**

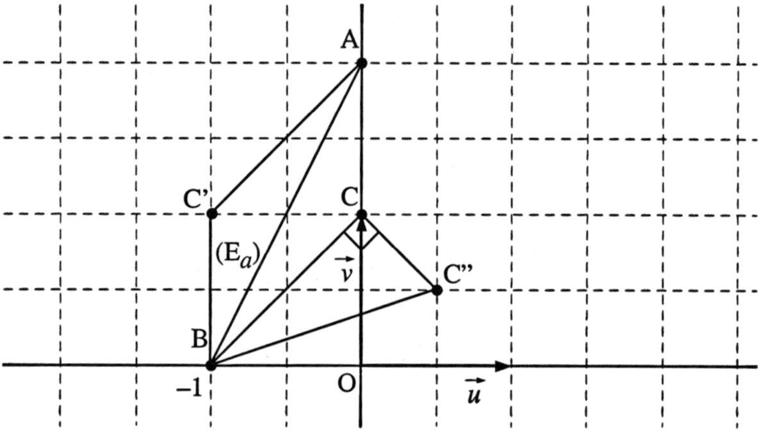

b) L'ensemble des points M dont les images par *f* ont pour affixe un nombre imaginaire pur non nul est l'ensemble des points M pour lesquels :

$$\arg(z') = \frac{\pi}{2}\ [\pi] \text{ et } z' \neq 0$$

$$(\overrightarrow{AM}\ ;\ \overrightarrow{BM}) = \frac{\pi}{2}\ (\pi).$$

C'est-à-dire que (AM) et (BM) sont perpendiculaires.

L'ensemble (E_b) est le cercle de diamètre [AB] privé des points A et B.

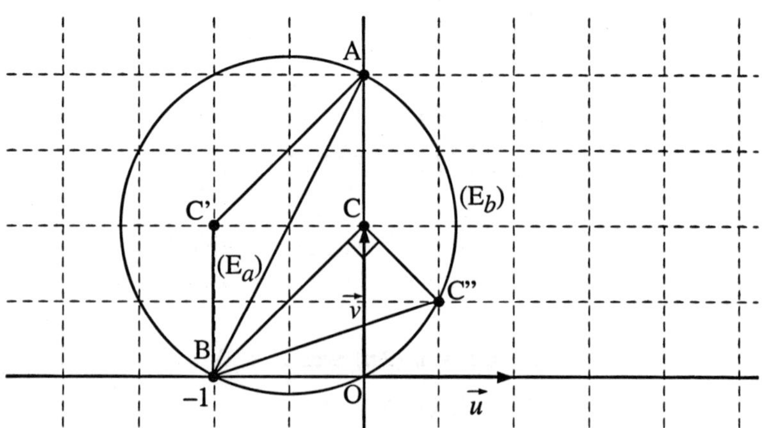

Nous savons que C″ est l'unique antécédent de C par f et que l'affixe de C est imaginaire pur. Donc **C″ appartient à (E_b).**

c) L'ensemble des points M dont les images appartiennent au cercle de centre O et de rayon 1 est l'ensemble des points M d'image M′ telle que :

$$OM' = 1$$

$$\frac{BM}{AM} = 1.$$

Ce qui équivaut à : BM = AM.

(E_c) est la médiatrice de [AB].

Nous avons OC = 1 ; C appartient au cercle de centre O et de rayon 1 et C est l'image de C″ par f.
Par conséquent, **C″ appartient à (E_c).**

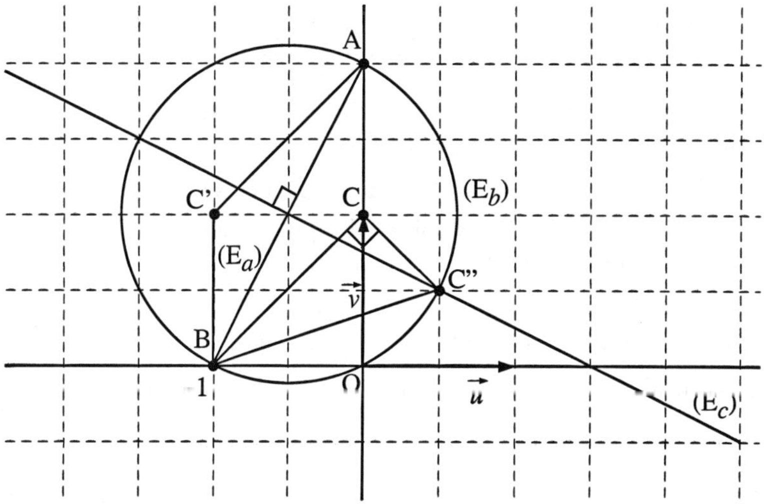

14 NANTES ET ACADÉMIES RATTACHÉES — 5 POINTS
JUIN 1997 • SÉRIE S

Candidats n'ayant pas choisi l'enseignement de spécialité

Le plan complexe P est rapporté au repère orthonormal direct $(O\,;\vec{u},\vec{v})$ (unité graphique : 3 cm).
On désigne par A le point d'affixe i.

À tout point M du plan, distinct de A, d'affixe z, on associe le point M′ d'affixe z' défini par :

$$z' = \frac{z^2}{i - z}.$$

▶ **1.** Déterminer les points M confondus avec leur image M′.

▶ **2.** Étant donné un complexe z distinct de i, on pose : $z = x + iy$ et $z' = x' + iy'$, avec x, y, x', y' réels.
Montrer que :

$$x' = \frac{-x(x^2 + y^2 - 2y)}{x^2 + (1 - y)^2}.$$

En déduire l'ensemble E des points M dont l'image M′ est située sur l'axe des imaginaires purs. Dessiner l'ensemble E.

▶ **3.** Trouver une relation simple liant les longueurs OM, AM et OM′.

En déduire l'ensemble F des points M du plan tels que M et M′ soient situés sur un même cercle de centre O. Dessiner l'ensemble F.
(3 × 0,5 POINT)

▶ **4.** Dans toute cette question, on considère un point M d'affixe z, situé sur le cercle de centre A et de rayon $\frac{1}{2}$. M′ est le point d'affixe z' correspondant, et G l'isobarycentre des points A, M et M′.
Calculer l'affixe z_G de G en fonction de z. (0,25 POINT)
Montrer que G est situé sur un cercle de centre O dont on précisera le rayon. Après avoir comparé les angles $(\vec{u}, \overrightarrow{OG})$ et $(\vec{u}, \overrightarrow{AM})$, effectuer la construction de G. En déduire celle de M′. (3 × 0,5 POINT)

❑ Corrigé

Objet du problème : Recherche d'ensembles de points.

Connaissances mathématiques :
- Forme algébrique d'un nombre complexe.
- Module et argument.
- Équation cartésienne d'un cercle.

▶ **1.** L'ensemble des points M d'affixe z confondus avec leur image est l'ensemble des points M d'affixe z solution de l'équation $z = \frac{z^2}{i - z}$, avec $z \neq i$.

Or $z = \frac{z^2}{i - z}$, avec $z \neq i$, équivaut à

$$z - \frac{z^2}{i - z} = 0, z \neq i$$

$$\frac{z(i - z) - z^2}{i - z} = 0, z \neq i$$

$$\frac{z(i - 2z)}{i - z} = 0, z \neq i$$

$$z = 0 \quad \text{ou} \quad i - 2z = 0$$

$$z = 0 \quad \text{ou} \quad z = \frac{1}{2}i.$$

Les points invariants sont O et le point d'affixe $\frac{1}{2}i$.

▶ **2.** Soit z un nombre complexe tel que $z \neq i$.
On pose $z = x + iy$ où x et y sont réels.
Rappelons que, pour tout nombre complexe défini sous sa forme algébrique $z = x + iy$ (x et y réels), nous avons $x = \frac{1}{2}(z + \overline{z})$.

La partie réelle x' du nombre complexe $z' = \dfrac{z^2}{i - z}$ est alors :

$$x' = \frac{1}{2}\left[\overline{\left(\frac{z^2}{i - z}\right)} + \frac{z^2}{i - z}\right]$$

$$x' = \frac{1}{2}\left[\left(\frac{\overline{z^2}}{\overline{i - z}}\right) + \frac{z^2}{i - z}\right]$$

$$x' = \frac{1}{2}\left[\frac{\overline{z}^2}{-i - \overline{z}} + \frac{z^2}{i - z}\right]$$

$$x' = \frac{1}{2} \times \frac{\overline{z}^2(i - z) - z^2(i + \overline{z})}{|i - z|^2}$$

$$x' = \frac{1}{2} \times \frac{i\overline{z}^2 - \overline{z}^2 z - iz^2 - z^2\overline{z}}{|i - z|^2}$$

$$x' = \frac{1}{2} \times \frac{-z\overline{z}(z + \overline{z}) + i(\overline{z}^2 - z^2)}{|i - (x + iy)|^2}$$

$$x' = \frac{1}{2} \times \frac{-|z|^2 \times 2\,\mathrm{Re}(z) + i(\overline{z} - z)(\overline{z} + z)}{|-x + i(1 - y)|^2}.$$

Or $\quad |z|^2 = x^2 + y^2$ et $z + \overline{z} = 2\mathrm{Re}(z)$, $\overline{z} - z = -2i\,\mathrm{Im}(z)$

donc $\quad x' = \dfrac{1}{2} \times \dfrac{-2(x^2 + y^2)x + i \times (-2i\mathrm{Im}(z)) \times 2\,\mathrm{Re}(z)}{|-x + i(1 - y)|^2}$

$$x' = \frac{1}{2} \times \frac{-2(x^2 + y^2)x + 4xy}{x^2 + (1 - y)^2}$$

soit $\quad \boxed{x' = -\dfrac{x(x^2 + y^2 - 2y)}{x^2 + (1 - y)^2}.}$

L'ensemble des points M dont l'image est située sur l'axe des imaginaires purs est l'ensemble des points M distincts de A pour lesquels $x' = 0$.

$\begin{cases} x' = 0 \\ (x\,;y) \neq (0\,;1) \end{cases}$ équivaut à $\begin{cases} -\dfrac{x(x^2+y^2-2y)}{x^2+(1-y)^2} = 0 \\ (x\,;y) \neq (0\,;1) \end{cases}$

$$\begin{cases} x(x^2+y^2-2y) = 0 \\ (x\,;y) \neq (0\,;1) \end{cases}$$

$$\begin{cases} x = 0 \\ (x\,;y) \neq (0\,;1) \end{cases} \text{ ou } \begin{cases} x^2+y^2-2y = 0 \\ (x\,;y) \neq (0\,;1) \end{cases}$$

$$\begin{cases} x = 0 \\ (x\,;y) \neq (0\,;1) \end{cases} \text{ ou } \begin{cases} x^2+(y-1)^2-1 = 0 \\ (x\,;y) \neq (0\,;1) \end{cases}$$

$$\begin{cases} x = 0 \\ (x\,;y) \neq (0\,;1) \end{cases} \text{ ou } \begin{cases} x^2+(y-1)^2 = 1 \\ (x\,;y) \neq (0\,;1). \end{cases}$$

L'ensemble des points M de coordonnées $(x\,;y)$ vérifiant $\begin{cases} x = 0 \\ (x;y) \neq (0\,;1) \end{cases}$ est l'axe imaginaire, privé de A.

L'ensemble des points M $(x\,;y)$ vérifiant $\begin{cases} x^2+(y-1)^2 = 1 \\ (x\,;y) \neq (0\,;1) \end{cases}$ est le cercle de centre A et de rayon 1.

L'ensemble (E) des points M dont l'image M′ est située sur l'axe des imaginaires purs est la réunion de l'axe imaginaire (privé de A) et du cercle de centre A et de rayon 1.

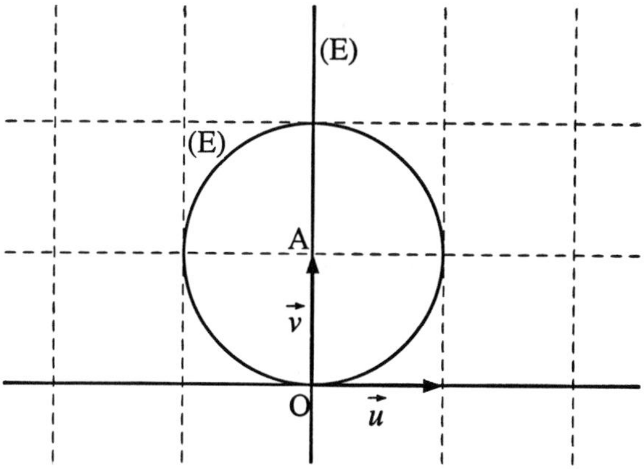

▶ **3.** Nous avons $OM' = |z'|$

$$OM' = \left|\frac{z^2}{i - z}\right|$$

$$OM' = \frac{|z|^2}{|i - z|}$$

avec $|z| = OM$ et $|i - z| = AM$.

Par suite, $$\boxed{OM' = \frac{OM^2}{AM}}$$

ou $$\boxed{AM = \frac{OM^2}{OM'}.}$$

« M et M′ situés sur un même cercle de centre O » équivaut à OM = OM′, c'est-à-dire à AM = OM.

L'ensemble (F) des points M tels que M et M′ soient situés sur un même cercle de centre O et de rayon R est la médiatrice de [OA].

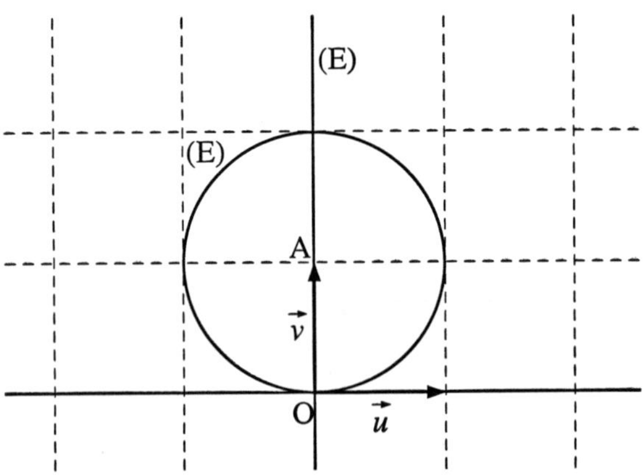

▶ **4.** Soit M un point quelconque d'affixe z situé sur le cercle de centre A et de rayon $\frac{1}{2}$, d'image M′.

Soit G l'isobarycentre des points A, M et M′.

Son affixe z_G est :

$$z_G = \frac{z + z' + z_A}{3}$$

$$z_G = \frac{z + \dfrac{z^2}{i - z} + i}{3}$$

$$z_G = \frac{\dfrac{iz - z^2 + z^2 + i^2 - iz}{i - z}}{3}$$

$$\boxed{z_G = \frac{1}{3(z - i)}.}$$

Nous avons alors $|z_G| = \left|\dfrac{1}{3(z - i)}\right|$.

$$OG = \frac{1}{3|z - i|}$$

$$OG = \frac{1}{3\,AM}$$

$OG = \dfrac{1}{3 \times \dfrac{1}{2}}$ (puisque M appartient au cercle de centre A et de rayon $\frac{1}{2}$)

$$\boxed{OG = \frac{2}{3}.}$$

G appartient au cercle de centre O et de rayon $\frac{2}{3}$.

D'autre part, puisque $z_G = \dfrac{1}{3(z-i)}$, on a

$$\arg(z_G) = \arg\frac{1}{3(z-i)}\ (2\pi)$$

$$\arg(z_G) = -\arg 3(z-i)\ (2\pi)$$

$$\arg(z_G) = -\arg 3 - \arg(z-i)\ (2\pi)$$

$$\arg(z_G) = -\arg(z-i)\ (2\pi)$$

car $\arg 3 = 0\ [2\pi]$.

Par suite,

$(\vec{u}\,;\overrightarrow{OG}) = -(\vec{u}\,;\overrightarrow{AM})\ (2\pi)$

G est le point du cercle de centre O et de rayon $\dfrac{2}{3}$ tel que :

$(\vec{u}\,;\overrightarrow{OG}) = -(\vec{u}\,;\overrightarrow{AM})\ (2\pi)$.

G est isobarycentre de A, M et M′, donc $\overrightarrow{GA} + \overrightarrow{GM} + \overrightarrow{GM'} = \vec{0}$.

Soit I le milieu de [AM].

$2\,\overrightarrow{GI} + \overrightarrow{GM'} = \vec{0}$

$\overrightarrow{GM'} = 2\,\overrightarrow{IG}$.

Ce qui permet de construire le point M′.

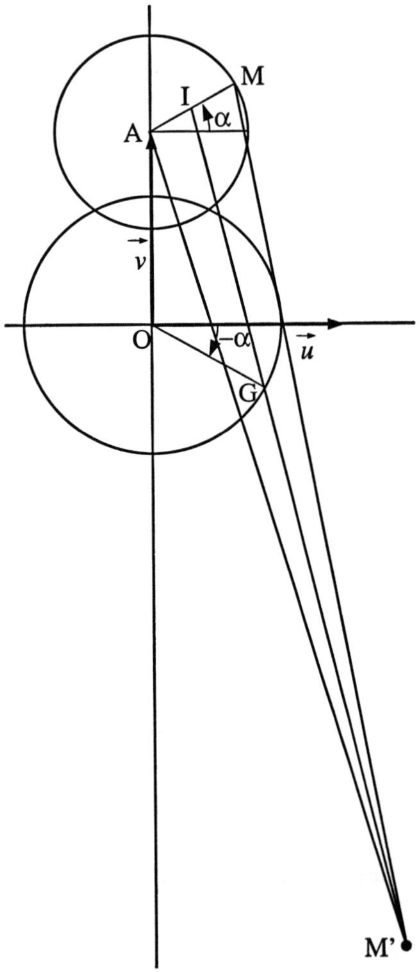

15 ASIE — 5 POINTS
JUIN 1997 • SÉRIE S

Candidats n'ayant pas choisi l'enseignement de spécialité

On considère le plan complexe $\mathcal{P}$ muni du repère orthonormal direct $(O ; \vec{e_1}, \vec{e_2})$.

▶ **1.** Soit le polynôme P tel que, pour tout z de $\mathbb{C}$,

$$P(z) = z^3 - 4z^2 + 6z - 4.$$

Déterminer les réels u et v tels que $P(z) = (z - 2)(z^2 + uz + v)$ et résoudre dans $\mathbb{C}$ l'équation $P(z) = 0$. (0,5 + 0,5 POINT)

▶ **2.** On note α la solution de l'équation ci-dessus dont la partie imaginaire est strictement positive et β le conjugué de α.

Soit A, B et C les points d'affixes respectives α, β et 2, I est le milieu de [AB] et r la rotation de centre O et d'angle $\frac{\pi}{2}$.

Déterminer l'affixe du point r(B) et en déduire la nature du quadrilatère OACB. (0,5 + 0,5 POINT)

▶ **3.** Soit f l'application de $\mathcal{P}$, privé du point C, dans $\mathcal{P}$ qui, au point M d'affixe z $(z \neq 2)$, associe le point M′ d'affixe z' définie par :

$$z' = \frac{z - (1 + i)}{z - 2}.$$

a) Déterminer f(A) et f(B).(0,25 + 0,25 POINT)
Déterminer le point E tel que f(E) = C. (0,5 POINT)

b) Quelles distances représentent les réels $|z - (1 + i)|$ et $|z - 2|$? (1 POINT)

En déduire que, si M appartient à la médiatrice de [AC], M′ appartient à un cercle dont on donnera le centre et le rayon. (1 POINT)

❑ Corrigé

Objet du problème : Étude de $z \mapsto \dfrac{z - (1 + i)}{z - 2}$.

Connaissances mathématiques :
- Nombres complexes.
- Rotation plane

▶ 1. Soit, pour tout $z \in \mathbb{C}$, $P(z) = z^3 - 4z^2 + 6z - 4$.

$P(2) = 0$ donc $P(z)$ factorisable par $z - 2$.

Pour tout $z \in \mathbb{C}$, $z^3 - 4z^2 + 6z - 4 = (z - 2)(z^2 + uz + v)$

$z^3 - 4z^2 + 6z - 4 = z^3 + uz^2 + vz - 2z^2 - 2uz - 2v$

$z^3 - 4z^2 + 6z - 4 = z^3 + (u - 2)z^2 + (v - 2u)z - 2v.$

Par identification, nous obtenons :

$$\begin{cases} u - 2 = -4 \\ v - 2u = 6 \\ -2v = -4 \end{cases} \quad \text{ce qui équivaut à} \quad \begin{cases} u = -2 \\ \\ v = 2. \end{cases}$$

Pour tout $z \in \mathbb{C}$, $P(z) = (z - 2)(z^2 - 2z + 2)$.

$P(z) = 0$ équivaut à $z - 2 = 0$ ou $z^2 - 2z + 2 = 0$

$z - 2 = 0$ ou $(z - 1)^2 + 1 = 0$

$z = 2$ ou $(z - 1)^2 = -1$

$z = 2$ ou $(z - 1)^2 = i^2$

$z = 2$ ou $z - 1 = i$ ou $z - 1 = -i.$

Les solutions de l'équation $P(z) = 0$ sont : 2 ; $1 + i$ et $1 - i$.

▶ 2. Nous avons : $\alpha = 1 + i$ et $\beta = \overline{\alpha} = 1 - i$.

$z_A = \alpha$, $z_B = \beta$, $z_C = 2$ et I milieu de [AB] a pour affixe $\dfrac{\alpha + \beta}{2} = 1$.

La rotation de centre O et d'angle $\dfrac{\pi}{2}$ a pour écriture complexe $z' = e^{i\frac{\pi}{2}}z$

où z désigne l'affixe d'un point M et z' l'affixe du point M′ image de M par cette rotation.

D'où : r(B) a pour affixe $e^{i\frac{\pi}{2}}\beta$ soit $i(1 - i) = 1 + i$.

En conclusion : **$r(B) = A$.**

Le quadrilatère OACB est d'abord un parallélogramme puisque le point I milieu de [AB] est aussi le milieu de [OC].
De plus, ce quadrilatère possède un angle droit et OA = OB donc :

OACB est un carré.

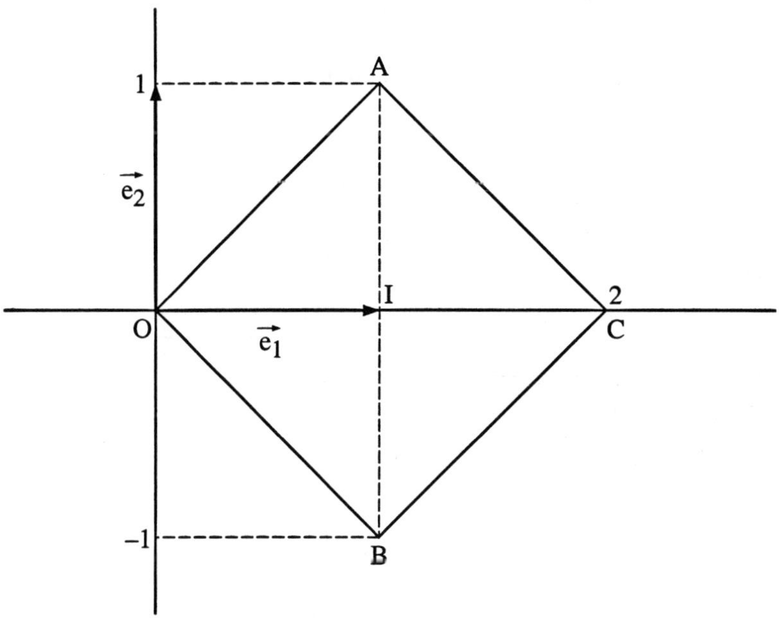

▶ **3.** Soit f: P − {C} → P

$$M(z) \mapsto M'(z') \text{ avec } z' = \frac{z - (1 + i)}{z - 2}, \; z \neq 2.$$

a) A a pour image par f le point A′ d'affixe $z_{A'}$ avec :

$$z_{A'} = \frac{z_A - (1 + i)}{z_A - 2}.$$

Or $z_A = 1 + i$ donc $z_{A'} = 0$ et alors **$f(A) = O$.**

B a pour image par f le point B′ d'affixe $z_{B'}$ avec :

$$z_{B'} = \frac{z_B - (1+i)}{z_B - 2}$$

$$z_{B'} = \frac{(1-i)-(1+i)}{1-i-2}$$

$$z_{B'} = \frac{-2i}{-1-i} \text{ soit } z_{B'} = \frac{2i}{1+i} \text{ d'où } z_{B'} = 1 + i \text{ et alors } \boxed{f(B) = A.}$$

$f(E) = O$ équivaut à $\begin{cases} \dfrac{z_E - (1+i)}{z_E - 2} = 0 \\ z_E \neq 2 \end{cases}$

$z_E = 1 + i$ d'où $\boxed{E = A.}$

Ce qui confirme le résultat trouvé au début de **3.** *a*).

b) $|z - (1+i)| = |z_M - z_A|$ donc $\boxed{|z - (1+i)| = MA.}$

$|z - 2| = |z_M - z_C|$ donc $\boxed{|z - 2| = MC.}$

Si M appartient à la médiatrice de [AC], alors MA = MC et $|z - (1+i)| = |z - 2|$.

Or $|z'| = \dfrac{|z-(1+i)|}{|z-2|}$ soit $|z'| = OM' = \dfrac{MA}{MC}$.

Si M appartient à la médiatrice de [AC] alors OM′ = 1 et, par conséquent, **M′ appartient au cercle de centre O et de rayon 1.**

16 CENTRES ÉTRANGERS GROUPE 1 — 5 POINTS
JUIN 1997 • SÉRIE S

Candidats n'ayant pas choisi l'enseignement de spécialité

Dans le plan complexe P rapporté à un repère orthonormal direct $(O\,;\vec{u},\vec{v})$, on donne les points A d'affixe $2i$, B d'affixe 2 et I milieu de [AB] (on prendra 2 cm pour unité graphique).
On considère la fonction f qui, à tout point M distinct de A, d'affixe z, associe le point M′ d'affixe z' telle que :

$$z' = \frac{2z}{z-2i}.$$

▶ 1. *a)* Montrer que f admet comme points invariants le point O et un deuxième point dont on précisera l'affixe. (0,5 POINT)

b) Déterminer les images par f des points B et I. (0,5 POINT)

▶ 2. Soit M un point quelconque distinct de A et de O.

Établir que : $\begin{cases} (\vec{u}, \overrightarrow{OM'}) = (\overrightarrow{MA}, \overrightarrow{MO}) + k2\pi,\ k \in \mathbb{Z} \\ OM' = 2\dfrac{MO}{MA}. \end{cases}$ (1,5 POINT)

▶ 3. Soit (Δ) la médiatrice de [OA].
Montrer que les transformés par f des points de (Δ) appartiennent à un cercle (C) que l'on précisera. (1 POINT)

▶ 4. Soit (Γ) le cercle de diamètre [OA], privé du point A. Montrer que les transformés par f des points de (Γ) appartiennent à une droite (D) que l'on précisera. (1 POINT)

▶ 5. Tracer (Δ), (Γ), (C), (D) sur une même figure. (0,5 POINT)

❑ Corrigé

Objet du problème : Étude de $z \mapsto \dfrac{2z}{z-2i}$.

Connaissances mathématiques :
– Nombres complexes.

Soit f : $\mathrm{P} - \{\mathrm{A}\} \to \mathrm{P}$

$$\mathrm{M}(z) \mapsto \mathrm{M}'(z') \text{ avec } z' = \frac{2z}{z-2i} \text{ et } z \neq 2i.$$

▶ **1. Figure**

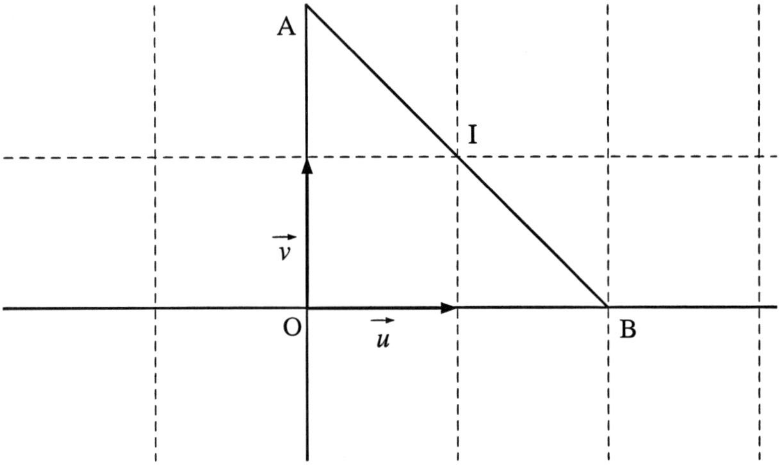

a) M est invariant par f si, et seulement si, $f(\mathrm{M}) = \mathrm{M}$.
Déterminons la (ou les) solution(s) de l'équation $f(z) = z$ pour $z \neq 2i$.

$$\begin{cases} f(z) = z \\ z \neq 2i \end{cases} \quad \text{équivaut à} \quad \begin{cases} \dfrac{2z}{z-2i} = z \\ z \neq 2i \end{cases}$$

$$\begin{cases} 2z = z^2 - 2iz \\ z \neq 2i \end{cases}$$

$$\begin{cases} z^2 - 2iz - 2z = 0 \\ z \neq 2i \end{cases}$$

$$\begin{cases} z(z - (2i + 2)) = 0 \\ z \neq 2i \end{cases}$$

$$\begin{cases} z = 0 \\ \text{ou} \\ z = 2i + 2. \end{cases}$$

f admet deux points invariants : O et le point d'affixe $2 + 2i$.

b) L'image par *f* du point B est le point B′ d'affixe $z_{B'} = \dfrac{2z_B}{z_B - 2i}$.

$z_{B'} = \dfrac{4}{2-2i}$

$z_{B'} = \dfrac{2}{1-i}$ soit $\boxed{z_{B'} = 1 + i.}$

L'image de B par *f* est le point B′ d'affixe 1 + *i* donc $\boxed{f(\mathrm{B}) = \mathrm{I}.}$

L'image par *f* du point I est le point I′ d'affixe $z_{I'} = \dfrac{2z_I}{z_I - 2i}$.

Le point I milieu de [AB] a pour affixe $\dfrac{z_A + z_B}{2}$ soit $1 + i$.

$$z_{I'} = \frac{2(1+i)}{1+i-2i}$$

$z_{I'} = \dfrac{2(1+i)}{1-i}$ soit $z_{I'} = 2i$ donc $\boxed{f(\mathrm{I}) = \mathrm{A}.}$

▶ **2.** Pour tout point M, distinct de A et O, nous avons :

$$z' = \frac{2z}{z-2i}.$$

donc : $\arg z' = \arg(2z) - \arg(z - 2i)\ (2\pi)$.

$$(\vec{u}, \overrightarrow{OM'}) = (\vec{u}, \overrightarrow{OM}) - (\vec{u}, \overrightarrow{AM})\ (2\pi)$$

$$(\vec{u}, \overrightarrow{OM'}) = (\overrightarrow{AM}, \overrightarrow{OM})\ (2\pi)$$

$$\boxed{(\vec{u}, \overrightarrow{OM'}) = (\overrightarrow{MA}, \overrightarrow{MO})\ (2\pi)}$$

et $|z'| = \dfrac{|2z|}{|z-2i|}$

$|z'| = 2\dfrac{|z|}{|z-2i|}$ avec $|z| = \mathrm{OM}$ et $|z - 2i| = \mathrm{AM}$.

$|z'| = \mathrm{OM}'$ donc $\boxed{\mathrm{OM}' = 2\dfrac{\mathrm{MO}}{\mathrm{MA}}.}$

▶ **3.** Soit (Δ) la médiatrice de [OA]. M appartient à (Δ) si, et seulement si, OM = OA.
Si M appartient à (Δ) alors OM′ = 2 d'après la question précédente. Il s'ensuit que **si M appartient à (Δ) alors son image M′ par *f* appartient au cercle de centre O et de rayon 2.**

▶ **4.** Soit (Γ) le cercle de diamètre [OA], privé du point A.
Si M appartient à (Γ) alors $(\overrightarrow{MA}, \overrightarrow{MO}) = \frac{\pi}{2}\ (\pi)$ ou M = O donc, d'après **2.**, $(\vec{u}, \overrightarrow{OM'}) = \frac{\pi}{2}\ (\pi)$ ou M′ = *f*(O) = O.
Si M appartient à (Γ) alors M′ appartient à la droite, passant par O, de vecteur directeur $\vec{v}$, privée du point O. C'est-à-dire l'axe (O, $\vec{v}$).

▶ **5. Figure**

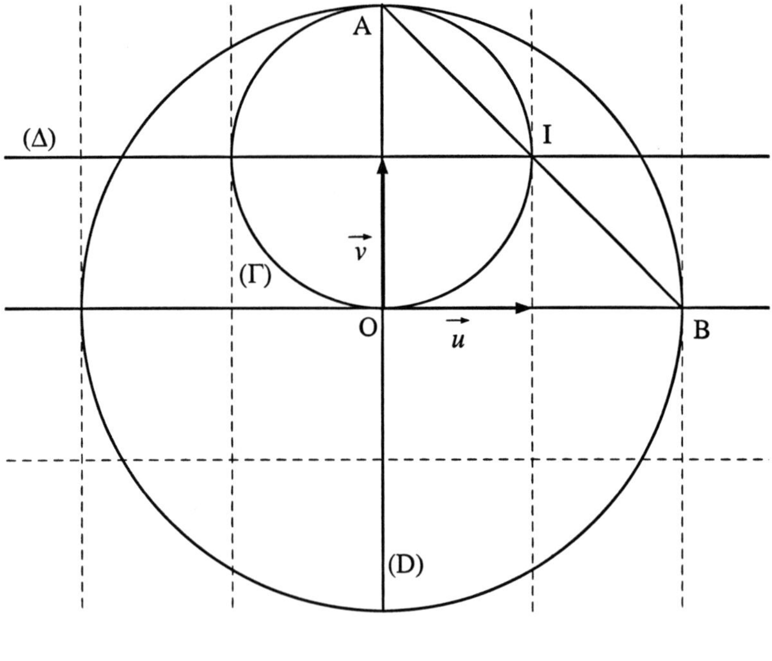

17 GUADELOUPE, GUYANE, MARTINIQUE 5 POINTS
JUIN 1997 • SÉRIE S

Candidats n'ayant pas choisi l'enseignement de spécialité

Le plan orienté est rapporté au repère orthonormal direct $(O\ ;\ \vec{u}, \vec{v})$, l'unité graphique est 1 cm.
On considère les points A, B et C d'affixes respectives :
$z_A = (3\sqrt{3} - 2) + i(3 + 2\sqrt{3})$; $z_B = (-\sqrt{3} - 1) + i(\sqrt{3} - 1)$;
$z_C = (1 - 4\sqrt{3}) + i(-4 - \sqrt{3})$.

▶ **1.** On se propose de placer les points A, B et C dans le repère $(O\ ;\ \vec{u}, \vec{v})$ à l'aide du compas. Pour cela, on considère la rotation $\mathcal{R}$ de centre O et d'angle de mesure $-\dfrac{2\pi}{3}$.

a) Donner l'écriture complexe de $\mathcal{R}$. (0,5 POINT)

b) Vérifier que $\mathcal{R}$ transforme le point A en le point A′ d'affixe $4 - 6i$.
On admettra que $\mathcal{R}$ transforme les points B et C en les points B′ et C′ d'affixes respectives $2 + 2i$ et $-2 + 8i$. (0,25 POINT)

c) Placer les points A′, B′, C′ puis, à l'aide du compas, les points A, B, C. (La construction du point A sera justifiée). (0,25 + 0,5 POINT)

▶ **2.** *a*) Calculer $z_A - z_B + z_C$. (0,5 POINT)

b) En déduire que le point O est le barycentre du système de points pondérés {(A, 1), (B, − 1), (C, 1)}. (0,25 POINT)

▶ **3.** Soit l'ensemble $\mathscr{C}$ des points M du plan tels que :

$$\|\overrightarrow{MA} - \overrightarrow{MB} + \overrightarrow{MC}\| = \|\overrightarrow{MA} - 2\overrightarrow{MB} + \overrightarrow{MC}\|.$$

a) Vérifier que B appartient à $\mathscr{C}$. (0,25 POINT)

b) Déterminer puis tracer l'ensemble $\mathscr{C}$. (1 + 0,25 POINT)

▶ **4.** Déterminer puis tracer l'ensemble $\mathscr{D}$ des points M du plan tels que :

$2 \times \|\overrightarrow{MA} - \overrightarrow{MB} + \overrightarrow{MC}\| = \|\overrightarrow{MA} - 3\overrightarrow{MB}\|$. (1 + 0,25 POINT)

❑ Corrigé

Objet du problème : Nombres complexes et lieux géométriques.

Connaissances mathématiques :
- Nombres complexes.
- Rotation.
- Barycentre.

Soit A, B, C d'affixes respectives :
$z_A = (3\sqrt{3} - 2) + i\,(3 + 2\sqrt{3})$
$z_B = (-\sqrt{3} - 1) + i\,(\sqrt{3} - 1)$
$z_C = (1 - 4\sqrt{3}) + i\,(-4 - \sqrt{3})$.

▶ **1.** *a)* L'écriture complexe de la rotation $\mathcal{R}$ de centre O et d'angle dont une mesure est $-\dfrac{2\pi}{3}$ est donnée par $z' = e^{-i\frac{2\pi}{3}}\, z$.

b) L'image A′ de A par $\mathcal{R}$ a pour affixe :

$$z_{A'} = e^{-i\frac{2\pi}{3}} \times z_A$$

$$z_{A'} = \left(\cos\frac{2\pi}{3} - i\sin\frac{2\pi}{3}\right)\left[(3\sqrt{3} - 2) + i\,(3 + 2\sqrt{3})\right]$$

$$z_{A'} = \left(-\frac{1}{2} - i\frac{\sqrt{3}}{2}\right)\left[(3\sqrt{3} - 2) + i\,(3 + 2\sqrt{3})\right]$$

$$z_{A'} = -\frac{1}{2}(3\sqrt{3} - 2) - \frac{1}{2}\,i\,(3 + 2\sqrt{3}) - i\frac{\sqrt{3}}{2}(3\sqrt{3} - 2) + \frac{\sqrt{3}}{2}(3 + 2\sqrt{3})$$

$$z_{A'} = -\frac{3\sqrt{3}}{2} + 1 + \frac{3\sqrt{3}}{2} + 3 + i\left(-\frac{3}{2} - \sqrt{3} - \frac{9}{2} + \sqrt{3}\right)$$

Soit $\boxed{z_{A'} = 4 - 6i.}$

On admet que $\mathcal{R}(B) = B'$ avec $\boxed{z_{B'} = 2 + 2i.}$

$\mathcal{R}(C) = C'$ avec $\boxed{z_{C'} = -2 + 8i.}$

c) **Figure**

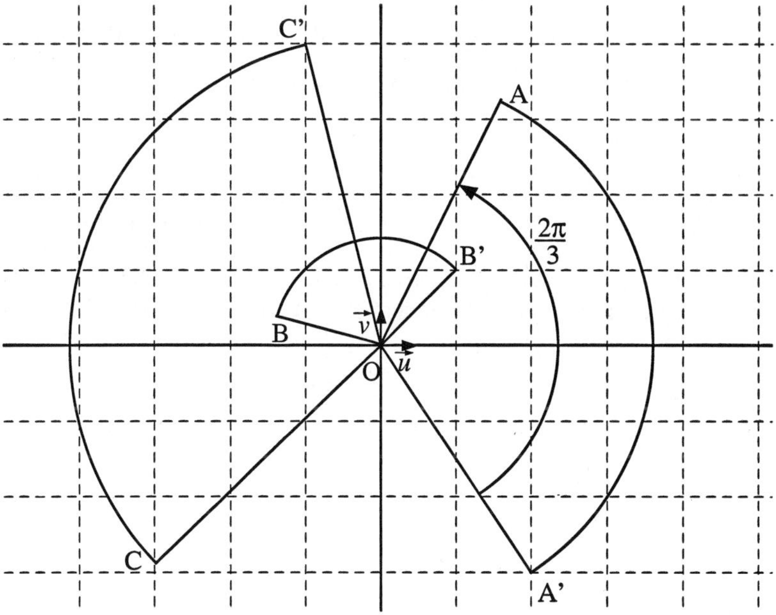

A′ étant l'image de A par $\mathcal{R}$, on en déduit que A est l'image de A′ par $\mathcal{R}^{-1}$, c'est-à-dire la rotation de centre O et d'angle $+\dfrac{2\pi}{3}$.

Ce qui permet de construire, à l'aide du compas, le point A : on construit le cercle de centre O, de rayon OA′, et sur ce cercle, on place le point A tel que $(\overrightarrow{OA'}, \overrightarrow{OA}) = \dfrac{2\pi}{3}\ (2\pi)$.

▶ 2. *a)* $z_A - z_B + z_C = (3\sqrt{3} - 2) + i(3 + 2\sqrt{3}) - (-\sqrt{3} - 1)$

$$- i(\sqrt{3} - 1) + (1 - 4\sqrt{3}) + i(-4 - \sqrt{3}).$$

$z_A - z_B + z_C$ a pour partie réelle :

$$3\sqrt{3} - 2 + \sqrt{3} + 1 + 1 - 4\sqrt{3} \text{ soit } 0.$$

$z_A - z_B + z_C$ a pour partie imaginaire :

$$3 + 2\sqrt{3} - \sqrt{3} + 1 - 4 - \sqrt{3} \text{ soit } 0.$$

D'où :

$$\boxed{z_A - z_B + z_C = 0.}$$

b) Le résultat précédent se traduit vectoriellement par :

$$\overrightarrow{OA} - \overrightarrow{OB} + \overrightarrow{OC} = \vec{0}.$$

O est le barycentre du système pondéré {(A ; 1), (B ; – 1), (C ; 1)}.

▶ **3.** ($\mathscr{C}$) est l'ensemble des points M du plan tels que :

$$\|\overrightarrow{MA} - \overrightarrow{MB} + \overrightarrow{MC}\| = \|\overrightarrow{MA} - 2\overrightarrow{MB} + \overrightarrow{MC}\|.$$

a) Nous avons, pour M = B, $\|\overrightarrow{MA} - \overrightarrow{MB} + \overrightarrow{MC}\| = \|\overrightarrow{BA} + \overrightarrow{BC}\|$

et $\|\overrightarrow{MA} - 2\overrightarrow{MB} + \overrightarrow{MC}\| = \|\overrightarrow{BA} + \overrightarrow{BC}\|$ donc **B appartient à ($\mathscr{C}$).**

b) Pour tout point M du plan : $\overrightarrow{MA} - \overrightarrow{MB} + \overrightarrow{MC} = \overrightarrow{MO}$ puisque O est le barycentre du système pondéré {(A ; 1), (B ; – 1), (C ; 1)}, donc $\|\overrightarrow{MA} - 2\overrightarrow{MB} + \overrightarrow{MC}\| = OM$.

$\overrightarrow{MA} - 2\overrightarrow{MB} + \overrightarrow{MC} = \overrightarrow{OA} - 2\overrightarrow{OB} + \overrightarrow{OC}$

Or $z_A - 2z_B + z_C = 1 + \sqrt{3} + i(1 - \sqrt{3})$

$|z_A - 2z_B + z_C| = 2\sqrt{2}.$

M appartient à ($\mathscr{C}$) si, et seulement si, $OM = 2\sqrt{2}$.

($\mathscr{C}$) est le cercle de centre O, de rayon $2\sqrt{2}$ et passant par B.

Figure

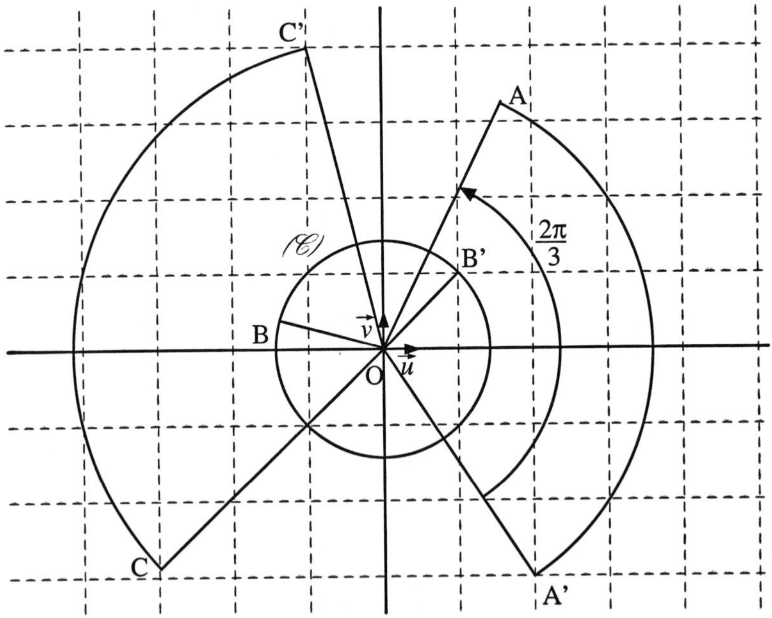

▶ **4.** M appartient à $(\mathscr{D})$ si et seulement si :

$$2\|\overrightarrow{MA} - \overrightarrow{MB} + \overrightarrow{MC}\| = \|\overrightarrow{MA} - 3\overrightarrow{MB}\|.$$

Or, pour tout point M du plan,

$\overrightarrow{MA} - \overrightarrow{MB} + \overrightarrow{MC} = \overrightarrow{MO}$ et $\overrightarrow{MA} - 3\overrightarrow{MB} = -2\overrightarrow{MO} + \overrightarrow{OA} - 3\overrightarrow{OB}$.

M appartient à $(\mathscr{D})$ si, et seulement si :

$2\|\overrightarrow{MO}\| = \|-2\overrightarrow{MO} + \overrightarrow{OA} - 3\overrightarrow{OB}\|$.

Ce qui se traduit à l'aide des nombres complexes par : M, d'affixe z, appartient à $(\mathscr{D})$ si, et seulement si :

$2\|\overrightarrow{OM}\| = \|2\overrightarrow{OM} + \overrightarrow{OA} - 3\overrightarrow{OB}\|$

$2|z| = |2z + z_A - 3z_B|$

$$|z| = \left|z + \frac{z_A - 3z_B}{2}\right|$$

$$\text{Or } \frac{1}{2}(z_A - 3z_B) = \frac{1}{2}\left[(3\sqrt{3} - 2) + i(3 + 2\sqrt{3}) - 3(-\sqrt{3} - 1) - 3i(\sqrt{3} - 1)\right]$$

$$\frac{1}{2}(z_A - 3z_B) = \frac{1}{2}\left[(3\sqrt{3} - 2) + 3\sqrt{3} + 3 + i(3 + 2\sqrt{3} - 3\sqrt{3} + 3)\right]$$

$$\frac{1}{2}(z_A - 3z_B) = \frac{1}{2}\left[6\sqrt{3} + 1 + i(6 - \sqrt{3})\right].$$

M appartient à $(\mathscr{D})$ si, et seulement si :

$$|z| = \left|z + \frac{6\sqrt{3} + 1}{2} + \frac{1}{2}i(6 - \sqrt{3})\right|$$

$$|z| = \left|z - \left(-\frac{6\sqrt{3} + 1}{2} - i\left(\frac{6 - \sqrt{3}}{2}\right)\right)\right|$$

En appelant G le point d'affixe $-\frac{6\sqrt{3} + 1}{2} - i\,\frac{6 - \sqrt{3}}{2}$, nous avons :

M $\in (\mathscr{D})$ équivaut à $|z| = |z - z_G|$, ce qui équivaut à OM = MG.

$(\mathscr{D})$ est la médiatrice du segment [OG].

Remarque : On pourrait aussi faire apparaître le barycentre G du système pondéré $\{(A\,;1)\,;(B\,;-3)\}$.

Figure

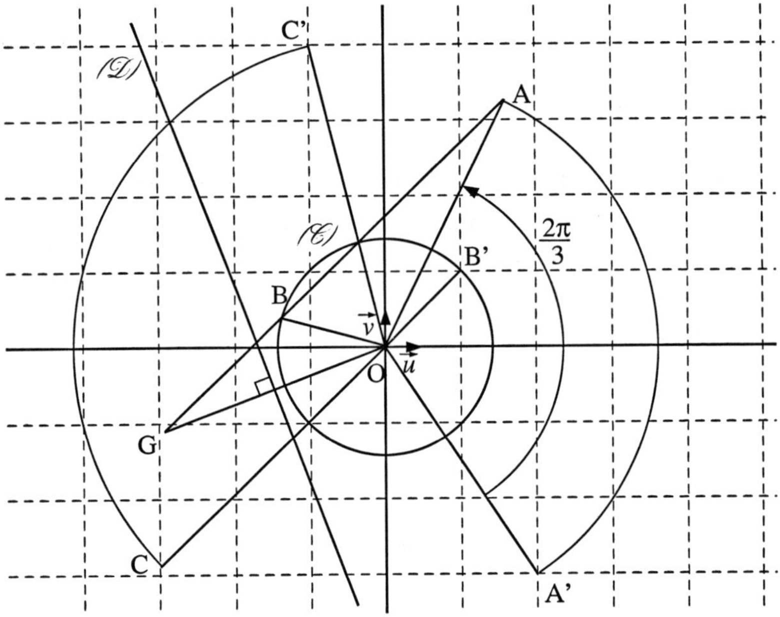

EXERCICE 2 — 5 POINTS

Élèves ne suivant pas l'enseignement de spécialité

Le plan complexe est rapporté au repère orthonormal direct $(O\,;\vec{u},\vec{v})$. On prendra pour unité graphique 5 cm. On désigne par A et K les points d'affixes respectives 1 et $1+i$, et par I et J les points d'affixes respectives i et $-i$.
On rappelle que, si P, Q et R sont trois points quelconques du plan, distincts et d'affixes respectives p, q et r, on a l'égalité :

$$(\overrightarrow{PQ},\overrightarrow{PR}) = \arg\left(\frac{r-p}{q-p}\right) \text{ (modulo } 2\pi).$$

▶ **1.** On désigne par (Γ) le cercle de centre O et de rayon 1. On considère sur ce cercle un point N distinct de I et de J. On note t une mesure de l'angle $(\vec{u},\overrightarrow{ON})$.
a) Quelle est la nature du triangle INJ ?

b) Montrer que, pour tout réel t tel que $t \neq \frac{\pi}{2} + k\pi$ (où k est un entier relatif), le nombre complexe $\frac{e^{it}+i}{e^{it}-i}$ est imaginaire pur.

Dans la suite, on désigne par (C) le cercle de centre A et de rayon 1.

▶ **2.** On nomme r la rotation de centre O et d'angle $\frac{\pi}{2}$.

Tracer (C) et son image (C′) par la rotation r sur une même figure, qui sera complétée par la suite.
a) On note M′ l'image par r d'un point quelconque M du plan.
Exprimer l'affixe z' de M′ en fonction de l'affixe z de M.
b) Déterminer l'antécédent H de K par r.

▶ **3.** Dans cette question, M est un point quelconque du cercle (C), distinct de H et de K. On note t une mesure de l'angle $(\vec{u},\overrightarrow{AM})$. Ainsi l'affixe z de M s'écrit : $z = 1 + e^{it}$.

a) Montrer que $\frac{z'-(1+i)}{z-(1+i)} = i\frac{e^{it}+i}{e^{it}-i}$.

b) Montrer finalement que les points M, K et M′ sont alignés.
c) En déduire une construction de M′ connaissant M.

❑ Corrigé

Objet du problème : Application géométrique des nombres complexes.

Connaissances mathématiques :
- Argument d'un nombre complexe.
- Rotation.
- Alignement de points.

Figure 1

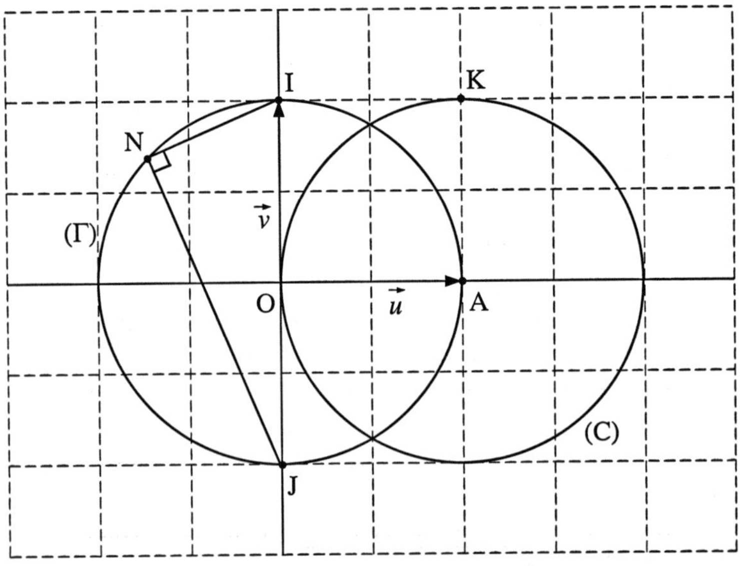

▶ 1. *a)* **INJ est un triangle rectangle en I** car [IJ] est un diamètre de (Γ).

b) Pour tout $t \neq \frac{\pi}{2} + k\pi (k \in \mathbb{Z})$,

$$\frac{e^{it}+i}{e^{it}-i} + \frac{e^{-it}-i}{e^{-it}+i} = \frac{(e^{it}+i)(e^{-it}+i) + (e^{it}-i)(e^{-it}-i)}{(e^{it}-i)(e^{-it}+i)}.$$

$$\frac{e^{it}+i}{e^{it}-i} + \frac{e^{-it}-i}{e^{-it}+i} = \frac{1 + ie^{it} + ie^{-it} - 1 + 1 - ie^{it} - ie^{-it} - 1}{1 + ie^{it} - ie^{-it} + 1}$$

$$\frac{e^{it}+i}{e^{it}-i} + \frac{e^{-it}-i}{e^{-it}+i} = 0.$$

Donc, $\frac{e^{it}+i}{e^{it}-i} + \overline{\left(\frac{e^{it}+i}{e^{it}-i}\right)} = 0$ et **$\frac{e^{it}+i}{e^{it}-i}$ est un imaginaire pur.**

▶ **2.** $r = R\left(O\,;\frac{\pi}{2}\right)$. L'image du cercle de centre A et de rayon 1 par r est le cercle de rayon 1 dont le centre est l'image de A par r, c'est-à-dire I.
(C′) est le cercle de centre I et de rayon 1.

Figure 2

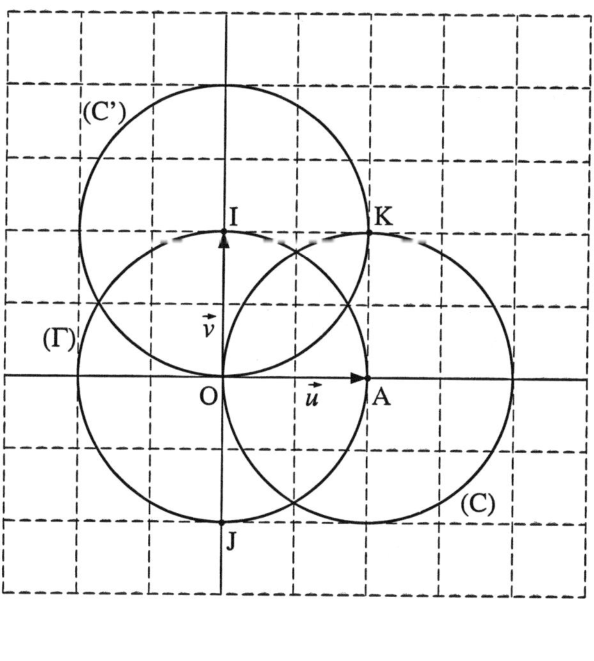

a) $M(z) \mapsto M'(z')$ avec $z' = e^{i\frac{\pi}{2}} z$ soit $\boxed{z' = iz.}$

b) $z_K = e^{i\frac{\pi}{2}} z_H$

$1 + i = e^{i\frac{\pi}{2}} z_H$ soit $z_H = e^{-i\frac{\pi}{2}}(1 + i)$

$z_H = -i(1 + i)$ soit $z_H = 1 - i.$

H est le symétrique de K par rapport à A.

▶ 3. *a)* $\dfrac{z' - (1 + i)}{z - (1 + i)} = \dfrac{iz - (1 + i)}{z - (1 + i)}$

$$\frac{z' - (1 + i)}{z - (1 + i)} = \frac{i(1 + e^{it}) - (1 + i)}{1 + e^{it} - (1 + i)}$$

$$\frac{z' - (1 + i)}{z - (1 + i)} = \frac{i + ie^{it} - 1 - i}{1 + e^{it} - 1 - i}$$

$$\frac{z' - (1 + i)}{z - (1 + i)} = \frac{ie^{it} - 1}{e^{it} - i}$$

$$\frac{z' - (1 + i)}{z - (1 + i)} = \frac{i(e^{it} + i)}{e^{it} - i}$$

$$\boxed{\frac{z' - (1 + i)}{z - (1 + i)} = i\,\frac{e^{it} + i}{e^{it} - i}.}$$

b) $(\overrightarrow{KM}, \overrightarrow{KM'}) = \arg\left(\dfrac{z' - (1 + i)}{z - (1 + i)}\right) (2\pi)$

$(\overrightarrow{KM}, \overrightarrow{KM'}) = \arg\left[i\left(\dfrac{e^{it} + i}{e^{it} - i}\right)\right] (2\pi).$

Or, d'après **1.** *b)*, nous savons que $\dfrac{e^{it} + i}{e^{it} - i}$ est un imaginaire pur, donc $i\,\dfrac{e^{it} + i}{e^{it} - i}$ est un réel. De ce fait, $\arg\left[i\left(\dfrac{e^{it} + i}{e^{it} - i}\right)\right] = 0\ (\pi)$.

$(\overrightarrow{KM}, \overrightarrow{KM'}) = 0\ (\pi)$ donc **K, M, M′ sont alignés.**

c) À partir des points K et M nous savons que M′ appartient à la droite (KM) et se trouve sur le cercle de centre O passant par M tel que

$$(\overrightarrow{OM}, \overrightarrow{OM'}) = \frac{\pi}{2}\ (2\pi).$$

Figure 3

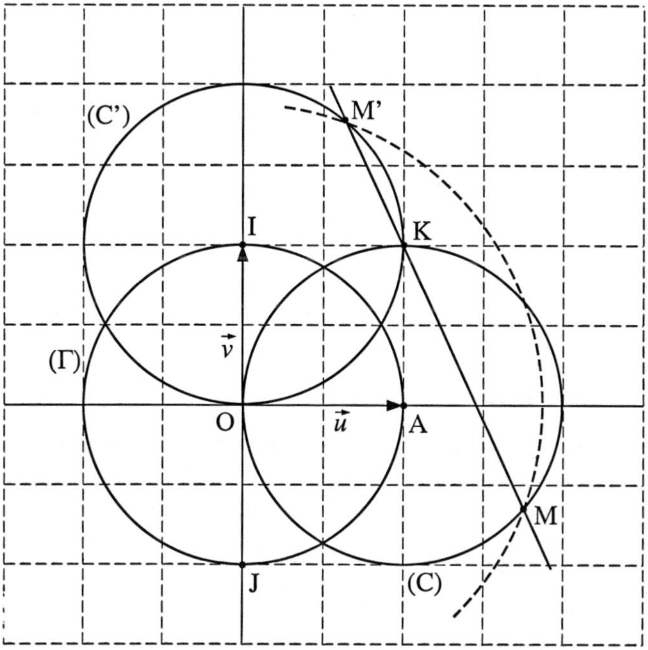

2 Probabilités

19 GUADELOUPE, GUYANE, MARTINIQUE — 4 POINTS
SEPTEMBRE 1997 • SÉRIE S

Commun à tous les candidats

On dispose de trois urnes U_1, U_2, U_3 contenant chacune deux boules indiscernables. Dans U_1 une boule est marquée G, l'autre marquée A ; dans U_2 une boule est marquée 3, l'autre est marquée 5 ; dans U_3 une boule est marquée $\frac{1}{2}$, l'autre est marquée 2.

Une épreuve (E) consiste à tirer une boule dans chaque urne.
On définit une suite u de la façon suivante :

Si la boule tirée dans U_1 est marquée A, la suite est arithmétique, si elle est marqué G, la suite est géométrique ; la boule tirée dans U_2 désigne le premier terme u_0 et la boule tirée dans U_3 désigne la raison.

▶ 1. Calculer la probabilité d'avoir :
a) une suite u arithmétique. (0,5 POINT)
b) une suite u convergente (0,5 POINT)
c) une suite u telle que u_4 soit un nombre entier pair. (0,5 POINT)

▶ 2. Calculer la probabilité d'avoir une suite u qui ne soit pas convergente sachant qu'elle est géométrique. (0,5 POINT)

▶ 3. Un joueur tire une boule dans chaque urne et définit ainsi une suite numérique u :

– si u est géométrique, il gagne 5 F ;
– si u est arithmétique et $u_4 \leqslant 7$, il perd 4 F ;
– si u est arithmétique et $u_4 > 7$, il perd 6 F.

Soit X la variable aléatoire égale au gain (algébrique) du joueur :
– donner la loi de probabilité de X ; (1,5 POINT)
– calculer l'espérance mathématique de X.(0,5 POINT)

❑ Corrigé

Objet du problème : Probabilités et suites.

Connaissances mathématiques :
- Probabilités usuelles.
- Suites arithmétique, géométrique.
- Convergence.

▶ 1. *a)* La suite u est arithmétique si l'on tire la boule marquée A dans l'urne U_1. **Donc la probabilité pour que u soit arithmétique est $\frac{1}{2}$.**

b) L'événement « La suite u est convergente » est l'intersection des **trois** événements suivants :

« La suite u est géométrique », « Son premier terme est quelconque », « Sa raison est $\frac{1}{2}$ ».

En effet, si la suite u était arithmétique, elle ne serait pas convergente car sa raison ne pourrait pas être nulle.
Ces trois événements se définissent de la manière équivalente suivante :
« Dans U_1, on tire la boule G », « Dans U_2, on tire n'importe quelle boule », « Dans U_3, on tire la boule marquée $\frac{1}{2}$ ».

Ces trois événements sont deux à deux indépendants (car les résultats des tirages dans U_1,U_2 et U_3 sont indépendants). La probabilité de cet événement est : $\frac{1}{2} \times 1 \times \frac{1}{2} = \frac{1}{4}$.

c) L'événement : « u_4 est un entier pair » est la **réunion** des deux événements :

E_1 : « *u* est géométrique **et** elle a pour premier terme 3 ou 5 **et** elle a pour raison 2 ».

E_2 : « *u* est arithmétique **et** elle a pour premier terme 3 **et** elle a pour raison $\frac{1}{2}$ ».

$p(E_1) = \frac{1}{2} \times 1 \times \frac{1}{2}$ soit $p(E_1) = \frac{1}{4}$ en s'inspirant du raisonnement de *b*).

$p(E_2) = \frac{1}{2} \times \frac{1}{2} \times \frac{1}{2}$ soit $p(E_2) = \frac{1}{8}$.

On a $p(E) = p(E_1) + p(E_2)$, car E_1 et E_2 sont incompatibles, donc $p(E) = \frac{3}{8}$.

Arbre décrivant la situation

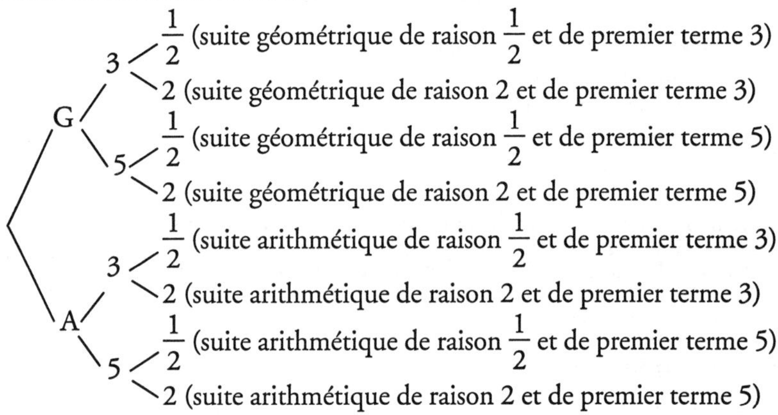

▶ **2.** La suite *u* est géométrique et non convergente lorsque son premier terme est 3 ou 5 et sa raison 2. Donc la probabilité cherchée est

$$\frac{1}{2} \times 1 \times \frac{1}{2} = \frac{1}{4}.$$

▶ **3.** La variable aléatoire X prend les valeurs 4, 5, 6 et :

« X = 4 » se traduit par : *u* est arithmétique de raison $\frac{1}{2}$ et de premier terme 3 ou 5 donc $p(X = 4) = \frac{1}{2} \times \frac{1}{2} = \frac{1}{4}$.

« X = 5 » se traduit par : *u* est géométrique donc $p(X = 5) = \frac{1}{2}$.

« X = 6 » se traduit par : u est arithmétique de raison 2 et de premier terme 3 ou 5 soit $p(X = 6) = \frac{1}{2} \times \frac{1}{2} = \frac{1}{4}$.

Loi de probabilité de X

x	4	5	6
$p(X = x)$	$\frac{1}{4}$	$\frac{1}{2}$	$\frac{1}{2}$

$E(X) = 4 \times \frac{1}{4} + 5 \times \frac{1}{2} + 6 \times \frac{1}{2}$ soit $\boxed{E(X) = \frac{13}{2}}$.

E(X) = 0

Mais c'est faux, Kerdo ! Le gain algébrique peut être négatif, sales cons !!!

X	−6	−4	5
P(X)	$\frac{1}{4}$	$\frac{1}{4}$	$\frac{1}{2}$

20 AMÉRIQUE DU SUD — NOVEMBRE 1997 • SÉRIE S — 4 POINTS

Exercice commun à tous les candidats

Monsieur M est chargé de ventes à domicile pour le bénéfice d'une association. À chaque personne sollicitée, il propose l'achat d'un livre seul, ou d'une cassette seule, ou l'achat d'un livre et d'une cassette.

Après un premier bilan de son activité, monsieur M estime que la probabilité qu'une personne visitée choisie au hasard achète un livre (événement L) est 0,2, la probabilité qu'elle achète une cassette (événement C) est 0,1 et la probabilité qu'elle n'achète rien (événement R) est 0,75.

Partie A

▶ **1.** Calculer les probabilités des événements suivants :
D : « La personne visitée achète un livre ou une cassette ». (0,5 POINT)
E : « La personne visitée achète un livre et une cassette ». (0,5 POINT)
F : « La personne visitée achète seulement un livre ». (0,5 POINT)
G : « La personne visitée achète seulement une cassette ». (0,5 POINT)

▶ **2.** Sachant que la personne visitée a acheté un livre, quelle est la probabilité qu'elle ait acheté aussi une cassette ? (0,5 POINT)

Partie B

Monsieur M se présente successivement chez n personnes choisies au hasard. Calculer la probabilité p_n qu'une personne au moins lui achète un livre ou une cassette. Comment faut-il choisir l'entier naturel n pour avoir $p_n > 0,9$? (1 + 0,5 POINT)

❑ Corrigé

Objet du problème : Porte à porte.

Connaissances mathématiques :
- Probabilités usuelles.
- Probabilités conditionnelles.
- Fonction logarithme népérien.

Partie A

Soit L et C les événements :
L : « La personne visitée achète un livre » ;
M : « La personne visitée achète une cassette ».

▶ **1.** Soit D l'événement : « La personne achète un livre ou une cassette ».
L'événement contraire de D est « La personne n'achète ni livre ni cassette », c'est-à-dire R, dont la probabilité est $\boxed{p(\text{R}) = 0,75.}$
Par conséquent,

$$p(\text{D}) = 1 - p(\text{R})$$
$$p(\text{D}) = 1 - 0,75$$
$$\boxed{\mathbf{p(D) = 0,25.}}$$

La probabilité de l'événement D est égale à 0,25.

Soit E l'événement : « La personne achète un livre et une cassette ».
Nous avons $E = L \cap C$, $D = L \cup C$, et :

$$p(L \cup C) = p(L) + p(C) - p(L \cap C)$$

$$p(D) = p(L) + p(C) - p(E)$$

donc $$p(E) = p(L) + p(C) - p(D)$$

$$p(E) = 0,2 + 0,1 - 0,25$$

$$\boxed{p(E) = 0,05.}$$

La probabilité que la personne visitée achète un livre et une cassette est égale à 0,05.

Considérons maintenant l'événement F : « La personne visitée achète seulement un livre ».

Les événements $L \cap C$ (c'est-à-dire E) et $L \cap \overline{C}$ sont incompatibles et forment une partition de L.

Par conséquent,

$$p(L) = p(L \cap \overline{C}) + p(L \cap C)$$

$$p(L \cap \overline{C}) = p(L) - p(E)$$

$$p(L \cap \overline{C}) = 0,2 - 0,05$$

$$\boxed{p(L \cap \overline{C}) = 0,15.}$$

Puisque $F = L \cap \overline{C}$, nous en déduisons que **la probabilité de l'événement F est égale à 0,15.**

▶ **2.** La probabilité qu'une personne visitée ait acheté une cassette sachant qu'elle a acheté un livre est $p(C/L)$ et :

$$p(C/L) = \frac{p(C \cap \overline{L})}{p(L)}$$

$$p(C/L) = \frac{p(E)}{p(L)}$$

soit $$p(C/L) = \frac{0,05}{0,2}$$

$$\boxed{p(C/L) = 0,25.}$$

La probabilité qu'une personne ait acheté une cassette sachant qu'elle a acheté un livre est égale à 0,25.

Partie B

Monsieur M se présente successivement et de façon indépendante chez n personnes choisies au hasard. Nous avons vu à la question **1.** que la probabilité pour qu'une personne visitée achète un livre ou une cassette est égale à $\frac{1}{4}$ (ou 0,25).

La probabilité pour qu'aucune des n personnes ne lui achète un livre ou une cassette est alors égale à $\left(\frac{1}{4}\right)^n$, soit $\frac{1}{4^n}$.

Puisque l'événement « Au moins une personne achète un livre ou une cassette » (de probabilité p_n) est l'événement contraire de « Aucune personne n'achète de livre ou de cassette », nous en déduisons que :

$$\boxed{p_n = 1 - \frac{1}{4^n}.}$$

$p_n > 0,9$ équivaut à

$$1 - \frac{1}{4^n} > 0,9$$

$$\frac{1}{4^n} < 0,1$$

$$4^n > 10$$

$\ln (4^n) > \ln 10$ (la fonction ln étant strictement croissante sur $]0 ; +\infty[$)

$$n \ln 4 > \ln 10$$

$n > \frac{\ln 10}{\ln 4}$ car $\ln 4 > 0$ puisque $4 > 1$.

Or $\frac{\ln 10}{\ln 4} = 1,66$ à 10^{-2} près. Par suite,

$p_n > 0,9$ pour tout entier naturel n supérieur ou égal à 2.

21 FRANCE MÉTROPOLITAINE — SÉRIE S — 4 POINTS

Commun à tous les candidats

Un gardien de but doit faire face, lors d'une démonstration, à un certain nombre de tirs directs. Les expériences précédentes conduisent à penser que :

– s'il a arrêté le n-ième tir, la probabilité pour qu'il arrête le suivant [le $(n + 1)$-ième] est 0,8 ;

– s'il a laissé passer le n-ième tir, la probabilité pour qu'il arrête le suivant est 0,6 ;

– la probabilité pour qu'il arrête le premier tir est 0,7.

Dans tout l'exercice, si E est un événement, on note $p(\text{E})$ la probabilité de E, $\overline{\text{E}}$ l'événement contraire de E. On note $p(\text{E}/\text{F})$ la probabilité conditionnelle de l'événement E sachant que F est réalisé. A_n est l'événement « Le gardien arrête le n-ième tir ». On a donc $p(\text{A}_1) = 0{,}7$.

▶ **1.** *a)* Donner, pour $n \geqslant 1$, les valeurs de $p(\text{A}_{n+1}/\text{A}_n)$ et $p(\text{A}_{n+1}/\overline{\text{A}}_n)$. (0,25 + 0,25 POINT)

b) Exprimer $p(\text{A}_{n+1} \cap \text{A}_n)$ et $p(\text{A}_{n+1} \cap \overline{\text{A}}_n)$ en fonction de $p(\text{A}_n)$. (0,5 + 0,5 POINT)

c) En déduire que, pour tout entier strictement positif $n \geqslant 1$, on a :

$$p(\text{A}_{n+1}) = 0{,}2\,p(\text{A}_n) + 0{,}6. \text{ (0,5 POINT)}$$

▶ **2.** On pose à présent, pour $n \geqslant 1$, $p_n = p(\text{A}_n)$ et $u_n = p_n - 0{,}75$.

a) Démontrer que (u_n) est une suite géométrique de raison 0,2. (1 POINT)

b) En déduire une expression de p_n en fonction de n. (0,5 POINT)

c) Montrer que (p_n) admet une limite que l'on calculera. (0,5 POINT)

❑ Corrigé

Objet du problème : Coupe du monde.

Connaissances mathématiques :
- Probabilités conditionnelles.
- Suite géométrique.
- Convergence.

▶ **1.** *a*) Par hypothèse, nous avons $p(A_{n+1}/A_n) = 0{,}8$ et $p(A_{n+1}/\overline{A_n}) = 0{,}6$.

b) Dressons l'arbre pondéré correspondant à la situation :

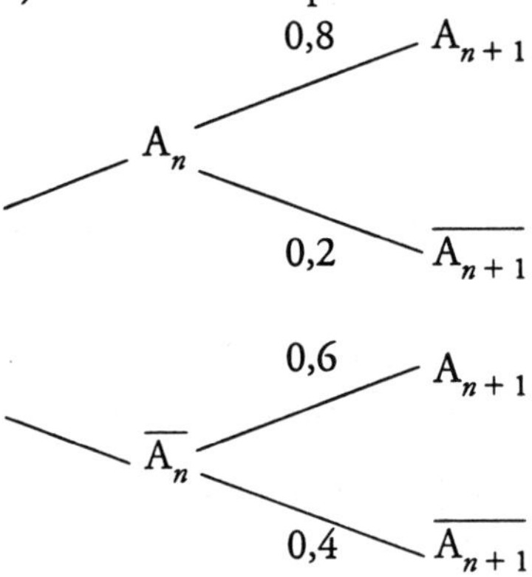

$p(A_{n+1} \cap A_n) = 0{,}8\, p(A_n)$ car $p(A_{n+1} \cap A_n)$ est égal à $p(A_{n+1}/A_n) \times p(A_n)$

$p(\overline{A_{n+1}} \cap A_n) = 0{,}2\, p(A_n)$

$p(\overline{A_n} \cap A_{n+1}) = 0{,}6\, p(\overline{A_n})$

$p(\overline{A_n} \cap A_{n+1}) = 0{,}6 - 0{,}6p(A_n)$

$p(\overline{A_{n+1}} \cap \overline{A_n}) = 0{,}4\, p(\overline{A_n})$

$p(\overline{A_{n+1}} \cap \overline{A_n}) = 0{,}4 - 0{,}4p(A_n)$

c) Par conséquent, $p(A_{n+1}) = p(A_{n+1} \cap A_n) + p(\overline{A_n} \cap A_{n+1})$

$$p(A_{n+1}) = 0{,}8p(A_n) + 0{,}6(1 - p(A_n))$$

$$\boxed{\mathbf{p(A_{n+1}) = 0{,}2p(A_n) + 0{,}6.}}$$

▶ 2. Soit, pour tout $n \geqslant 1$, $p_n = p(A_n)$ et $u_n = p_n - 0{,}75$.

a) Pour tout $n \geqslant 1$,

$$\begin{aligned} u_{n+1} &= p_{n+1} - 0{,}75 \text{ avec } p_{n+1} = 0{,}2p_n + 0{,}6 \\ u_{n+1} &= 0{,}2p_n + 0{,}6 - 0{,}75 \\ u_{n+1} &= 0{,}2p_n - 0{,}15 \\ u_{n+1} &= 0{,}2(p_n - 0{,}75) \\ u_{n+1} &= 0{,}2p_{n+1} \text{ donc} \end{aligned}$$

(u_n) est la suite géométrique de raison 0,2 et de premier terme

$$\mathbf{u_1 = p_1 - 0{,}75 = -0{,}05.}$$

b) D'après le résultat précédent, nous en déduisons que :
pour tout $n \geqslant 1$, $u_n = -0{,}05(0{,}2)^n$ et, par suite,
pour tout $n \geqslant 1$, $p_n = u_n + 0{,}75$.

$$\boxed{\mathbf{p_n = -0{,}05(0{,}2)^n + 0{,}75.}}$$

c) La suite (u_n) étant une suite géométrique de raison 0,2, elle converge donc vers 0 puisque $0 < 0{,}2 < 1$ et **la suite (p_n) converge vers 0,75.**

22 POLYNÉSIE — 4 POINTS
JUIN 1997 • SÉRIE S

Commun à tous les candidats

Les questions **1.**, **2.** *et* **3.** *sont indépendantes.*
Tous les résultats de calcul des probabilités seront donnés sous forme d'une fraction irréductible.

Une classe de terminale S d'un lycée compte 30 élèves dont 10 filles.

▶ **1.** À chaque séance du cours de mathématiques le professeur interroge au hasard trois élèves.
Déterminer la probabilité de chacun des événements suivants :
A : « Exactement deux des trois élèves interrogés sont des garçons », (0,5 POINT)
B : « Les trois élèves interrogés sont de même sexe », (0,5 POINT)
C : « Il y a au plus une fille parmi les trois élèves interrogés ». (0,5 POINT)

▶ **2.** Parmi les 19 internes de la classe, on compte 4 filles.
On choisit au hasard dans cette classe deux délégués de sexes différents.

Déterminer la probabilité de chacun des événements suivants :
D : « Les deux délégués sont internes », (0,5 POINT)
E : « Un seul des deux délégués est interne ». (0,5 POINT)

▶ **3.** À la fin de chaque séance, le professeur désigne au hasard un élève qui effacera le tableau. Un même élève peut être désigné plusieurs fois.
a) Déterminer la probabilité p_n pour que le tableau soit effacé au moins une fois par une fille à l'issue de n séances. (0,75 POINT)
b) Déterminer le nombre minimal de séances pour que $p_n \geqslant 0{,}9999$. (0,75 POINT)

❑ Corrigé

Objet du problème : Une vie de lycéen.

Connaissances mathématiques :
- Probabilités usuelles.
- Fonction logarithme népérien.

▶ 1. La classe de terminale S compte 20 garçons et 10 filles.
On admet qu'un même élève ne peut pas être interrogé deux fois au cours de la séance. Le professeur interroge au hasard trois élèves. Il a $C_{30}^{3} = 4\,060$ façons de choisir ces trois élèves.
Soit A l'événement : « Exactement deux des trois élèves interrogés sont des garçons ». A est réalisé lorsque le professeur interroge deux garçons ($C_{20}^{3} = 190$ choix possibles) et une fille ($C_{10}^{1} = 10$ choix).

$$\text{Par suite,}\quad p(\text{A}) = \frac{C_{20}^{2} \times C_{10}^{1}}{C_{30}^{3}}$$

$$p(\text{A}) = \frac{190 \times 10}{4\,060}$$

$$\boxed{p(\text{A}) = \frac{95}{203}.}$$

La probabilité que le professeur interroge deux garçons exactement est égale à $\frac{95}{203}$.

Soit B l'événement : « Les trois élèves interrogés sont de même sexe ».
B est réalisé lorsque :
– soit le professeur interroge 3 garçons ($C_{20}^3 = 1\ 140$ choix possibles),
– soit le professeur interroge 3 filles ($C_{10}^3 = 120$ choix possibles).
Ces deux événements étant incompatibles, la probabilité de B est :

$$p(\text{B}) = \frac{1\ 140}{4\ 060} + \frac{120}{4\ 060}$$

$$p(\text{B}) = \frac{57}{203} + \frac{6}{203}$$

$$\boxed{\boldsymbol{p(\text{B}) = \frac{9}{29}}.}$$

La probabilité que le professeur interroge trois élèves de même sexe est égale à $\frac{9}{29}$.

Soit C l'événement : « Il y a au plus une fille parmi les trois élèves interrogés ».
C est réalisé lorsque :
– soit le professeur a interrogé exactement deux garçons (événement A) ;
– soit le professeur a interrogé trois garçons (événement dont la probabilité est $\frac{57}{203}$, d'après la question précédente).
Ces deux événements étant incompatibles, on en déduit que :

$$p(\text{C}) = \frac{57}{203} + \frac{95}{203}$$

$$\boxed{\boldsymbol{p(\text{C}) = \frac{152}{203}}.}$$

La probabilité qu'il y ait au plus une fille parmi les trois élèves interrogés est égale à $\frac{152}{203}$.

▶ **2.** Parmi les 19 internes de la classe, on compte 4 filles (et donc 15 garçons). On a 20 élections possibles du garçon qui sera délégué, et 10 élections possibles de la fille qui sera déléguée. Il y a donc 200 élections distinctes.
Soit D l'événement : « Les deux délégués sont internes ».

D est réalisé lorsqu'on a élu un délégué garçon interne (15 choix possibles) et une déléguée interne (4 choix possibles). Par conséquent,

$$p(\text{D}) = \frac{15 \times 4}{200}$$

$$\boxed{\boldsymbol{p(\text{D}) = \frac{3}{10}.}}$$

La probabilité que les deux délégués élus soient internes est égale à $\frac{3}{10}$.

Soit E l'événement : « Un seul des délégués est interne ».
Deux cas se présentent :
– soit on a élu un garçon interne (15 choix possibles) et une fille externe (6 choix possibles puisqu'il y a 10 filles et que 4 sont internes) ;
– soit on a élu une fille interne (4 choix possibles) et un garçon externe (5 choix possibles, puisqu'il y a 20 garçons dont 15 sont internes).
Ces deux événements étant incompatibles, on en déduit que :

$$p(\text{E}) = \frac{15 \times 6}{200} + \frac{5 \times 4}{200}$$

$$p(\text{E}) = \frac{9}{20} + \frac{1}{10}$$

$$\boxed{\boldsymbol{p(\text{E}) = \frac{11}{20}.}}$$

La probabilité qu'un seul délégué soit interne est égale à $\frac{11}{20}$.

▸ **3.** À la fin de chaque séance, le professeur désigne au hasard un élève pour effacer le tableau.

a) La probabilité pour qu'une fille n'efface pas le tableau au cours d'une séance est $\frac{20}{30} = \frac{2}{3}$.

La probabilité pour qu'au cours des n séances de cours, aucune fille n'ait effacé le tableau est égale à $\left(\frac{2}{3}\right)^n$ car le choix d'un élève s'effectue de façon indépendante (un même élève pouvant être désigné plusieurs fois).
« Le tableau est effacé au moins une fois par une fille » est l'événement contraire de « Le tableau n'est effacé que par un garçon à l'issue des n séances ».

Par conséquent :

La probabilité p_n pour que le tableau soit effacé au moins une fois par une fille est $p_n = 1 - \left(\frac{2}{3}\right)^n$.

b) $p_n \geqslant 0{,}9999$ équivaut à

$$1 - \left(\frac{2}{3}\right)^n \geqslant 0{,}9999$$

$$\left(\frac{2}{3}\right)^n \leqslant 10^{-4}$$

$$\ln\left[\left(\frac{2}{3}\right)^n\right] \leqslant \ln(10^{-4})$$ (car la fonction ln est strictement croissante sur $]0\,;+\infty[$)

$$n \ln\frac{2}{3} \leqslant -4\ln 10$$

$$n \geqslant -\frac{4\ln 10}{\ln\frac{2}{3}}$$ (car $\ln\frac{2}{3} < 0$ puisque $\frac{2}{3} < 1$).

Or $-\dfrac{4\ln 10}{\ln\frac{2}{3}} = 22{,}7$ à 0,1 près.

Il faut qu'il y ait au minimum 23 séances pour que $p_n \geqslant 0{,}9999$.

Commun à tous les candidats

On dispose de deux urnes U_1 et U_2 contenant des boules indiscernables au toucher. U_1 contient n boules blanches et 3 boules noires (n est un entier supérieur ou égal à 1). U_2 contient 2 boules blanches et 1 boule noire.
On tire au hasard une boule de U_1 et on la met dans U_2, puis on tire au hasard une boule de U_2 et on la met dans U_1 ; l'ensemble de ces opérations constitue une épreuve.

▶ **1.** On considère l'événement A : « Après l'épreuve, les urnes se retrouvent chacune dans leur configuration de départ ».
a) Montrer que la probabilité $p(\mathrm{A})$ de l'événement A peut s'écrire :

$$p(\mathrm{A}) = \frac{3}{4}\left(\frac{n+2}{n+3}\right).\ \text{(0,5 POINT)}$$

b) Déterminer la limite de $p(\mathrm{A})$ lorsque n tend vers $+\infty$. (0,5 POINT)

▶ **2.** On considère l'événement B : « Après l'épreuve, l'urne U_2 contient une seule boule blanche ».
Vérifier que la probabilité $p(\mathrm{B})$ de l'événement B peut s'écrire :

$$p(\mathrm{B}) = \frac{6}{4(n+3)}.\ \text{(0,5 POINT)}$$

▶ **3.** Un joueur mise 20 francs et effectue une épreuve. À l'issue de cette épreuve, on compte les boules blanches contenues dans U_2.
– Si U_2 contient 1 seule boule blanche, le joueur reçoit $2n$ francs.
– Si U_2 contient 2 boules blanches, le joueur reçoit n francs.
– Si U_2 contient 3 boules blanches, le joueur ne reçoit rien.
a) Expliquer pourquoi le joueur n'a aucun intérêt à jouer tant que n ne dépasse pas 10. (0,5 POINT)
Dans la suite, on considère $n > 10$ et on introduit la variable aléatoire X qui prend pour valeurs les gains algébriques du joueur (par exemple, si, après l'épreuve, l'urne U_2 contient une seule boule blanche, $\mathrm{X} = 2n - 20$).
b) Déterminer la loi de probabilité de X. (1 POINT)
c) Calculer l'espérance mathématique de X. (0,5 POINT)
d) On dit que le jeu est favorable au joueur si, et seulement si, l'espérance mathématique est strictement positive. Montrer qu'il en est ainsi dès que l'urne U_1 contient au moins 25 boules blanches. (0,5 POINT)

❑ Corrigé

Objet du problème : Tirages de boules dans deux urnes.

Connaissances mathématiques :
- Probabilités simples.
- Variable aléatoire.
- Espérance mathématique.

▶ **1.** Soit A l'événement : « Après l'épreuve, les urnes se retrouvent chacune dans leur configuration de départ ».

a) Nous avons : $A = A_1 \cup A_2$.

A_1 : « On tire une boule blanche de U_1 puis une boule blanche de U_2 ».
A_2 : « On tire une boule noire de U_1 puis une boule noire de U_2 ».
A_1 et A_2 étant incompatibles, nous avons $p(A) = p(A_1) + p(A_2)$.
Soit B_i l'événement « On tire une boule blanche dans l'urne U_i » et N_i l'événement « On tire une boule noire dans l'urne U_i » pour $i \in \{1 ; 2\}$.

$A_1 = B_1 \cap B_2$ donc $p(A_1) = p(B_1) \times p(B_2/B_1)$.

Or $p(B_1) = \dfrac{n}{n+3}$ et lorsque B_1 est réalisé U_2 contient 4 boules dont 3 blanches donc $p(B_2/B_1) = \dfrac{3}{4}$ d'où $p(A_1) = \dfrac{n}{n+3} \times \dfrac{3}{4}$.

En effectuant le même raisonnement pour $A_2 = N_1 \cap N_2$ on obtient $p(A_2) = \dfrac{3}{n+3} \times \dfrac{2}{4}$. Il s'ensuit :

$$p(A) = \frac{3n}{4(n+3)} + \frac{6}{4(n+3)} \text{ soit } p(A) = \frac{3(n+2)}{4(n+3)}.$$

D'où : $\boxed{p(A) = \dfrac{3}{4}\left(\dfrac{n+2}{n+3}\right)}$.

b) Pour tout $n \in \mathbb{N}^*$, $\dfrac{n+2}{n+3} = 1 - \dfrac{1}{n+3}$ donc $\lim\limits_{n \to +\infty} \dfrac{n+2}{n+3} = 1$ puisque $\lim\limits_{n \to +\infty} \dfrac{1}{n+3} = 0$.

Il s'ensuit que : $\boxed{\lim\limits_{n \to +\infty} p(A) = \dfrac{3}{4}}$.

▶ 2. L'événement B se traduit par :
« Une boule noire a été tirée de U_1 puis une boule blanche de U_2 ».

D'où $p(B) = \frac{3}{n+3} \times \frac{2}{4}$

soit $$\boxed{p(B) = \frac{6}{4(n+3)}.}$$

▶ 3. *a*) Le joueur mise 20 francs au départ, et il ne peut espérer dans le meilleur des cas qu'obtenir un gain de $2n$ francs. **D'où la nécessité pour que le « jeu » présente de l'intérêt que $2n \geqslant 20$ soit $n \geqslant 10$.**

b) $X(\Omega) = \{2n - 20, n - 20, -20\}$.

$p(X = 2n - 20) = p$ (à la suite de l'épreuve, U_2 contient 1 seule boule blanche).

$p(X = 2n - 20) = p(B)$

soit $$\boxed{p(X = 2n - 20) = \frac{6}{4(n+3)}.}$$

$p(X = n - 20) = p$ (à la suite de l'épreuve, U_2 contient 2 boules blanches).

$p(X = n - 20) = p(A)$

soit $$\boxed{p(X = n - 20) = \frac{3}{4}\left(\frac{n+2}{n+3}\right).}$$

$p(X = -20) = p$ (à la suite de l'épreuve, U_2 contient 3 boules blanches).

Si, à la suite de l'épreuve, U_2 contient 3 boules blanches, cela se traduit par : une boule blanche tirée de U_1 (donc mise dans U_2) puis tirage d'une boule noire de U_2, c'est-à-dire $B_1 \cap N_2$.

$$p(X = -20) = p(B_1) \times p(N_2/B_1) = \frac{n}{n+3} \times \frac{1}{4}$$

soit $$\boxed{p(X = -20) = \frac{n}{4(n+3)}.}$$

Loi de probabilité de X

X=	$2n-20$	$n-20$	-20
$p(X=\ \ )$	$\dfrac{6}{4(n+3)}$	$\dfrac{3}{4}\left(\dfrac{n+2}{n+3}\right)$	$\dfrac{n}{4(n+3)}$

c) $E(X)=(2n-20)\times\dfrac{6}{4(n+3)}+(n-20)\times\dfrac{3}{4}\left(\dfrac{n+2}{n+3}\right)-20\times\dfrac{n}{4(n+3)}$

$$E(X)=\frac{6(2n-20)+3(n-20)(n+2)-20n}{4(n+3)}$$

$$\boxed{E(X)=\frac{3n^2-62n-240}{4(n+3)}.}$$

d) $E(X)>0$ équivaut à $3n^2-62n-240>0$ (puisque $n+3>0$).

Les solutions réelles de l'équation $3x^2-62x-240=0$ sont 24 et $-\dfrac{10}{3}$.

Or $3n^2-62n-240=3(n-24)\left(n+\dfrac{10}{3}\right)$ avec $n+\dfrac{10}{3}>0$.

$E(X)>0$ équivaut à $\boxed{n>24.}$

Nous en concluons que le jeu est favorable au joueur dès que l'urne U_1 contient au moins 25 boules.

24 GUADELOUPE, GUYANE, MARTINIQUE — 4 POINTS
JUIN 1997 • SÉRIE S

Commun à tous les candidats

Voici le plan de la salle 308 du Lycée Dupont.

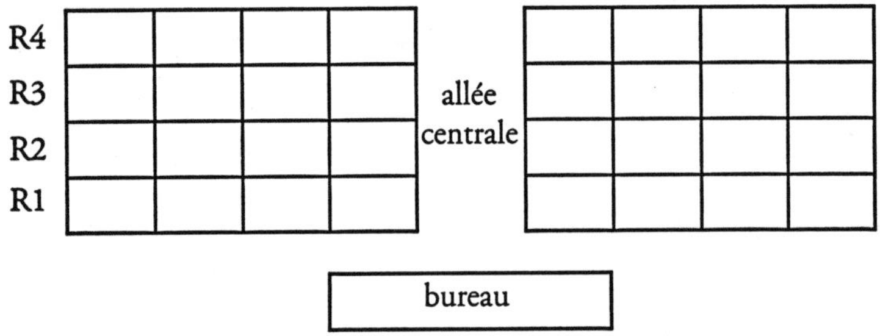

Le premier jour de l'année scolaire, les élèves de la classe de TS1 sont invités par leur professeur principal à s'installer, au hasard des places disponibles, dans cette salle.
La classe de TS1 comporte 28 élèves.

▶ **1.** *a*) Quel est le nombre de répartitions possibles des places inoccupées ? (1 POINT)
b) Calculer, à 10^{-1} près, les probabilités des événements suivants :
A : « Les huit places du rang R4 sont toutes occupées ». (0,5 POINT)
B : « Il y a autant d'élèves à gauche qu'à droite de l'allée centrale ». (0,5 POINT)

▶ **2.** Dans cette question, les résultats seront donnés sous forme fractionnaire. Soit X la variable aléatoire « Nombre de places inoccupées au rang R4 ».
a) Donner la loi de probabilité de X. (1,5 POINT)
b) Calculer son espérance mathématique. (0,5 POINT)

❑ Corrigé

Objet du problème : Espérance mathématique d'un cancre.

Connaissances mathématiques :
- Combinaisons.
- Variables aléatoires.

▶ **1.** *a*) La salle comprend 32 places, et 28 élèves doivent s'installer dans cette salle. 4 places sont donc inoccupées.
Il faut choisir 4 places inoccupées parmi les 32 disponibles, c'est-à-dire un sous-ensemble de quatre éléments extrait de l'ensemble des 32 places disponibles.

Le nombre de répartitions possibles des places inoccupées est $C_{32}^{4} = 35960$.

b) Soit A l'événement : « Les huit places du rang R4 sont occupées ».
Les 4 places inoccupées doivent être choisies parmi les 24 places des trois premiers rangs.
Par conséquent,

$$p(\mathrm{A}) = \frac{C_{24}^{4}}{C_{32}^{4}}$$ puisque nous sommes dans une situation d'équiprobabilité

$$p(\mathrm{A}) = \frac{10626}{35960}$$

$$p(\mathrm{A}) = \frac{5313}{17980}$$

soit $\boxed{p(\mathrm{A}) = 0{,}2955 \text{ à } 10^{-4} \text{ près.}}$

La probabilité que les huit places du dernier rang soient occupées est égale à 0,2955 à 10^{-4} près.

Soit B : « Il y a autant d'élèves à gauche qu'à droite de l'allée centrale ».
B est réalisé lorsqu'il y a 14 élèves de chaque côté de l'allée ; il reste alors 2 places inoccupées de chaque côté à choisir parmi les 16 places disponibles.

Ainsi, $$p(\text{B}) = \frac{C_{16}^{2} \times C_{16}^{2}}{C_{32}^{4}}$$

$$p(\text{B}) = \frac{120^2}{35960}$$

$$p(\text{B}) = \frac{360}{899}$$

$$\boxed{p(\text{B}) = 0{,}4004 \text{ à } 10^{-4} \text{ près.}}$$

La probabilité qu'il y ait autant d'élèves de chaque côté de l'allée centrale est égale à 0,4004 à 10^{-4} près.

▶ 2. *a*) Soit X la variable aléatoire donnant le nombre de places inoccupées au rang R4. X peut prendre les valeurs 0, 1, 2, 3 ou 4.
(X = 0) est réalisé lorsque les 8 places sont occupées (événement A, dont la probabilité a déjà été calculée) :

$$\boxed{p(X = 0) = \frac{5313}{17980}.}$$

(X = 1) est réalisé lorsqu'on a choisi 1 place inoccupée au dernier rang (comprenant 8 places) et 3 places inoccupées parmi les 24 restantes :

$$p(X = 1) = \frac{C_{8}^{1} \times C_{24}^{3}}{C_{32}^{4}}$$

$$p(X = 1) = \frac{8 \times 2024}{35960}$$

$$\boxed{p(X = 1) = \frac{2024}{4495}.}$$

De la même façon, (X = 2) est réalisé lorsqu'on a choisi 2 places inoccupées au dernier rang et 2 places inoccupées parmi les 24 restantes :

$$p(X=2)=\frac{C_8^2\times C_{24}^2}{C_{32}^4}$$

$$p(X=2)=\frac{28\times 276}{35960}$$

$$\boxed{p(X=2)=\frac{966}{4495}.}$$

Par une démarche analogue, nous avons :

$$p(X=3)=\frac{C_8^3\times C_{24}^1}{C_{32}^4}$$

$$p(X=3)=\frac{56\times 24}{35960}$$

$$\boxed{p(X=3)=\frac{168}{4495}.}$$

$$p(X=4)=\frac{C_8^4}{C_{32}^4}$$

$$p(X=4)=\frac{70}{35960}$$

$$\boxed{p(X=4)=\frac{7}{3596}.}$$

Remarque. – On peut alors vérifier que :

$$p(X=0)+p(X=1)+p(X=2)+p(X=3)+p(X=4)=1.$$

Loi de probabilité de X

x_i	0	1	2	3	4
$p(X=x_i)$	$\frac{5313}{17980}$	$\frac{2024}{4495}$	$\frac{966}{4495}$	$\frac{168}{4495}$	$\frac{7}{3596}$

b) L'espérance mathématique de X est :

$$E(X) = 0 \times p(X=0) + 1 \times p(X=1) + 2 \times p(X=2) + 3 \times p(X=3) + 4 \times p(X=4)$$

$$E(X) = \frac{2024}{4495} + 2 \times \frac{966}{4495} + 3 \times \frac{168}{4495} + 4 \times \frac{7}{3596}$$

$$E(X) = \frac{2024}{4495} + \frac{1932}{4495} + \frac{504}{4495} + \frac{7}{899}$$

$$E(X) = \frac{2024}{4495} + \frac{1932}{4495} + \frac{504}{4495} + \frac{35}{4495}$$

$$E(X) = \frac{4495}{4495}$$

$$\boxed{E(X) = 1.}$$

L'espérance mathématique de X est égale à 1 ; elle est strictement positive, c'est-à-dire que l'on peut espérer avoir une place vide au dernier rang.

25 PONDICHÉRY — 5 POINTS
JUIN 1997 • SÉRIE S

Commun à tous les candidats

Une urne contient 9 boules (4 rouges, 2 bleues et 3 vertes) identiques au toucher. Toutes les boules ont la même probabilité d'être tirées.

▶ **1.** On tire simultanément deux boules de l'urne et on note leur couleur. Calculer la probabilité d'obtenir deux boules de même couleur (on donnera le résultat sous forme d'une fraction). (1 POINT)

▶ **2.** On tire une boule de l'urne, on note sa couleur et on la remet dans l'urne ; puis on tire une seconde boule et on note sa couleur.
Calculer la probabilité d'obtenir deux boules de même couleur (on donnera le résultat sous forme d'une fraction). (1 POINT)

▶ **3.** On adopte la règle suivante : soit n un entier naturel non nul ; on gagne $10n$ francs si les deux boules tirées sont de la même couleur et on perd n^2 francs dans le cas contraire.

On désigne par X (respectivement Y) la variable aléatoire qui, à tout tirage de deux boules de l'urne selon le procédé décrit dans la première question (respectivement la deuxième question), associe le gain algébrique réalisé à l'issue du tirage.

Les variables aléatoires X et Y prennent donc les valeurs $10n$ et $-n^2$.

a) Déterminer les espérances mathématiques E(X) et E(Y) des variables aléatoires X et Y. (1 + 1 POINTS)

b) Déterminer les valeurs de l'entier naturel n telles que

$$E(X) < 0 < E(Y). \text{ (1 POINT)}$$

❑ Corrigé

Objet du problème : Tirages de boules dans une urne.

Connaissances mathématiques :
- Combinaisons.
- p – listes.
- Variables aléatoires, espérance mathématique.

▶ **1.** Puisqu'on tire simultanément deux boules dans une urne qui en contient 9, nous avons $C_9^2 = 36$ tirages distincts.
Les deux boules tirées sont de la même couleur lorsque l'on a :
– soit tiré deux boules rouges (événement R_1) ;
– soit tiré deux boules bleues (événement B_1) ;
– soit tiré deux boules vertes (événement V_1).

De plus, nous sommes dans une situation d'équiprobabilité, d'où :

$$p(R_1) = \frac{C_4^2}{C_9^2}$$

$$p(R_1) = \frac{6}{36}$$

$$\boxed{p(R_1) = \frac{1}{6}}$$

$$p(B_1) = \frac{C_2^2}{C_9^2}$$

$$\boxed{p(B_1) = \frac{1}{36}}$$

$$p(V_1) = \frac{C_3^2}{C_9^2} \quad p(V_1) = \frac{3}{36}$$

$$\boxed{p(V_1) = \frac{1}{12}.}$$

Les événements R_1, B_1 et V_1 étant incompatibles deux à deux, nous en déduisons que la probabilité de l'événement C_1 : « On obtient deux boules de même couleur » est :

$$p(C_1) = p(R_1 \cup B_1 \cup V_1) = p(R_1) + p(B_1) + p(V_1)$$

$$p(C_1) = \frac{1}{6} + \frac{1}{36} + \frac{1}{12}$$

$$\boxed{p(C_1) = \frac{5}{18}.}$$

La probabilité d'obtenir deux boules de même couleur est $\frac{5}{18}$.

▶ **2.** On tire maintenant successivement deux boules, en remettant la première boule tirée dans l'urne avant le second tirage.
Nous avons, dans ce cas, 9 choix pour la première boule et 9 choix pour la seconde.
On peut effectuer 81 tirages distincts.

Notons R_2, B_2 et V_2 les événements :
R_2 : « Les deux boules tirées sont rouges » ;
B_2 : « Les deux boules tirées sont bleues » ;
V_2 : « Les deux boules tirées sont vertes ».
L'urne contient 4 boules rouges ; il y a $4 \times 4 = 16$ tirages favorables à la réalisation de R_2 et $p(R_2) = \frac{16}{81}$.

L'urne contient 2 boules bleues ; il y a $2 \times 2 = 4$ tirages favorables à la réalisation de B_2 et $p(B_2) = \frac{4}{81}$.
Enfin, l'urne contient 3 boules vertes :

$$p(V_2) = \frac{3 \times 3}{81}$$

$$p(V_2) = \frac{1}{9}.$$

Soit C_2 l'événement : « Les deux boules tirées sont de la même couleur ».
Nous avons $C_2 = R_2 \cup B_2 \cup V_2$ et les événements R_2, B_2 et V_2 sont deux à deux incompatibles.

Par conséquent, $p(C_2) = p(R_2) + p(B_2) + p(V_2)$

$$p(C_2) = \frac{16}{81} + \frac{4}{81} + \frac{1}{9}$$

$$\boxed{p(C_2) = \frac{29}{81}.}$$

La probabilité d'obtenir deux boules de même couleur est égale à $\frac{29}{81}$.

▶ **3.** Soit n un entier naturel non nul.
a) On gagne $10\,n$ francs lorsque les deux boules tirées sont de la même couleur, et l'on perd n^2 francs sinon.
Soit X la variable aléatoire qui, à tout tirage simultané de deux boules, associe le gain algébrique réalisé à l'issue de ce tirage.
Nous déduisons de la première question que

$$p(X = 10n) = \frac{5}{18}$$

et

$$p(X = -\,n^2) = 1 - p(X = 10\,n)$$

$$p(X = -\,n^2) = \frac{13}{18}.$$

La loi de probabilité de X est donc donnée par :

x_i	$-n^2$	$10n$
$p(X = x_i)$	$\frac{13}{18}$	$\frac{5}{18}$

L'espérance mathématique de X est :

$$E(X) = -n^2 \times \frac{13}{18} + 10n \times \frac{5}{18}$$

$$\boxed{\mathbf{E(X) = \frac{-13n^2 + 50n}{18}}.}$$

De la même façon, en notant Y la variable aléatoire associant le gain algébrique obtenu à l'issue du tirage successif de deux boules (avec remise), nous avons :

$$p(Y = 10n) = \frac{29}{81}$$

et

$$p(Y = -n^2) = 1 - p(Y = 10n)$$

$$p(Y = -n^2) = \frac{52}{81}.$$

La loi de probabilité de Y est :

y_i	$-n^2$	$10n$
$p(Y = y_i)$	$\frac{52}{81}$	$\frac{29}{81}$

L'espérance mathématique de Y est :

$$E(Y) = -n^2 \times \frac{52}{81} + 10n \times \frac{29}{81}.$$

$$\boxed{\mathbf{E(Y) = \frac{-52n^2 + 290n}{81}}.}$$

b) $E(X) < 0$ équivaut à $\frac{-13n^2 + 50n}{18} < 0$ et $n \in \mathbb{N}^*$

$$\frac{n(-13n + 50)}{18} < 0 \text{ et } n \in \mathbb{N}^*$$

$$-13n + 50 < 0 \text{ (car } n > 0)$$

$$n > \frac{50}{13}.$$

Or $\frac{50}{13} = 3{,}8$ à 0,1 près.

L'espérance mathématique de X vérifie $E(X) < 0$ pour tout entier naturel n supérieur ou égal à 4.
$E(Y) > 0$ équivaut à

$$\frac{-52n^2 + 290n}{81} > 0 \text{ et } n \in \mathbb{N}^*$$

$$\frac{2n(-26n + 145)}{81} > 0 \text{ et } n \in \mathbb{N}^*$$

$$-26n + 145 > 0 \text{ car } n > 0$$

$$n < \frac{145}{26}.$$

De plus, $\frac{145}{26} = 5{,}5$ à 0,1 près.

L'espérance mathématique de Y vérifie $0 < E(Y)$ pour tout entier naturel inférieur ou égal à 5.

Les valeurs de n pour lesquelles on a $E(X) < 0 < E(Y)$ sont $n = 4$ et $n = 5$.

26 EXPERIMENTATION CONCERNANT L'USAGE DES CALCULATRICES AU BACCALAURÉAT

MAI 1997 • SÉRIE S

Deuxième partie

EXERCICE — 4 POINTS

Commun à tous les élèves

Une petite association organise une souscription, qui prend la forme d'une tombola. Au cours d'une réunion, 100 enveloppes indiscernables sont mises en vente au prix unitaire de 100 F. Cinq de ces enveloppes permettent chacune de gagner 500 F. Vingt rapportent chacune 100 F, les autres sont perdantes.

▶ 1. *Le point de vue des organisateurs*

a) La vente de 60 enveloppes étant assurée, l'opération est-elle à coup sûr rentable ?

b) Combien d'enveloppes faut-il vendre pour réaliser à coup sûr un bénéfice de 4 000 F ?

▶ 2. *Le point de vue du premier souscripteur*

Pour le premier souscripteur, l'achat d'enveloppes peut être assimilé à un tirage sans remise en situation d'équiprobabilité.

a) Cette personne achète une enveloppe. Déterminer l'espérance mathématique de la variable aléatoire X représentant son gain (différence entre la somme éventuellement perçue et la somme engagée, 100 F).

b) Cette personne achète deux enveloppes. Soit Y la variable aléatoire représentant son gain (différence entre la somme éventuellement perçue et la somme engagée, 200 F). Quelles sont les valeurs prises par Y ?

Montrer que $p(Y = -200) = \frac{5550}{9900}$.

Présenter sous forme de tableau la loi de probabilité de la variable aléatoire Y. On présentera les probabilités utiles sous forme de fractions de même dénominateur.

❑ Corrigé

Objet du problème : Tombola.

Connaissances mathématiques :
- Variables aléatoires.
- Lois de probabilité.

▶ **1. Le point de vue des organisateurs**

a) La vente des 60 enveloppes rapporte $60 \times 100 = 6\,000$ F.
Le coût des lots est de : $5 \times 500 + 20 \times 100 = 4\,500$ F.
L'opération est donc rentable car $6\,000 > 4\,500$.

b) Le bénéfice sera à coup sûr de 4 000 F pour un nombre n d'enveloppes vendues tel que :
$n \times 100 - 4\,500 = 4\,000$ soit $\boxed{n = 85.}$

▶ 2. Le point de vue du premier souscripteur

a) $X(\Omega) = \{-100 ; 0 ; 400\}$ et nous avons immédiatement :

$$p(X = -100) = \frac{75}{100} ; p(X = 0) = \frac{20}{100} ; p(X = 400) = \frac{5}{100}.$$

$$E(X) = -100 \times \frac{75}{100} + 0 \times \frac{20}{100} + 400 \times \frac{5}{100} \text{ soit } \boxed{E(X) = -55.}$$

b) $Y(\Omega) = \{-200 ; -100 ; 0 ; 300 ; 400 ; 800\}$ et le nombre de tirages possibles de 2 enveloppes parmi 100 est $C_{100}^2 = 4\,950$.

Nous avons : $p(Y = -200) = \dfrac{C_{75}^2}{4\,950}$ soit $p(Y = -200) = \dfrac{2\,775}{4\,950}$.

$$p(Y = -100) = \frac{C_{20}^1 \times C_{75}^1}{4\,950} \text{ soit } p(Y = -100) = \frac{1\,500}{4\,950}.$$

$$p(Y = 0) = \frac{C_{20}^2}{4\,950} \text{ soit } p(Y = 0) = \frac{190}{4\,950}.$$

$$p(Y = 300) = \frac{C_{75}^1 \times C_5^1}{4\,950} \text{ soit } p(Y = 300) = \frac{375}{4\,950}.$$

$$p(Y = 400) = \frac{C_{20}^1 \times C_5^1}{4\,950} \text{ soit } p(Y = 400) = \frac{100}{4\,950}.$$

$$p(Y = 800) = \frac{C_5^2}{4\,950} \text{ soit } p(Y = 800) = \frac{10}{4\,950}.$$

La loi de probabilité de Y se présente sous la forme :

$Y =$	-200	-100	0	300	400	800
$p(Y =)$	$\frac{2\,775}{4\,950}$	$\frac{1\,500}{4\,950}$	$\frac{190}{4\,950}$	$\frac{375}{4\,950}$	$\frac{100}{4\,950}$	$\frac{10}{4\,950}$

3 Fonctions exponentielles Équations différentielles Calcul intégral Suites numériques

27 SPORTIFS DE HAUT NIVEAU — 4 POINTS
OCTOBRE 1997 • SÉRIE S

Commun à tous les candidats

On considère les suites (u_n) et (v_n) définies, pour tout entier naturel n, par :

$$\begin{cases} u_0 = 0 \\ u_{n+1} = \dfrac{3u_n + 1}{4} \end{cases} \quad \text{et} \quad \begin{cases} v_0 = 2 \\ v_{n+1} = \dfrac{3v_n + 1}{4}. \end{cases}$$

▶ **1.** Calculer u_1, u_2, u_3 d'une part et v_1, v_2, v_3 d'autre part. (0,25 + 0,25 POINT)

▶ **2.** Dans un repère orthonormal $(O\,;\vec{i}, \vec{j})$ (unité graphique : 5 cm), tracer les droites (D) et (Δ) d'équations respectives $y = \dfrac{3x+1}{4}$ et $y = x$.

Utiliser (D) et (Δ) pour construire sur l'axe des abscisses, les points A_1, A_2, A_3 d'abscisses respectives u_1, u_2, u_3 ainsi que les points B_1, B_2, B_3 d'abscisses respectives v_1, v_2, v_3. (0,5 POINT)

Les tracés seront effectués sur la feuille de papier millimétré jointe au sujet.

▶ **3.** On considère la suite (s_n) définie, pour tout entier naturel n, par $s_n = u_n + v_n$.

a) Calculer s_0, s_1, s_2, s_3. À partir de ces résultats, que peut-on conjecturer pour la suite (s_n) ? (0,25 + 0,5 POINT)

b) À l'aide d'un raisonnement par récurrence, montrer que la suite (s_n) est une suite constante. (0,5 POINT)

▶ **4.** On considère la suite (d_n) définie, pour tout entier naturel n, par $d_n = v_n - u_n$.

a) Montrer que la suite (d_n) est une suite géométrique. (0,5 POINT)

b) Donner l'expression de d_n en fonction de n. (0,25 POINT)

▶ **5.** En utilisant les résultats des questions **3.***b*) et **4.***b*), donner l'expression de u_n et v_n en fonction de n. (0,5 POINT)

▶ **6.** Montrer que les suites (u_n) et (v_n) convergent. Préciser leurs limites. (0,25 + 0,25 POINT)

❑ Corrigé

Objet du problème : Étude de deux suites.

Connaissances mathématiques :
- Suites numériques.
- Suite géométrique.
- Convergence.

Soit les suites (u_n) et (v_n) définies par :

pour tout $n \in \mathbb{N}$, $\begin{cases} u_0 = 0 \\ u_{n+1} = \dfrac{3}{4}u_n + \dfrac{1}{4} \end{cases}$ et $\begin{cases} v_0 = 2 \\ v_n = \dfrac{3}{4}v_n + \dfrac{1}{4} \end{cases}$

► 1. $u_1 = \frac{3}{4} u_0 + \frac{1}{4}$ soit $\boxed{u_1 = \frac{1}{4}.}$

$u_2 = \frac{3}{4} u_1 + \frac{1}{4}$ soit $u_2 = \frac{3}{4} \times \frac{1}{4} + \frac{1}{4}$ d'où $\boxed{u_2 = \frac{7}{16}.}$

$u_3 = \frac{3}{4} u_2 + \frac{1}{4}$ soit $u_3 = \frac{3}{4} \times \frac{7}{16} + \frac{1}{4}$ d'où $\boxed{u_3 = \frac{37}{64}.}$

$v_1 = \frac{3}{4} v_0 + \frac{1}{4}$ soit $v_1 = \frac{3}{4} \times 2 + \frac{1}{4}$ d'où $\boxed{v_1 = \frac{7}{4}.}$

$v_2 = \frac{3}{4} v_1 + \frac{1}{4}$ soit $v_2 = \frac{3}{4} \times \frac{7}{4} + \frac{1}{4}$ d'où $\boxed{v_2 = \frac{25}{16}.}$

$v_3 = \frac{3}{4} v_2 + \frac{1}{4}$ soit $v_3 = \frac{3}{4} \times \frac{25}{16} + \frac{1}{4}$ d'où $\boxed{v_3 = \frac{91}{64}.}$

► **2. Représentations graphiques**

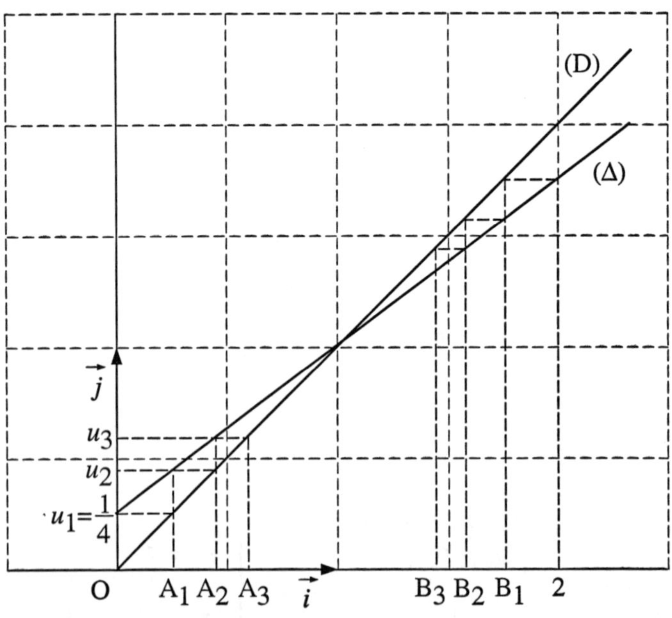

▶ 3. Soit la suite (s_n) définie, pour tout entier naturel n, par $s_n = u_n + v_n$.

a) $s_0 = u_0 + v_0$ soit $\boxed{s_0 = 2.}$

$s_1 = u_1 + v_1$ soit $s_1 = \frac{1}{4} + \frac{7}{4}$ d'où $\boxed{s_1 = 2.}$

$s_2 = u_2 + v_2$ soit $s_2 = \frac{7}{16} + \frac{25}{16}$ d'où $\boxed{s_2 = 2.}$

$s_3 = u_3 + v_3$ soit $s_3 = \frac{37}{64} + \frac{91}{64}$ d'où $\boxed{s_3 = 2.}$

À priori, la suite (s_n) semble être une suite constante.

b) Montrons que, pour tout $n \in \mathbb{N}$, $s_n = 2$.
$s_0 = 2$ et supposons que, pour un entier k, quelconque, on ait $s_k = 2$ et démontrons que $s_{k+1} = 2$.

$s_{k+1} = u_{k+1} + v_{k+1}$

$s_{k+1} = \frac{3}{4} u_k + \frac{1}{4} + \frac{3}{4} v_k + \frac{1}{4}$ soit $s_{k+1} = \frac{3}{4}(u_k + v_k) + \frac{1}{2}$

$s_{k+1} = \frac{3}{4} s_k + \frac{1}{2}$. Compte tenu de l'hypothèse $s_k = 2$, on a

$$s_{k+1} = 2.$$

Donc, d'après le principe de démonstration par récurrence, pour tout $n \in \mathbb{N}$, $s_n = 2$.
(s_n) est la suite constante dont tout terme est égal à 2.

▶ 4. Soit la suite (d_n) définie, pour tout entier naturel n, par $d_n = v_n - u_n$.

a) Pour tout $n \in \mathbb{N}$, $d_{n+1} = v_{n+1} - u_{n+1}$

$d_{n+1} = \frac{3}{4} v_n + \frac{1}{4} - \frac{3}{4} u_n - \frac{1}{4}$

$d_{n+1} = \frac{3}{4}(v_n - u_n)$

$d_{n+1} = \frac{3}{4} d_n$.

La suite (d_n) est la suite géométrique de raison $\frac{3}{4}$ et de premier terme $d_0 = 2$.

b) Pour tout $n \in \mathbb{N}$, $\boxed{d_n = 2 \times \left(\frac{3}{4}\right)^n.}$

▶ **5.** À l'aide des résultats précédents, nous avons :
Pour tout $n \in \mathbb{N}$, $u_n + v_n = 2$

et $v_n - u_n = 2 \times \left(\frac{3}{4}\right)^n$.

Par conséquent, pour tout $n \in \mathbb{N}$, $2u_n = 2 - 2 \times \left(\frac{3}{4}\right)^n$ soit $\boxed{u_n = 1 - \left(\frac{3}{4}\right)^n.}$

Pour tout $n \in \mathbb{N}$, $2\, v_n = 2 + 2 \times \left(\frac{3}{4}\right)^n$ soit $\boxed{v_n = 1 + \left(\frac{3}{4}\right)^n}$.

▶ **6.** Chacune des suites (u_n) et (v_n) est la somme d'une suite constante et d'une suite géométrique de raison $\frac{3}{4}$ avec $0 < \frac{3}{4} < 1$ donc convergente vers 0.
Par suite, (u_n) et (v_n) sont convergentes et $\boxed{\lim_{n \to +\infty} u_n = \lim_{n \to +\infty} v_n = 1.}$

28 SUJET COMPLÉMENTAIRE — 6 POINTS
SÉRIE S

On note I l'intervalle [0 ; 1].

▶ **1.** *a*) Transformer la somme $1 + x + x^2 + x^3$ pour $x \neq 1$. (0,5 POINT)
b) Montrer que, pour tout $x \neq 1$, on a :

$$\frac{x^4}{1+x} = x^3 - x^2 + x - 1 + \frac{1}{1+x} \qquad (1).$$ (0,5 POINT)

▶ **2.** *a*) Étudier les variations de la fonction numérique f définie sur I par : $f(x) = e^{-x}$. (0,5 POINT)
b) Étudier les variations de la fonction numérique g définie sur I par : $g(x) = -1 + x + e^{-x}$. (1 POINT)
c) Étudier les variations de la fonction numérique h définie sur I par :

$$h(x) = -1 + x - \frac{x^2}{2} + e^{-x}.$$ (1 POINT)

d) Montrer que, pour tout $x \neq 1$, on a les inégalités :

$$1 - x \leqslant e^{-x} \leqslant 1 - x + \frac{x^2}{2} \qquad (2).$$ (0,5 POINT)

▶ **3.** *a)* Déduire de (2) un encadrement de e^{-x^2} pour $x \in I$. (0,5 POINT)
b) En déduire que :

pour tout $x \in I$, $1 - x \leqslant \dfrac{e^{-x^2}}{1+x} \leqslant 1 - x + \dfrac{x^4}{2(1+x)}$ (3). (0,5 POINT)

▶ **4.** À l'aide de (1) et (3), montrer que :

$$\frac{1}{2} \leqslant \int_0^1 \frac{e^{-x^2}}{1+x}\,dx \leqslant \frac{5}{24} + \frac{\ln 2}{2}$$

et donner une valeur approchée de l'intégrale à 3.10^{-2} près. (1 POINT)

❑ Corrigé

Objet du problème : Valeur approchée d'une intégrale.

Connaissances mathématiques :
- Encadrement.
- Fonction exponentielle de base e.
- Primitives et intégration.

▶ **1.** *a)* Cette somme de quatre termes consécutifs de la suite géométrique de premier terme 1 et de raison x s'écrit pour $x \neq 1$:

$$\boxed{1 + x + x^2 + x^3 = \frac{1 - x^4}{1 - x}.}$$

b) Pour tout $x \in I$,

$$x^3 - x^2 + x - 1 + \frac{1}{1+x} = \frac{(x^3 - x^2 + x - 1)(1 + x) + 1}{1+x}$$

$$x^3 - x^2 + x - 1 + \frac{1}{1+x} = \frac{x^3 + x^4 - x^2 - x^3 + x + x^2 - 1 - x + 1}{1+x}$$

soit $$\boxed{x^3 - x^2 + x - 1 + \frac{1}{1+x} = \frac{x^4}{1+x}}.$$

▶ **2.** *a*) La fonction numérique f définie sur I par : $f(x) = e^{-x}$ admet pour fonction dérivée f' définie par $f'(x) = -e^{-x}$ qui est strictement négative sur I. **f est strictement décroissante sur I.**

b) La fonction numérique g définie sur I par : $g(x) = -1 + x + e^{-x}$ admet pour fonction dérivée g' définie par $g'(x) = 1 - e^{-x}$.

Pour tout x de I, nous avons :

$0 \leqslant x \leqslant 1$

$-1 \leqslant -x \leqslant 0$

$e^{-1} \leqslant e^{-x} \leqslant 1$ (car la fonction $x \mapsto e^x$ est strictement croissante sur $\mathbb{R}$)

$-1 \leqslant -e^{-x} \leqslant -e^{-1}$

$0 \leqslant 1 - e^{-x} \leqslant 1 - e^{-1}$.

Donc la fonction dérivée est strictement positive sur $]0 ; 1[$.

g est strictement croissante sur I.

c) Pour tout $x \in$ I, $h'(x) = 1 - x - e^{-x} = -g(x)$.

Donc $h' = -g$; il en résulte que h' est strictement décroissante sur $[0 ; 1]$ (car $-g$ est strictement décroissante sur $[0 ; 1]$).

Comme $h'(0) = 0$, il en résulte que : pour tout $x \in]0 ; 1]$, $h'(x) < 0$. **Ainsi h est strictement décroissante sur I.**

d) h étant décroissante sur I, il en résulte que, pour tout $x \in$ I, $h(1) \leqslant h(x) \leqslant h(0)$ avec $h(0) = 0$, donc, pour tout $x \in$ I, $h(x) \leqslant 0$.

Il s'ensuit que :

pour tout $x \in$ I, $-1 + x - \dfrac{x^2}{2} + e^{-x} \leqslant 0$

$$e^{-x} \leqslant 1 - x + \frac{x^2}{2}.$$

De même, nous avons : pour tout x de I, $g(0) \leqslant g(x) \leqslant g(1)$ avec $g(0) = 0$. Nous en déduisons que : pour tout $x \in$ I, $g(x) \geqslant 0$.

Il s'ensuit que : $-1 + x + e^{-x} \geqslant 0$

$$1 - x \leqslant e^{-x}.$$

Finalement, nous avons, pour tout $x \in$ I,

$$\boxed{1 - x \leqslant e^{-x} \leqslant 1 - x + \frac{x^2}{2}}.$$

▶ **3.** *a*) Pour tout $x \in$ I, $x^2 \in$ I, donc nous pouvons appliquer le résultat précédent en remplaçant x par x^2 :

$$\boxed{1 - x^2 \leqslant e^{-x^2} \leqslant 1 - x^2 + \frac{x^4}{2}}.$$

b) Pour tout $x \in \mathrm{I}$, $1 + x > 0$ et alors, nous avons :

$$\frac{1-x^2}{1+x} \leqslant \frac{\mathrm{e}^{-x^2}}{1+x} \leqslant \frac{1-x^2+\dfrac{x^4}{2}}{1+x}$$

$$\frac{(1+x)(1-x)}{1+x} \leqslant \frac{\mathrm{e}^{-x^2}}{1+x} \leqslant \frac{(1+x)(1-x)}{1+x} + \frac{x^4}{2(1+x)}$$

$$\boxed{1-x \leqslant \frac{\mathrm{e}^{-x^2}}{1+x} \leqslant 1-x+\frac{x^4}{2(1+x)}}.$$

▶ **4.** De l'inégalité précédente, nous déduisons que, puisque l'intégrale entre 0 et 1 conserve la relation d'ordre entre les fonctions :

$$\int_0^1 (1-x)\mathrm{d}x \leqslant \int_0^1 \frac{\mathrm{e}^{-x^2}}{1+x}\mathrm{d}x \leqslant \int_0^1 \left[1-x+\frac{x^4}{2(1+x)}\right]\mathrm{d}x$$

Or, d'après la question **1.** *a*), nous avons :

$$x^3-x^2+x-1+\frac{1}{1+x}=\frac{x^4}{1+x}.$$

$$\int_0^1 (1-x)\mathrm{d}x \leqslant \int_0^1 \frac{\mathrm{e}^{-x^2}}{1+x}\mathrm{d}x \leqslant \int_0^1 \left[1-x+\frac{1}{2}\left(x^3-x^2+x-1+\frac{1}{1+x}\right)\right]\mathrm{d}x$$

$$\int_0^1 (1-x)\mathrm{d}x \leqslant \int_0^1 \frac{\mathrm{e}^{-x^2}}{1+x}\mathrm{d}x \leqslant \int_0^1 \left[\frac{1}{2}-\frac{1}{2}x+\frac{1}{2}x^3-\frac{1}{2}x^2+\frac{1}{2(1+x)}\right]\mathrm{d}x$$

$$\left[x-\frac{x^2}{2}\right]_0^1 \leqslant \int_0^1 \frac{\mathrm{e}^{-x^2}}{1+x}\mathrm{d}x \leqslant \left[\frac{1}{2}x-\frac{1}{4}x^2+\frac{1}{8}x^4-\frac{1}{6}x^3+\frac{1}{2}\ln(1+x)\right]_0^1$$

donc : $\boxed{\dfrac{1}{2} \leqslant \displaystyle\int_0^1 \frac{\mathrm{e}^{-x^2}}{1+x}\mathrm{d}x \leqslant \frac{5}{24}+\frac{\ln 2}{2}.}$

Une valeur approchée de l'intégrale à 3.10^{-2} près est 0,52.

29 SUJET COMPLÉMENTAIRE — 5 POINTS
SÉRIE S

On considère la fonction f définie par :

$$f(x) = \frac{\ln x}{x^2}.$$

▶ **1.** Montrer que, pour tout entier naturel k, $k \geqslant 2$:

$$f(k+1) \leqslant \int_k^{k+1} f(t)\,\mathrm{d}t \leqslant f(k).$$

(On peut utiliser le sens de variation de f.) (1,5 POINT)

▶ **2.** On considère la suite S définie par son terme général

$$S_p = \frac{\ln 2}{2^2} + \frac{\ln 3}{3^2} + \ldots + \frac{\ln p}{p^2}$$

où p est un entier naturel supérieur ou égal à 2.

a) Montrer que la suite S est croissante. (0,5 POINT)

b) En utilisant **1.**, montrer que :

$$S_p - \frac{\ln 2}{2^2} \leqslant \int_2^p f(t)\,\mathrm{d}t \leqslant S_p - \frac{\ln p}{p^2} \text{ (1 POINT)}$$

et en déduire un encadrement de S_p. (0,5 POINT)

c) En utilisant la valeur de $\int_2^p f(t)\,\mathrm{d}t$, montrer que la suite S est majorée. (0,5 POINT)

d) On admettra que la suite S est convergente. Montrer que sa limite L vérifie :

$$\frac{1}{2} + \frac{\ln 2}{2} \leqslant L \leqslant \frac{1}{2} + 3\frac{\ln 2}{4}. \text{ (1 POINT)}$$

❑ Corrigé

Objet du problème : Encadrement de la limite d'une suite.

Connaissances mathématiques :
- Fonction logarithme népérien.
- Ordre et intégration.
- Convergence d'une suite.

Soit $f :]0\,;+\infty[\to \mathbb{R}$

$$x \mapsto \frac{\ln x}{x^2}.$$

▶ **1.** $f'(x) = \dfrac{x - 2x \times \ln x}{x^4}$, $x > 0$.

$f'(x) = \dfrac{1 - 2 \times \ln x}{x^3}$, $x > 0$.

$f'(x)$ est du signe de $1 - 2 \ln x$.

En utilisant **A. 1.** nous avons :

x	0		$e^{\frac{1}{2}}$		$+\infty$
Signe de $f'(x)$	‖	$+$	0	$-$	
Variations de f	‖ $-\infty$	↗	$\frac{1}{2e}$	↘	0

Comme $e^{\frac{1}{2}} \approx 1{,}64$, f est donc décroissante sur l'intervalle $[2\,;+\infty[$.
Pour $t \in [k\,; k+1]$, nous avons donc :

$$f(k+1) \leqslant f(t) \leqslant f(k)$$

D'où $\displaystyle\int_k^{k+1} f(k+1)\,dt \leqslant \int_k^{k+1} f(t)\,dt \leqslant \int_k^{k+1} f(k)\,dt$.

Soit $\boxed{f(k+1) \leqslant \displaystyle\int_k^{k+1} f(t)\,dt \leqslant f(k).}$

▶ **2.** Soit S la suite de terme général :

$$S_p = \frac{\ln 2}{2^2} + \frac{\ln 3}{3^2} + \ldots + \frac{\ln p}{p^2}, \quad p \geqslant 2.$$

a) $S_{p+1} - S_p = \dfrac{\ln(p+1)}{(p+1)^2}$ or $p + 1 \geqslant 3$ donc $\ln(p+1) \geqslant 0$.

$S_{p+1} - S_p \geqslant 0$ pour tout $p \in \mathbb{N}^* - \{1\}$ donc (S_p) **est une suite croissante.**

b) Nous avons d'après **2.** :

$$\frac{\ln(k+1)}{(k+1)^2} \leqslant \int_k^{k+1} f(t)\,dt \leqslant \frac{\ln k}{k^2} \text{ pour tout } k \geqslant 2.$$

Donc :

$$\left.\begin{array}{l} \dfrac{\ln 3}{3^2} \leqslant \displaystyle\int_2^3 f(t)\,dt \leqslant \dfrac{\ln 2}{2^2} \\ \dfrac{\ln 4}{4^2} \leqslant \displaystyle\int_3^4 f(t)\,dt \leqslant \dfrac{\ln 3}{3^2} \\ \ldots\ldots\ldots\ldots\ldots\ldots\ldots \\ \ldots\ldots\ldots\ldots\ldots\ldots\ldots \\ \dfrac{\ln p}{p^2} \leqslant \displaystyle\int_{p-1}^{p} f(t)\,dt \leqslant \dfrac{\ln(p-1)}{(p-1)^2} \end{array}\right\}$$

Additionnons membre à membre ces inégalités, et utilisons la relation de Chasles relative à l'intégration, cela nous donne :

$$\frac{\ln 3}{3^2} + \frac{\ln 4}{4^2} + \ldots + \frac{\ln p}{p^2} \leqslant \int_2^p f(t)\,dt \leqslant \frac{\ln 2}{2^2} + \frac{\ln 3}{3^2} + \ldots + \frac{\ln(p-1)}{(p-1)^2}$$

Or $\dfrac{\ln 3}{3^2} + \ldots + \dfrac{\ln p}{p^2} = S_p - \dfrac{\ln 2}{2^2}$

$$\frac{\ln 2}{2^2} + \ldots + \frac{\ln(p-1)}{(p-1)^2} = S_p - \frac{\ln p}{p^2}.$$

Par conséquent, nous obtenons : $S_p - \dfrac{\ln 2}{2^2} \leqslant \displaystyle\int_2^p f(t)\,dt \leqslant S_p - \dfrac{\ln p}{p^2}$.

Mais encore :

$$\boxed{\int_2^p f(t)\,dt + \frac{\ln p}{p^2} \leqslant S_p \leqslant \frac{\ln 2}{2^2} + \int_2^p f(t)\,dt.}$$

c) • Soit $S_p \leqslant \frac{\ln 2}{4} - \frac{\ln p}{p} - \frac{1}{p} + \frac{1}{2} + \frac{\ln 2}{2}$.

Avec $S_p \leqslant \frac{3 \ln 2}{4} + \frac{1}{2} - \left(\frac{\ln p}{p} + \frac{1}{p}\right)$ et $\frac{\ln p}{p} + \frac{1}{p} > 0$,

nous avons donc $S_p \leqslant \frac{3 \ln 2}{4} + \frac{1}{2}$ et **S est majorée.**

d) S est croissante et majorée donc convergente avec lim S = L.

Sachant que $\lim\limits_{p \to +\infty} \int_2^p f(t)\, dt = \frac{1}{2} + \frac{\ln 2}{2}$ et $\lim\limits_{p \to +\infty} \frac{\ln p}{p^2} = 0$,

nous avons $\boxed{\frac{1}{2} + \frac{\ln 2}{2} \leqslant L \leqslant \frac{1}{2} + \frac{3 \ln 2}{4}.}$

• Calculons $\int_2^p f(t)\, dt$ par intégration par parties en posant :

$u(t) = \ln t\,;\ u'(t) = \frac{1}{t}$.

$v'(t) = \frac{1}{t^2}\,;\ v(t) = -\frac{1}{t}$.

$$\int_2^p f(t)\, dt = \left[-\frac{1}{t}\ln t\right]_2^p + \int_2^p \frac{1}{t^2}\, dt$$

$$\int_2^p f(t)\, dt = \left[-\frac{1}{t}\ln t\right]_2^p + \left[-\frac{1}{t}\right]_2^p$$

$$\boxed{\int_2^p f(t)\, dt = -\frac{1}{p}\ln p + \frac{1}{2}\ln 2 - \frac{1}{p} + \frac{1}{2}.}$$

30 SUJET COMPLÉMENTAIRE — 4 POINTS
SÉRIE S

On pose $I_0 = \int_1^e x\,dx$ et, pour tout $n \in \mathbb{N}^*$, $I_n = \int_1^e x(\ln x)^n\,dx$.

▶ 1. Calculer I_0 et I_1. (0,25 + 0,5 POINT)

▶ 2. Pour $n \in \mathbb{N}^*$, établir la relation $2I_n + nI_{n-1} = e^2$. Calculer I_2. (1 + 0,5 POINT)

▶ 3. Montrer que la suite de terme général I_n est décroissante. (0,5 POINT)
En déduire, en utilisant la relation de récurrence du 2., l'encadrement :

$$\frac{e^2}{n+3} \leqslant I_n \leqslant \frac{e^2}{n+2}.\ \text{(0,5 POINT)}$$

Calculer $\lim\limits_{n \to +\infty} I_n$ et $\lim\limits_{n \to +\infty} nI_n$. (0,25 + 0,5 POINT)

❑ Corrigé

Objet du problème : Limite d'une suite d'intégrales.

Connaissances mathématiques :
- Calcul d'intégrales : intégration par parties.
- Suites numériques : sens de variation, limites.
- Encadrement d'intégrales.

Soit $I_0 = \int_1^e x\,dx$ et $I_n = \int_1^e x(\ln x)^n\,dx$ pour tout $n \in \mathbb{N}^*$.

▶ 1. $I_0 = \left[\frac{x^2}{2}\right]_1^e = \frac{e^2}{2} - \frac{1}{2}$.

$I_1 = \int_1^e x \ln x\,dx$.

Calculons I_1 à l'aide d'une intégration par parties en posant :

$u'(x) = x$ d'où $u(x) = \frac{x^2}{2}$

$v(x) = \ln x$ d'où $v'(x) = \frac{1}{x}$.

$$I_1 = \left[\frac{x^2}{2}\ln x\right]_1^e - \int_1^e \frac{x}{2}\,dx$$

$$I_1 = \frac{e^2}{2} - \left[\frac{x^2}{4}\right]_1^e$$

$$I_1 = \frac{e^2}{2} - \frac{e^2}{4} + \frac{1}{4} \text{ d'où } \boxed{I_1 = \frac{e^2+1}{4}.}$$

Remarquons que $I_1 = \dfrac{e^2}{2} - \dfrac{1}{2} I_0$.

▶ **2.** Dans I_n, $n > 1$, effectuons une intégration par parties en posant :

$u(x) = (\ln x)^n$ d'où $u'(x) = n(\ln x)^{n-1} \times \dfrac{1}{x}$

$v'(x) = x$ d'où $v(x) = \dfrac{x^2}{2}$.

Nous en déduisons :

$$I_n = \left[\frac{x^2}{2}(\ln x)^n\right]_1^e - \int_1^e \frac{nx}{2} \times (\ln x)^{n-1}\,dx$$

$$I_n = \frac{e^2}{2} - \frac{n}{2}\int_1^e x(\ln x)^{n-1}\,dx$$

$$\boxed{I_n = \frac{e^2}{2} - \frac{n}{2} I_{n-1}}$$

ou encore $2I_n + nI_{n-1} = e^2$, pour tout $n \in \mathbb{N}^*$, puisque pour $n = 1$ (question **1**), $I_1 = \dfrac{e^2}{2} - \dfrac{1}{2} I_0$.

Appliquons la relation précédente avec $n = 2$.

Nous obtenons : $2I_2 + 2I_1 = e^2$

$$I_2 = \frac{e^2 - 2I_1}{2}$$

$$I_2 = \frac{1}{2}(e^2 - e^2 + I_0) \text{ soit } I_2 = \frac{1}{2} I_0$$

$$\boxed{I_2 = \frac{e^2-1}{4}.}$$

▶ **3.** Pour tout $n > 1$,

$$I_n - I_{n-1} = \int_1^e x(\ln x)^n\,dx - \int_1^e x(\ln x)^{n-1}\,dx$$

$$I_n - I_{n-1} = \int_1^e [x(\ln x)^{n-1}(\ln x - 1)]\,dx.$$

Or, pour tout $x \in [1\ ;\ \mathrm{e}]$, nous avons : $0 \leqslant \ln x \leqslant 1$.

Par conséquent la fonction $x \mapsto x(\ln x)^{n-1}(\ln x - 1)$ est négative sur l'intervalle $[1\ ;\ \mathrm{e}]$.

Donc : $\mathrm{I}_n - \mathrm{I}_{n-1} \leqslant 0$ pour tout $n \in \mathbb{N}$.

Par suite, $(\mathrm{I}_n)_{n \in \mathbb{N}}$ est une suite décroissante.

Nous avons : pour tout $n \in \mathbb{N}$, $\mathrm{I}_{n-1} \geqslant \mathrm{I}_n$

$$n\mathrm{I}_{n-1} \geqslant n\mathrm{I}_n$$

$$2\mathrm{I}_n + n\mathrm{I}_{n-1} \geqslant n\mathrm{I}_n + 2\mathrm{I}_n.$$

D'où : $\mathrm{e}^2 \geqslant (n+2)\mathrm{I}_n$ pour tout $n \in \mathbb{N}$.

Donc : $\mathrm{I}_n \leqslant \dfrac{\mathrm{e}^2}{n+2}$ pour tout $n \in \mathbb{N}$.

De même : $\mathrm{I}_{n+1} \leqslant \mathrm{I}_n$

$$2\mathrm{I}_{n+1} \leqslant 2\mathrm{I}_n$$

$$2\mathrm{I}_{n+1} + (n+1)\mathrm{I}_n \leqslant 2\mathrm{I}_n + (n+1)\mathrm{I}_n$$

$$\mathrm{e}^2 \leqslant (n+3)\mathrm{I}_n.$$

D'où : $\dfrac{\mathrm{e}^2}{n+3} \leqslant \mathrm{I}_n$ pour tout $n \in \mathbb{N}$.

Finalement : $\dfrac{\mathrm{e}^2}{n+3} \leqslant \mathrm{I}_n \leqslant \dfrac{\mathrm{e}^2}{n+2}$ pour tout $n \in \mathbb{N}$. (*)

De plus : $\lim\limits_{n \to +\infty} \dfrac{\mathrm{e}^2}{n+3} = 0$ et $\lim\limits_{n \to +\infty} \dfrac{\mathrm{e}^2}{n+2} = 0$.

Il s'ensuit que $\boxed{\lim\limits_{n \to +\infty} \mathrm{I}_n = 0.}$

Pour tout $n \in \mathbb{N}^*$, $\dfrac{n\mathrm{e}^2}{n+3} \leqslant n\mathrm{I}_n \leqslant \dfrac{n\mathrm{e}^2}{n+2}$.

Or $\lim\limits_{n \to +\infty} \dfrac{n}{n+3} = 1$ et $\lim\limits_{n \to +\infty} \dfrac{n}{n+2} = 1$.

$\lim\limits_{n \to +\infty} \dfrac{n\mathrm{e}^2}{n+3} = \mathrm{e}^2$ et $\lim\limits_{n \to +\infty} \dfrac{n\mathrm{e}^2}{n+2} = \mathrm{e}^2$ donc $\boxed{\lim\limits_{n \to +\infty} n\mathrm{I}_n = \mathrm{e}^2.}$

31 SUJET COMPLÉMENTAIRE — SÉRIE S — 4 POINTS

▶ **1.** Résoudre l'équation différentielle (E) : $9y'' + \pi^2 y = 0$. (1 POINT)

▶ **2.** On désigne par f la solution particulière de (E) dont la courbe représentative, dans un repère orthonormal, passe par le point P de coordonnées $(1\ ;\ -\sqrt{2})$ et admet en ce point une tangente parallèle à l'axe des abscisses.

a) En utilisant les données ci-dessus, préciser $f(1)$ et $f''(1)$. (0,5 POINT)

b) Déterminer f. (0,5 POINT)

c) Vérifier que, pour tout réel x, $f(x) = \sqrt{2}\cos\left[\frac{\pi}{3}(x+2)\right]$. (0,5 POINT)

▶ **3.** *a*) Montrer que f est périodique de période 6. (0,5 POINT)

b) Calculer la valeur efficace de f, c'est-à-dire le réel I positif défini par :

$$I^2 = \frac{1}{6}\int_0^6 [f(x)]^2\,dx.\ (1\ \text{POINT})$$

❑ Corrigé

Objet du problème : Équation différentielle et valeur efficace.

Connaissances mathématiques :
- Équation différentielle du type $y'' + \omega^2 y = 0$.
- Fonctions trigonométriques.
- Primitives usuelles.

▶ **1.** Soit (E) l'équation différentielle $9y'' + \pi^2 y = 0$.

(E) équivaut à $y'' + \frac{\pi^2}{9}y = 0$, qui est de la forme $y'' + \omega^2 y = 0$ en posant $\omega = \frac{\pi}{3}$.

Il s'ensuit que l'ensemble des solutions de (E) est l'ensemble des fonctions f définies pour tout $x \in \mathbb{R}$ par $f(x) = A\cos\left(\frac{\pi}{3}x\right) + B\sin\left(\frac{\pi}{3}x\right)$, où A et B désignent deux réels quelconques.

▶ 2. *a)* Soit f la solution particulière de (E) dont la courbe représentative passe par le point P de coordonnées $(1\ ;\ -\sqrt{2})$ et admet en ce point une tangente parallèle à l'axe des abscisses.
Ces données permettent d'affirmer que :

$$\boxed{\begin{array}{l} f(1) = -\sqrt{2}. \\ f'(1) = 0. \end{array}}$$

b) De plus, pour tout $x \in \mathbb{R}$,

$$f'(x) = -\,A \times \frac{\pi}{3} \times \sin\left(\frac{\pi}{3}x\right) + B \times \frac{\pi}{3} \times \cos\left(\frac{\pi}{3}x\right).$$

$\begin{cases} f(1) = -\sqrt{2} \\ f'(1) = 0 \end{cases}$ équivaut à

$$\begin{cases} A\cos\left(\frac{\pi}{3}\right) + B\sin\left(\frac{\pi}{3}\right) = -\sqrt{2} \\ -\,A \times \frac{\pi}{3} \times \sin\left(\frac{\pi}{3}\right) + B \times \frac{\pi}{3} \times \cos\left(\frac{\pi}{3}\right) = 0 \end{cases}$$

$$\begin{cases} \frac{1}{2}A + \frac{\sqrt{3}}{2}B = -\sqrt{2} \\ -\frac{\pi\sqrt{3}}{6}A + \frac{\pi}{6}B = 0 \end{cases}$$

$$\begin{cases} A + \sqrt{3}\,B = -\,2\sqrt{2} \\ -\sqrt{3}\,A + B = 0 \end{cases}$$

$$\begin{cases} A + 3\,A = -\,2\sqrt{2} \\ B = \sqrt{3}\,A \end{cases}$$

$$\begin{cases} A = -\frac{\sqrt{2}}{2} \\ B = -\frac{\sqrt{6}}{2}. \end{cases}$$

On en déduit que,

Pour tout réel x, $f(x) = -\frac{\sqrt{2}}{2}\cos\left(\frac{\pi}{3}x\right) - \frac{\sqrt{6}}{2}\sin\left(\frac{\pi}{3}x\right)$.

c) Nous avons, pour tout $x \in \mathbb{R}$,

$$f(x) = \sqrt{2}\left[-\frac{1}{2}\cos\left(\frac{\pi}{3}x\right) - \frac{\sqrt{3}}{2}\sin\left(\frac{\pi}{3}x\right)\right]$$

$$f(x) = \sqrt{2}\left[\cos\left(\frac{2\pi}{3}\right)\cos\left(\frac{\pi}{3}x\right) - \sin\left(\frac{2\pi}{3}\right)\sin\left(\frac{\pi}{3}x\right)\right]$$

soit, pour tout $x \in \mathbb{R}$, $f(x) = \sqrt{2}\cos\left(\frac{\pi}{3}x + \frac{2\pi}{3}\right)$.

Pour tout réel x, $f(x) = \sqrt{2}\cos\left[\frac{\pi}{3}(x+2)\right]$.

▶ **3.** *a*) Pour tout $x \in \mathbb{R}$, $f(x+6) = \sqrt{2}\cos\left[\frac{\pi}{3}(x+2+6)\right]$

$$f(x+6) = \sqrt{2}\cos\left[\frac{\pi}{3}(x+2) + 2\pi\right]$$

soit,
$$f(x+6) = \sqrt{2}\cos\left[\frac{\pi}{3}(x+2)\right]$$

(car la fonction $x \mapsto \cos x$ est périodique de période 2π sur $\mathbb{R}$)

Pour tout réel x, $f(x+6) = f(x)$.

f est périodique de période 6.

b) Calculons $I^2 = \frac{1}{6}\int_0^6 [f(x)]^2\,dx$

$$I^2 = \frac{1}{6}\int_0^6 2\cos^2\left(\frac{\pi}{3}x + \frac{2\pi}{3}\right)dx$$

$$I^2 = \frac{1}{3}\int_0^6 \cos^2\left(\frac{\pi}{3}x + \frac{2\pi}{3}\right)dx$$

$$I^2 = \frac{1}{3}\int_0^6 \frac{1}{2}\left(1 + \cos\left[2\left(\frac{\pi}{3}x + \frac{2\pi}{3}\right)\right]\right)dx$$

car $\cos^2 a = \frac{1}{2}(1 + \cos 2a)$

$$I^2 = \frac{1}{6}\int_0^6 \left(1 + \cos\left(\frac{2\pi}{3}x + \frac{4\pi}{3}\right)\right)dx$$

soit $$I^2 = \frac{1}{6}\left[x + \frac{3}{2\pi}\sin\left(\frac{2\pi}{3}x + \frac{4\pi}{3}\right)\right]_0^6$$

$$I^2 = \frac{1}{6}\left[6 + \frac{3}{2\pi}\sin\left(\frac{2\pi}{3}\times 6 + \frac{4\pi}{3}\right) - \frac{3}{2\pi}\sin\left(\frac{4\pi}{3}\right)\right]$$

$$I^2 = \frac{1}{6}\left[6 + \frac{3}{2\pi}\sin\left(\frac{4\pi}{3}\right) - \frac{3}{2\pi}\sin\left(\frac{4\pi}{3}\right)\right]$$

$I^2 = 1$ avec $I > 0$.

On en déduit que $\boxed{I = 1.}$

La valeur efficace de *f* est égale à 1.

32 SUJET COMPLÉMENTAIRE — 4 POINTS
SÉRIE S

Un ressort, à spires non jointives, a une extrémité fixe en A. Un dispositif permet d'exercer en son extrémité M une force variable.
À l'instant t, l'abscisse $y(t)$ du point M, sur l'axe $(O ; \vec{i})$, vérifie l'équation différentielle (E) : $y'' + 4y = 3\cos t$.

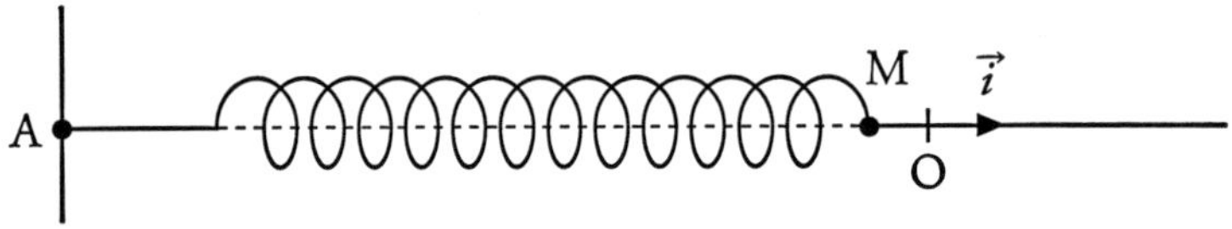

▶ **1.** Résoudre l'équation différentielle : $y'' + 4y = 0$. (0,75 POINT)

▶ **2.** Soit la fonction numérique g définie sur $\mathbb{R}$ par $g(t) = \cos t$; montrer que g est solution de l'équation différentielle (E). (0,25 POINT)

▶ **3.** Soit la fonction numérique f définie sur $\mathbb{R}$ par :
$f(t) = \cos t + a\cos(2t) + b\sin(2t)$ où a et b sont deux réels ;
vérifier que f est solution de l'équation différentielle (E). (0,75 POINT)

▶ **4.** Déterminer les réels a et b tels que $f(0) = 0$ et $f'(0) = 0$. (À l'instant $t = 0$, le point M est situé en O et sa vitesse est nulle). (0,75 POINT)

▶ **5.** On suppose dans cette question que l'abscisse du point M est donnée, en fonction du temps, par la fonction h définie par :

$$h(t) = \cos t - \cos(2t).$$

a) Montrer que, pour tout réel t, on a : $-2 \leqslant h(t) \leqslant 2$ (la distance du point M au point O est inférieure ou égale à 2). (0,75 POINT)

b) Pour quelles valeurs de t a-t-on $h(t) = 0$? (Le point M est alors situé en O.) (0,75 POINT)

❑ Corrigé

Objet du problème : Avoir du ressort.

Connaissances mathématiques :
- Équation différentielle de la forme $y'' + \omega^2 y = 0$.
- Fonctions trigonométriques.

▶ **1.** Soit (E′) l'équation différentielle $y'' + 4y = 0$.
(E′) équivaut à $y'' + 2^2 y = 0$.

L'ensemble des solutions de l'équation différentielle $y'' + 4y = 0$ est l'ensemble des fonctions f définies, pour tout réel t, par $f(t) = A\cos 2t + B\sin 2t$, où A et B sont deux constantes réelles arbitraires.

▶ **2.** Soit g la fonction définie, pour tout réel t, par $g(t) = \cos t$.

Pour tout $t \in \mathbb{R}$, $\quad g'(t) = -\sin t$

et $\quad g''(t) = -\cos t.$

Il s'ensuit que, pour tout $t \in \mathbb{R}$,

$$g''(t) + 4g(t) = -\cos t + 4\cos t$$

Pour tout réel t, $g''(t) + 4g(t) = 3\cos t$.

g est solution de l'équation différentielle (E).

▶ **3.** Soit f la fonction définie, pour tout $t \in \mathbb{R}$, par

$f(t) = \cos t + a\cos 2t + b\sin 2t$, où a et b sont deux réels.

Pour tout $t \in \mathbb{R}$, $\quad f'(t) = -\sin t - 2a\sin 2t + 2b\cos 2t$

et $\quad f''(t) = -\cos t - 4a\cos 2t - 4b\sin 2t.$

Nous en déduisons que, pour tout $t \in \mathbb{R}$,

$$f''(t) + 4f(t) = -\cos t - 4a\cos 2t - 4b\sin 2t + 4\cos t + 4a\cos 2t + 4b\sin 2t.$$

$$\boxed{\textbf{Pour tout réel } t, f''(t) + 4f(t) = 3\cos t.}$$

f est solution de l'équation différentielle (E).

▶ 4. Déterminons les réels a et b tels que $f(0) = 0$ et $f'(0) = 0$.

$\begin{cases} f(0) = 0 \\ f'(0) = 0 \end{cases}$ équivaut à $\begin{cases} \cos 0 + a\cos 0 + b\sin 0 = 0 \\ -\sin 0 - 2a\sin 0 + 2b\cos 0 = 0 \end{cases}$

$$\begin{cases} 1 + a = 0 \\ 2b = 0 \end{cases}$$

$$\boxed{\begin{cases} a = -1 \\ b = 0. \end{cases}}$$

La solution particulière de (E) est définie, pour tout réel t, par

$$f(t) = \cos t - \cos 2t.$$

▶ 5. *Remarquons que la fonction h définie, pour tout $t \in \mathbb{R}$, par $h(t) = \cos t - \cos 2t$ n'est autre que celle qui a été déterminée à la question précédente.*

a) Pour tout $t \in \mathbb{R}$, $\quad -1 \leqslant \cos t \leqslant 1$

et $\quad -1 \leqslant -\cos 2t \leqslant 1.$

Par conséquent, pour tout $t \in \mathbb{R}$,

$$-2 \leqslant \cos t - \cos 2t \leqslant 2.$$

$$\boxed{\text{Pour tout réel } t, -2 \leqslant h(t) \leqslant 2.}$$

b) $h(t) = 0$ équivaut à $\quad \cos t - \cos 2t = 0$

$$\cos t - 2\cos^2 t + 1 = 0$$

$$\begin{cases} X = \cos t \\ -2X^2 + X + 1 = 0 \end{cases}$$

$$\begin{cases} X = \cos t \\ -2X^2 + 2X - (X - 1) = 0 \end{cases}$$

$$\begin{cases} X = \cos t \\ -2X(X - 1) - (X - 1) = 0 \end{cases}$$

$$\begin{cases} X = \cos t \\ (X - 1)(-2X - 1) = 0 \end{cases}$$

soit à $\begin{cases} X = \cos t \\ X = 1 \end{cases}$ ou $\begin{cases} X = \cos t \\ X = -\dfrac{1}{2} \end{cases}$

$$\cos t = 1 \quad \text{ou} \quad \cos t = -\frac{1}{2}$$

$$\cos t = \cos 0 \quad \text{ou} \quad \cos t = \cos \frac{2\pi}{3}.$$

$t = 2k\pi \ (k \in \mathbb{Z})$ ou $\begin{matrix} t = \dfrac{2\pi}{3} + 2k\pi \ (k \in \mathbb{Z}) \\ t = -\dfrac{2\pi}{3} + 2k\pi \ (k \in \mathbb{Z}) \end{matrix}$

L'ensemble des solutions de l'équation $h(t) = 0$ est

$$\left\{2k\pi\,;\frac{2\pi}{3} + 2k\pi\,;-\frac{2\pi}{3} + 2k\pi\right\}$$

où k désigne un entier relatif quelconque.

33 SUJET COMPLÉMENTAIRE — 4 POINTS
SÉRIE S

▶ 1. Résoudre l'équation différentielle suivante (E) : $4y'' + 49y = 0$ où y est une fonction numérique de la variable réelle x. (1 POINT)

▶ 2. Déterminer la solution f de l'équation (E) qui vérifie : $f'\left(\frac{\pi}{2}\right) = 0$ et $f(0) = -\sqrt{2}$. (0,75 POINT)

▶ 3. Montrer que, pour tout réel x, $f(x) = 2\cos\left(\frac{7}{2}x - \frac{3\pi}{4}\right)$. (0,75 POINT)

▶ 4. Calculer la valeur moyenne de la fonction f sur l'intervalle $\left[\frac{\pi}{14} ; \frac{5\pi}{14}\right]$. (1,5 POINT)

❑ Corrigé

Objet du problème : Solution d'une équation différentielle.

Connaissances mathématiques :
- Équation différentielle du type $y'' + \omega^2 y = 0$.
- Fonctions trigonométriques.

▶ 1. Soit (E) l'équation différentielle $4y'' + 49y = 0$.

(E) équivaut à $y'' + \left(\frac{7}{2}\right)^2 y = 0$.

L'ensemble des solutions de (E) est l'ensemble des fonctions f définies, pour tout réel x, par $f(x) = A\cos\left(\frac{7}{2}x\right) + B\sin\left(\frac{7}{2}x\right)$, A et B désignant deux réels arbitraires.

▶ **2.** Soit f la fonction définie, pour tout $x \in \mathbb{R}$, par

$$f(x) = A\cos\left(\frac{7}{2}x\right) + B\sin\left(\frac{7}{2}x\right).$$

Pour tout $x \in \mathbb{R}$, $f'(x) = -\frac{7}{2}A\sin\left(\frac{7}{2}x\right) + \frac{7}{2}B\cos\left(\frac{7}{2}x\right)$.

$$\begin{cases} f'\left(\frac{\pi}{2}\right) = 0 \\ f(0) = -\sqrt{2} \end{cases} \text{ équivaut à } \begin{cases} -\frac{7}{2}A\sin\left(\frac{7}{2}\times\frac{\pi}{2}\right) + \frac{7}{2}B\cos\left(\frac{7}{2}\times\frac{\pi}{2}\right) = 0 \\ A\cos(0) + B\sin(0) = -\sqrt{2} \end{cases}$$

$$\begin{cases} -A\sin\left(\frac{7\pi}{4}\right) + B\cos\left(\frac{7\pi}{4}\right) = 0 \\ A = -\sqrt{2} \end{cases}$$

$$\begin{cases} \sqrt{2}\sin\left(-\frac{\pi}{4}\right) + B\cos\left(-\frac{\pi}{4}\right) = 0 \\ A = -\sqrt{2} \end{cases}$$

soit $\begin{cases} -\sqrt{2}\times\frac{\sqrt{2}}{2} + \frac{\sqrt{2}}{2}B = 0 \\ A = -\sqrt{2} \end{cases}$; $\boxed{\begin{cases} B = \sqrt{2} \\ A = -\sqrt{2}. \end{cases}}$

La solution f de (E) vérifiant $f'\left(\frac{\pi}{2}\right) = 0$ et $f(0) = -\sqrt{2}$ est définie,

pour tout réel x, par $f(x) = -\sqrt{2}\cos\left(\frac{7}{2}x\right) + \sqrt{2}\sin\left(\frac{7}{2}x\right)$.

▶ **3.** Pour tout $x \in \mathbb{R}$,

$f(x) = 2\left[-\frac{\sqrt{2}}{2}\cos\left(\frac{7}{2}x\right) + \frac{\sqrt{2}}{2}\sin\left(\frac{7}{2}x\right)\right]$

$f(x) = 2\left[\cos\left(\frac{3\pi}{4}\right)\cos\left(\frac{7}{2}x\right) + \sin\left(\frac{3\pi}{4}\right)\sin\left(\frac{7}{2}x\right)\right]$.

Or $\cos a \cos b + \sin a \sin b = \cos(a - b)$.

Pour tout réel x, $f(x) = 2\cos\left(\frac{7}{2}x - \frac{3\pi}{4}\right)$.

▶ **4.** La valeur moyenne m de f sur l'intervalle $\left[\frac{\pi}{14} ; \frac{5\pi}{14}\right]$ est :

$$m = \frac{1}{\frac{5\pi}{14} - \frac{\pi}{14}} \int_{\frac{\pi}{14}}^{\frac{5\pi}{14}} f(x)\,\mathrm{d}x$$

$$m = \frac{7}{2\pi} \int_{\frac{\pi}{14}}^{\frac{5\pi}{14}} 2\cos\left(\frac{7}{2}x - \frac{3\pi}{4}\right) \mathrm{d}x$$

$$m = \frac{7}{\pi} \int_{\frac{\pi}{14}}^{\frac{5\pi}{14}} \cos\left(\frac{7}{2}x - \frac{3\pi}{4}\right) \mathrm{d}x$$

$$m = \frac{7}{\pi} \left[\frac{2}{7}\sin\left(\frac{7}{2}x - \frac{3\pi}{4}\right)\right]_{\frac{\pi}{14}}^{\frac{5\pi}{14}}$$

$$m = \frac{2}{\pi}\left[\sin\left(\frac{7}{2} \times \frac{5\pi}{14} - \frac{3\pi}{4}\right) - \sin\left(\frac{7}{2} \times \frac{\pi}{14} - \frac{3\pi}{4}\right)\right]$$

$$m = \frac{2}{\pi}\left[\sin\left(\frac{5\pi}{4} - \frac{3\pi}{4}\right) - \sin\left(\frac{\pi}{4} - \frac{3\pi}{4}\right)\right]$$

$$m = \frac{2}{\pi}\left[\sin\left(\frac{\pi}{2}\right) - \sin\left(-\frac{\pi}{2}\right)\right]$$

$$m = \frac{2}{\pi} \times 2$$

$$\boxed{m = \frac{4}{\pi}.}$$

La valeur moyenne de f sur l'intervalle $\left[\frac{\pi}{14} ; \frac{5\pi}{14}\right]$ est $\frac{4}{\pi}$.

34 SUJET COMPLÉMENTAIRE — 2,5 POINTS
SÉRIE S

▶ **1.** Résoudre l'équation différentielle (E) : $y' + y = 0$. (1 POINT)

▶ **2.** Soit l'équation différentielle (E_1) : $y' + y = e^{-x}$. Vérifier que la fonction numérique f définie sur $\mathbb{R}$ par : $f(x) = (x + a)\, e^{-x}$ où a est un réel, est solution de l'équation différentielle (E_1). (1 POINT)

▶ **3.** Déterminer le réel a tel que $f(0) = 1$. (0,5 POINT)

❑ Corrigé

Objet du problème : Solution d'une équation différentielle.

Connaissances mathématiques :
- Résolution d'une équation différentielle du premier ordre.
- Fonction exponentielle de base e.

▶ **1.** Soit (E) l'équation différentielle $y' + y = 0$.
(E) équivaut à $y' = -y$.

L'ensemble des solutions de (E) est l'ensemble des fonctions f définies, pour tout réel x, par $f(x) = Ae^{-x}$, où A désigne une constante réelle arbitraire.

▶ **2.** Soient (E_1) l'équation différentielle $y' + y = e^{-x}$, et f la fonction définie, pour tout $x \in \mathbb{R}$, par $f(x) = (x + a)\, e^{-x}$, où a est un réel.
Nous avons, pour tout $x \in \mathbb{R}$,

$$f'(x) = 1 \times e^{-x} + (x + a) \times (-e^{-x})$$
$$f'(x) = (1 - x - a)e^{-x}$$

et, pour tout $x \in \mathbb{R}$,

$$f(x) + f'(x) = (1 - x - a)e^{-x} + (x + a)\, e^{-x}$$
$$f(x) + f'(x) = (1 - x - a + x + a)\, e^{-x}$$

$$\boxed{\text{Pour tout réel } x, f(x) + f'(x) = e^{-x}.}$$

f est solution de l'équation différentielle (E_1).

▶ **3.** $f(0) = 1$ équivaut à $ae^0 = 1$ d'où $\boxed{a = 1.}$

▶ **1.** Soient les équations différentielles :

$$y' - y = 0 \ (E_1) ; y' + y = 0 \ (E_2)$$

où y représente une fonction définie sur $\mathbb{R}$, dérivable sur $\mathbb{R}$, et où y' représente sa dérivée.
Résoudre (E_1) et (E_2). (0,75 + 0,5 POINT)

▶ **2.** *a*) Déterminer la solution particulière f_1 de (E_1) telle que $f_1(0) = 2$. (0,5 POINT)

b) Déterminer la solution particulière f_2 de (E_2) telle que $f_2(0) = -1$. (0,5 POINT)

▶ **3.** Montrer que résoudre sur $\mathbb{R}$ l'équation : $f_1(x) - f_2(x) = 3$ revient à résoudre sur $\mathbb{R}$ l'équation $2e^{2x} - 3e^x + 1 = 0$. (0,75 POINT)

▶ **4.** Résoudre sur $\mathbb{R}$ l'équation $2e^{2x} - 3e^x + 1 = 0$. (1 POINT)

☐ Corrigé

Objet du problème : Résolution d'une équation différentielle.

Connaissances mathématiques :
- Résolution de $y' + ay = 0$.
- Exponentielle de base e.

▶ **1.** Soit (E1) l'équation différentielle $y' - y = 0$.
$y' - y = 0$ équivaut à $y' = y$.
L'ensemble des solutions de (E_1) est l'ensemble des fonctions f définies, pour tout réel x, par $f(x) = A\,e^x$, où A désigne une constante réelle arbitraire.
L'équation (E_2) : $y' + y = 0$ équivaut à $y' = -y$.
L'ensemble des solutions de (E_2) est l'ensemble des fonctions f définies, pour tout réel x, par $f(x) = Be^{-x}$, où B désigne une constante réelle arbitraire.

▶ **2.** *a*) Soit f_1 la solution particulière de (E_1) vérifiant $f_1(0) = 2$.
$f_1(0) = 2$ équivaut à $Ae^0 = 2$.

$$\boxed{A = 2.}$$

f_1 est définie, pour tout réel x, par $f_1(x) = 2e^x$.

b) Soit f_2 la solution particulière de (E_2) vérifiant $f_2(0) = -1$.
$f_2(0) = -1$ équivaut à

$$Be^0 = -1$$

$$\boxed{B = -1.}$$

f_2 est définie, pour tout réel x, par $f_2(x) = -e^{-x}$.

▶ **3.** Dans $\mathbb{R}$, $f_1(x) - f_2(x) = 3$ équivaut à

$$2e^x + e^{-x} = 3$$

$$2e^x + \frac{1}{e^x} = 3$$

$$\frac{2e^{2x} + 1 - 3e^x}{e^x} = 0$$

$$2e^{2x} + 1 + 3e^x = 0 \text{ (car, pour tout réel } x, e^x \neq 0)$$

$$\boxed{\mathbf{f_1(x) - f_2(x) = 3 \text{ équivaut à } 2e^{2x} - 3e^x + 1 = 0.}}$$

▶ **4.** $2e^{2x} + 3e^x + 1 = 0$ équivaut à

$$2(e^x)^2 - 3e^x + 1 = 0.$$

$$\begin{cases} e^x = X \\ 2X^2 - 3X + 1 = 0 \end{cases} \qquad \begin{cases} e^x = X \\ X \in \{1 ; \frac{1}{2}\} \end{cases}$$

$e^x = 1$ équivaut à $x = 0$;
$e^x = \frac{1}{2}$ équivaut à $x = -\ln 2$.

d'où $\boxed{\mathscr{S} = \{0 ; -\ln 2\}.}$

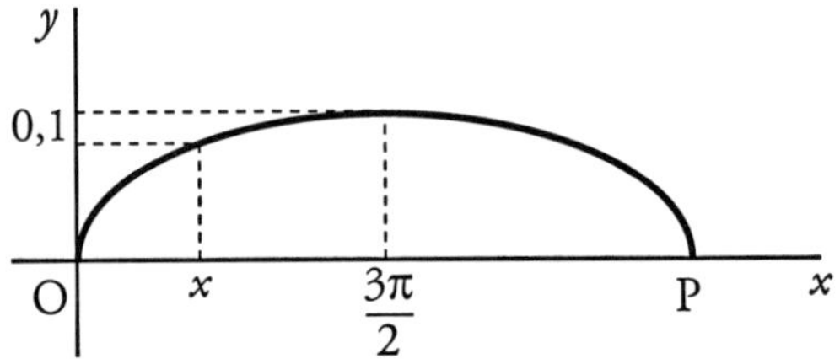

Une barre métallique dont les extrémités sont fixées en O et P a une longueur initiale L (exprimée en cm) ; à la suite d'une augmentation de température, la barre s'est déformée en se dilatant. La barre déformée est schématisée ci-dessus par l'arc OP dans le plan rapporté à un repère orthogonal (O ; Ox, Oy).
Le nombre réel x étant compris entre 0 et L, M désigne le point de l'arc OP d'abscisse x. L'ordonnée de M est l'image de x par une fonction f qui est solution de l'équation différentielle :

$$y'' + \frac{1}{9}y = 0 \quad \text{(E)}.$$

Dans la suite du problème, la longueur L vaut 3π. On se propose de déterminer la fonction f qui est la solution particulière de l'équation (E) vérifiant les conditions suivantes :

$$f(0) = 0, \quad f(3\pi) = 0 \quad \text{et} \quad f\left(\frac{3\pi}{2}\right) = 0{,}1.$$

▶ **1.** Écrire la solution générale de l'équation différentielle (E). (1 POINT)

▶ **2.** Déterminer la solution particulière f de (E) vérifiant :

$$\begin{cases} f(0) = 0 \\ f(3\pi) = 0 \\ f\left(\frac{3\pi}{2}\right) = 0{,}1. \end{cases} \quad \text{(1 POINT)}$$

▶ **3.** Résoudre dans $[0 ; 3\pi]$ l'équation d'inconnue x :

$$0{,}1 \,.\, \sin\left(\frac{x}{3}\right) = 0{,}05. \quad \text{(2 POINTS)}$$

❑ Corrigé

Objet du problème : Déformation d'une barre.

Connaissances mathématiques :
- Équation différentielle de la forme $y'' + \omega^2 y = 0$.
- Fonction trigonométrique.
- Équation trigonométrique.

▶ 1. L'équation différentielle (E) s'écrit sous la forme $y'' + \left(\frac{1}{3}\right)^2 y = 0$.

L'ensemble des solutions de (E) est l'ensemble des fonctions f définies, pour tout réel x, par $f(x) = A\cos\frac{x}{3} + B\sin\frac{x}{3}$, A et B désignant deux constantes réelles arbitraires.

▶ 2. Déterminons la solution particulière de (E) vérifiant $\begin{cases} f(0) = 0 \\ f(3\pi) = 0 \\ f\left(\frac{3\pi}{2}\right) = 0{,}1. \end{cases}$

$$\begin{cases} f(0) = 0 \\ f(3\pi) = 0 \\ f\left(\frac{3\pi}{2}\right) = 0{,}1 \end{cases} \quad \text{équivaut à} \quad \begin{cases} A\cos 0 + B\sin 0 = 0 \\ A\cos\pi + B\sin\pi = 0 \\ A\cos\frac{\pi}{2} + B\sin\frac{\pi}{2} = 0{,}1 \end{cases}$$

$$\begin{cases} A = 0 \\ -A = 0 \\ B = 0{,}1 \end{cases}$$

$$\boxed{\begin{cases} \mathbf{A = 0} \\ \mathbf{B = 0{,}1.} \end{cases}}$$

f est définie, pour tout réel x, par $f(x) = 0{,}1\sin\frac{x}{3}$.

▶ **3.** Résolvons tout d'abord l'équation $f(x) = 0{,}05$ dans $\mathbb{R}$:

$f(x) = 0{,}05$ équivaut à $0{,}1 \sin \frac{x}{3} = 0{,}05$

$$\sin \frac{x}{3} = \frac{1}{2}$$

$$\sin \frac{x}{3} = \sin \frac{\pi}{6}$$

$$\frac{x}{3} = \frac{\pi}{6} + 2k\pi \text{ ou } \frac{x}{3} = \frac{5\pi}{6} + 2k\pi \quad (k \in \mathbb{Z})$$

$$x = \frac{\pi}{2} + 2k\pi \text{ ou } x = \frac{5\pi}{2} + 2k\pi \quad (k \in \mathbb{Z}).$$

Les solutions sur $[0\,;\,3\pi]$ sont alors : $\frac{\pi}{2}$ et $\frac{5\pi}{2}$.

L'ensemble des solutions sur $[0\,;\,3\pi]$ de l'équation $f(x) = 0{,}05$ est

$$\left\{\frac{\pi}{2}; \frac{5\pi}{2}\right\}.$$

37 SUJET COMPLÉMENTAIRE — SÉRIE S — 4 POINTS

▶ **1.** Résoudre l'équation différentielle (E) : $y'' + y = 0$. (1 POINT)

▶ **2.** Déterminer la solution particulière f de (E) vérifiant : $f(0) = 1$ et $f'(0) = 1$. (0,5 POINT)

Vérifier que f peut se mettre sous la forme $f(x) = \sqrt{2} \cos\left(x - \frac{\pi}{4}\right)$. (0,5 POINT)

▶ **3.** Résoudre dans l'intervalle $[0\,;\,2\pi]$ les équations $f(x) = 0$ et $f(x) = \sqrt{2}$. (1 POINT)

▶ **4.** On munit le plan d'un repère orthonormal $(O\,;\,\vec{i}, \vec{j})$ (unité graphique : 2 cm).

Tracer la courbe (C) qui représente dans le repère $(O\,;\,\vec{i}, \vec{j})$ la fonction définie sur $[0\,;\,2\pi]$ par : $f(x) = \sqrt{2} \cos\left(x - \frac{\pi}{4}\right)$. (1 POINT)

❑ Corrigé

Objet du problème : Résolution d'une équation différentielle.

Connaissances mathématiques :
- Résolution de $y'' + \omega^2 y = 0$.
- Fonctions trigonométriques.
- Équation trigonométrique.

▶ **1.** Soit (E) l'équation différentielle $y'' + y = 0$.
(E) est de la forme $y'' + \omega^2 y = 0$ avec $\omega = 1$.
L'ensemble des solutions de (E) est l'ensemble des fonctions f définies, pour tout réel x, par $f(x) = A\cos x + B\sin x$, où A et B désignent deux constantes réelles arbitraires.

▶ **2.** Soit f une solution de (E).
Pour tout $x \in \mathbb{R}$, $\quad f'(x) = -A\sin x + B\cos x$.

$$\begin{cases} f(0) = 1 \\ f'(0) = 1 \end{cases} \text{ équivaut à } \begin{cases} A\cos 0 + B\sin 0 = 1 \\ -A\sin 0 + B\cos 0 = 1 \end{cases}$$

$$\boxed{\begin{cases} A = 1 \\ B = 1. \end{cases}}$$

La solution particulière f de (E) vérifiant $f(0) = 1$ et $f'(0) = 1$ est définie, pour tout réel x, par $f(x) = \cos x + \sin x$.
D'autre part, nous avons, pour tout $x \in \mathbb{R}$,

$$f(x) = \sqrt{2}\left(\frac{\sqrt{2}}{2}\cos x + \frac{\sqrt{2}}{2}\sin x\right)$$

$$f(x) = \sqrt{2}\left(\cos\frac{\pi}{4}\cos x + \sin\frac{\pi}{4}\sin x\right)$$

$$\boxed{\textbf{Pour tout réel } x,\ f(x) = \sqrt{2}\cos\left(x - \frac{\pi}{4}\right).}$$

▶ **3.** Résolvons l'équation $f(x) = 0$ sur l'intervalle $[0 ; 2\pi]$.

Dans $\mathbb{R}$, $f(x) = 0$ équivaut à $\cos\left(x - \frac{\pi}{4}\right) = 0$

$$\cos\left(x - \frac{\pi}{4}\right) = \cos\frac{\pi}{2}$$

$$x - \frac{\pi}{4} = \frac{\pi}{2} + k\pi \ (k \in \mathbb{Z})$$

$$x = \frac{3\pi}{4} + k\pi \ (k \in \mathbb{Z}).$$

Les solutions sur $[0 ; 2\pi]$, sont obtenues lorsque $k = 0$ ou $k = 1$.
Il s'ensuit que l'ensemble des solutions sur $[0 ; 2\pi]$ de l'équation $f(x) = 0$ est $\left\{\frac{3\pi}{4} ; \frac{7\pi}{4}\right\}$.

$f(x) = \sqrt{2}$ équivaut à $\cos\left(x - \frac{\pi}{4}\right) = 1$

$$x - \frac{\pi}{4} = 2k\pi \ (k \in \mathbb{Z}) \text{ soit à } x = \frac{\pi}{4} + 2k\pi \ (k \in \mathbb{Z}).$$

$\frac{\pi}{4}$ est l'unique solution sur $[0 ; 2\pi]$ de l'équation $f(x) = \sqrt{2}$.

▶ **4. Représentation graphique**

La courbe (C) représentant la fonction f est la restriction à l'intervalle $[0 ; 2\pi]$ de l'image de celle de la fonction $x \mapsto \sqrt{2}\cos x$ par la translation de vecteur $\frac{\pi}{4}\vec{i}$. On en déduit la représentation graphique :

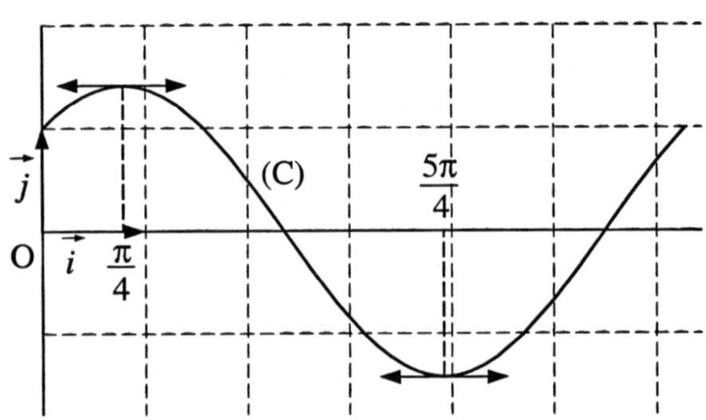

4 Courbes paramétrées

38 ASIE 5 POINTS
JUIN 1996 • SÉRIE S

Le plan est rapporté à un repère orthonormal $(O\,;\vec{u}, \vec{v})$, unité graphique : 2 cm.

▶ **1. Étude d'une courbe paramétrée $(\mathscr{C})$**
On considère la courbe $(\mathscr{C})$ définie paramétriquement par :

$$\begin{cases} x = f(t) = \dfrac{t^2}{2} + t \\ y = g(t) = -\dfrac{t^2}{2} + t \end{cases}, t \in \mathbb{R}.$$

a) Étudier conjointement les variations sur $\mathbb{R}$ des fonctions f et g. (1 POINT)
b) Préciser les points de $(\mathscr{C})$ où la tangente est parallèle à l'un des axes de coordonnées. (0,5 POINT)
c) Préciser les points d'intersection de $(\mathscr{C})$ avec chacun des axes Ox et Oy. (0,25 POINT)
Donner un vecteur directeur des tangentes aux points obtenus. Dessiner $(\mathscr{C})$. (0,25 + 0,5 POINT)

▶ 2. On se propose de démontrer que la courbe $(\mathscr{C})$ est une parabole, en étudiant son image par une transformation particulière du plan.
a) Le plan est assimilé au plan complexe. On considère l'application R qui, à tout point M du plan d'affixe z, associe le point M′ d'affixe :

$$z' = \frac{(1+i)}{\sqrt{2}}\,z.$$

Quelle est la nature de R ? Déterminer ses éléments géométriques. (0,5 + 0,25 POINT)

b) Calculer en fonction de t l'affixe de M′ lorsque M est le point d'affixe : $f(t) + i\,g(t)$. (0,25 POINT)
En déduire l'expression en fonction de t des coordonnées x' et y' du point M′. (0,25 POINT)
Écrire une équation cartésienne de la courbe ($\mathscr{C}'$) image par R de la courbe ($\mathscr{C}$). (0,5 POINT)
Représenter ($\mathscr{C}'$) sur la même figure que ($\mathscr{C}$). Pourquoi peut-on affirmer que ($\mathscr{C}$) est une parabole ? (0,5 + 0,25 POINT)

❑ Corrigé

Objet du problème : Étude d'une courbe paramétrée.

Connaissances mathématiques :
- Courbe paramétrée.
- Rotation.
- Nombres complexes.

▶ **1.** (C) est définie paramétriquement, pour tout $t \in \mathbb{R}$, par

$$\begin{cases} x = f(t) = \dfrac{t^2}{2} + t \\[2ex] y = g(t) = -\dfrac{t^2}{2} + t. \end{cases}$$

a) Pour tout $t \in \mathbb{R}$, nous avons : $\begin{cases} f'(t) = t + 1 \\ g'(t) = -t + 1. \end{cases}$

$f'(t) > 0$ équivaut à $t > -1$.
$g'(t) > 0$ équivaut à $t < 1$.
f est décroissante sur $]-\infty\,;-1]$ et croissante sur $[-1\,;+\infty[$.
g est croissante sur $]-\infty\,;1]$ et décroissante sur $[1\,;+\infty[$.

On a, de plus, $\begin{cases} f(1) = \dfrac{3}{2} \\[2ex] g(1) = \dfrac{1}{2} \end{cases}$ et $\begin{cases} f(-1) = -\dfrac{1}{2} \\[2ex] g(-1) = -\dfrac{3}{2}. \end{cases}$

Tableau des variations des fonctions f et g

t	$-\infty$		-1		1		$+\infty$
Signe de $f'(t)$		$-$	0	$+$		$+$	
Variations de f	$+\infty$	↘	$-\frac{1}{2}$	↗	$\frac{3}{2}$	↗	$+\infty$
Variations de g	$-\infty$	↗	$-\frac{3}{2}$	↗	$\frac{1}{2}$	↘	$-\infty$
Signe de $g'(t)$		$+$		$+$	0	$-$	

b) Il résulte de l'étude effectuée à la question précédente que :
(C) admet une tangente parallèle à l'axe des abscisses en un point de coordonnées $(f(t)\ ;\ g(t))$ lorsque $g'(t) = 0$, c'est-à-dire lorsque $t = 1$ (à condition que $f'(t) \neq 0$).

(C) admet une unique tangente parallèle à l'axe des abscisses au point de coordonnées $\left(\frac{3}{2}\ ;\ \frac{1}{2}\right)$.

(C) admet une tangente parallèle à l'axe des ordonnées au point de coordonnées $(f(t)\ ;\ g(t))$ lorsque $f'(t) = 0$ et $g'(t) \neq 0$, soit lorsque $t = -1$.

(C) admet une unique tangente parallèle à l'axe des ordonnées au point de coordonnées $\left(-\frac{1}{2}\ ;\ -\frac{3}{2}\right)$.

c) Les points d'intersection de (C) avec l'axe des ordonnées sont les points de coordonnées $(0\ ;\ g(t))$ et :

$f(t) = 0$ équivaut à $t\left(\frac{t}{2} + 1\right) = 0$ soit à $t = 0$ ou $t = -2$.

De plus, nous avons $g(0) = 0$ et $g(-2) = -4$.

Enfin, $\begin{cases} f'(0) = 1 \\ g'(0) = 1 \end{cases}$ et $\begin{cases} f'(-2) = -1 \\ g'(-2) = 3. \end{cases}$

Par conséquent,

(C) coupe l'axe des ordonnées aux points O et A de coordonnées respectives (0 ; 0) et (0 ; − 4).
(C) admet une tangente en O pour laquelle les coordonnées d'un vecteur directeur sont (1 ; 1), et elle admet une tangente en A de vecteur directeur de coordonnées (− 1 ; 3).

Les points d'intersection de (C) avec l'axe des abscisses sont les points de coordonnées $(f(t)\ ;\ 0)$ et :

$g(t) = 0$ équivaut à $t = 0$ ou $t = 2$.

Puisque $f(2) = 4$ et $\begin{cases} f'(2) = 3 \\ g'(2) = -1, \end{cases}$ nous en déduisons que :

(C) coupe l'axe des abscisses aux points O et B de coordonnées respectives (0 ; 0) et (4 ; 0). (C) admet une tangente en B de vecteur directeur de coordonnées (3 ; − 1).

Voir représentation graphique de (C).

▶ **2.** Soit R l'application qui, à tout point M d'affixe z, associe le point M′ d'affixe $z' = \dfrac{1+i}{\sqrt{2}}\, z$.

a) Nous avons, pour tout nombre complexe z,

$$z' = \left(\frac{\sqrt{2}}{2} + i\frac{\sqrt{2}}{2}\right)z$$

$$z' = \left(\cos\frac{\pi}{4} + i\sin\frac{\pi}{4}\right)z$$

$$z' = e^{i\frac{\pi}{4}}\, z.$$

Il s'ensuit que : **R est la rotation de centre O et d'angle $\dfrac{\pi}{4}$.**

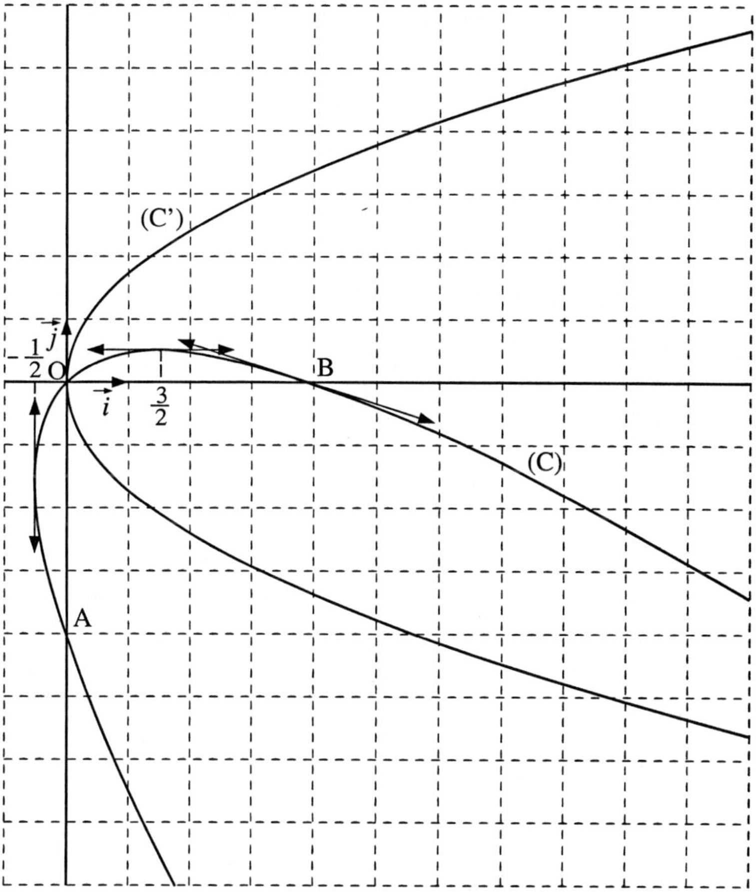

b) Soit M le point d'affixe $z = f(t) + i\,g(t)$.
Le point $M' = R(M)$ admet alors pour affixe z' avec :

$$z' = \frac{1+i}{\sqrt{2}}\left[\left(\frac{t^2}{2}+t\right)+i\left(-\frac{t^2}{2}+t\right)\right]$$

$$z' = \left[\frac{1}{\sqrt{2}}\left(\frac{t^2}{2}+t\right)-\frac{1}{\sqrt{2}}\left(-\frac{t^2}{2}+t\right)\right]+i\left[\frac{1}{\sqrt{2}}\left(\frac{t^2}{2}+t\right)+\frac{1}{\sqrt{2}}\left(-\frac{t^2}{2}+t\right)\right]$$

$$z' = \frac{t^2}{\sqrt{2}} + i\sqrt{2}t.$$

L'affixe de M' est $\frac{t^2}{\sqrt{2}} + i\sqrt{2}t$.

Si M′ admet pour coordonnées (x' ; y'), nous en déduisons que :

$$\boxed{\begin{cases} x' = \dfrac{t^2}{\sqrt{2}} \\ y' = \sqrt{2}t. \end{cases}}$$

$$\begin{cases} x' = \dfrac{t^2}{\sqrt{2}} \\ y' = \sqrt{2}t \end{cases} \text{ équivaut à } \begin{cases} x' = \dfrac{\left(\dfrac{y'}{\sqrt{2}}\right)^2}{\sqrt{2}} \\ t = \dfrac{y'}{\sqrt{2}} \end{cases}$$

$$\begin{cases} x' = \dfrac{y'^2}{2\sqrt{2}} \\ t = \dfrac{y'}{\sqrt{2}}. \end{cases}$$

Une équation cartésienne de la courbe (C′) est $x' = \dfrac{1}{2\sqrt{2}} y'^2$.

Il s'ensuit que (C′) est une parabole puisque t prend toutes les valeurs réelles et que, de ce fait, y' prend aussi toutes les valeurs réelles. (C′) étant l'image de (C) par la rotation R, (C) est l'image de (C′) par la rotation R^{-1}. (C) est donc aussi une parabole.

$(O\ ;\ \vec{u}, \vec{v})$ est un repère orthonormal direct du plan orienté, l'unité graphique est 2 cm.

On considère l'application f de ce plan, privé de O, dans lui-même qui, à tout point M d'affixe z non nulle, associe le point M′ d'affixe $z' = z + \dfrac{1}{z}$.

▶ **1.** *a*) On considère les points P, Q, R, U d'affixes respectives 2, -2, i, $-2i$. Calculer les affixes de leurs images par f notées P′, Q′, R′, U′. (4 × 0,25 POINT)
Placer ces points. (0,5 POINT)
b) Soit E′ le point d'affixe -1. Montrer que E′ est l'image par f de deux points E_1 et E_2 dont on calculera les affixes z_1 et z_2. Calculer $|z_1|$ (ou bien $|z_2|$) et utiliser ce résultat pour placer E_1 et E_2. Placer E′.
(0,5 + 0,5 POINT)

▶ **2.** On se propose de déterminer l'ensemble (Γ') des points M′ lorsque M décrit une courbe (Γ) donnée.
a) Préliminaire : on note r le module de z et θ son argument ; on désigne par x' et y' les coordonnées de M′. Donner l'écriture algébrique de z' en fonction de r et θ et montrer que l'on a :

$$x' = \left(r + \frac{1}{r}\right)\cos\theta\ ;\ y' = \left(r + \frac{1}{r}\right)\sin\theta.$$ (1 POINT)

b) On suppose que M décrit le cercle (Γ_1) de centre O et de rayon 1. Justifier que les points R′ et E′ appartiennent à (Γ'_1). (0,5 POINT)
Déduire du 2.*a*) une représentation paramétrique de (Γ'_1) et préciser la nature de (Γ'_1). (0,5 POINT)
c) On suppose que M décrit le cercle (Γ_2) de centre O et de rayon 2. Justifier que les points P′, Q′ et U′ appartiennent à (Γ'_2). (0,5 POINT)
Donner une représentation paramétrique de (Γ'_2). En déduire que (Γ'_2) est une ellipse. (0,5 + 0,5 POINT)

❑ Corrigé

Objet du problème : Étude de $z \mapsto z + \frac{1}{z}$.

Connaissances mathématiques :
- Nombres complexes.
- Courbes paramétrées.
- Coniques.

▶ **1.** *a)* f est la transformation du plan qui, à tout point M distinct de O, associe le point M′ d'affixe $z' = z + \frac{1}{z}$.

P admet pour affixe 2.

Le point P′, image de P par f, admet alors pour affixe $2 + \frac{1}{2} = \frac{5}{2}$.

P′ admet pour affixe $\frac{5}{2}$.

Q admet pour affixe -2, donc $Q' = f(Q)$ admet pour affixe $-2 - \frac{1}{2} = -\frac{5}{2}$. **Q′ admet pour affixe $-\frac{5}{2}$.**

Puisque R admet pour affixe i, son image R′ par f admet pour affixe $i + \frac{1}{i} = 0$.

R′ admet pour affixe 0, donc R′ est confondu avec O.

Enfin, U admet pour affixe $-2i$ et $U' = f(U)$ admet pour affixe

$-2i - \frac{1}{2i} = -\frac{3}{2}i$. **U′ admet pour affixe $-\frac{3}{2}i$.**

b) Soit E′ le point d'affixe -1.

Résolvons l'équation $-1 = z + \frac{1}{z}$, afin de déterminer les antécédents de E′ par f : $-1 = z + \frac{1}{z}$ équivaut à $\frac{z^2 + z + 1}{z} = 0$

soit à $z^2 + z + 1 = 0$ (car $z \neq 0$).

Le discriminant de cette dernière équation est $\Delta = -3$, donc l'équation $z^2 + z + 1 = 0$ admet deux racines complexes distinctes :

$z_1 = \dfrac{-1 - i\sqrt{3}}{2}$ et $z_2 = \dfrac{-1 + i\sqrt{3}}{2}$.

E′ est l'image par *f* des points E_1 et E_2 d'affixes respectives $-\dfrac{1}{2} - i\dfrac{\sqrt{3}}{2}$ et $-\dfrac{1}{2} + i\dfrac{\sqrt{3}}{2}$.

De plus, nous avons

$$z_1 = -\frac{1}{2} - i\frac{\sqrt{3}}{2}$$

$$z_1 = \cos\frac{4\pi}{3} + i\sin\frac{4\pi}{3}$$

$$z_1 = e^{\frac{4i\pi}{3}}$$

donc $\mathbf{|z_1| = 1.}$

Puisque $z_2 = \overline{z_1}$, nous pouvons en déduire que $\mathbf{|z_2| = 1.}$

Les points E_1 et E_2 appartiennent au cercle de centre O et de rayon 1.

▶ **2.** *a)* Soit M un point distinct de O, d'affixe z, telle que $|z| = r$ (avec $r > 0$) et $\arg z = \theta$.
Dans ce cas, $z = r(\cos\theta + i\sin\theta)$.
Soit $(x' ; y')$ les coordonnées de M′, image de M par f.

Nous avons

$$z' = r(\cos\theta + i\sin\theta) + \frac{1}{r(\cos\theta + i\sin\theta)}$$

$$x' + iy' = r\cos\theta + ir\sin\theta + \frac{1}{r} \times \frac{\cos\theta - i\sin\theta}{\cos^2\theta + \sin^2\theta}$$

$$x' + iy' = r\cos\theta + ir\sin\theta + \frac{1}{r} \times (\cos\theta - i\sin\theta)$$

$$x' + iy' = \left(r + \frac{1}{r}\right)\cos\theta + i\left(r - \frac{1}{r}\right)\sin\theta.$$

Ainsi, on a bien

$$\begin{cases} x' = \left(r + \dfrac{1}{r}\right)\cos\theta \\ y' = \left(r - \dfrac{1}{r}\right)\sin\theta. \end{cases}$$

b) On suppose maintenant que M décrit le cercle (Γ_1) de centre O et de rayon 1. Puisque $|i| = 1$, nous avons $OR = 1$, donc R appartient à (Γ_1).

Il s'ensuit que **R′ appartient à (Γ_1'), image de (Γ_1) par *f*.**

Nous avons $OE_1 = |z_1|$ et $OE_2 = |z_2|$, donc $OE_1 = 1$ et $OE_2 = 1$, ce qui prouve que les points E_1 et E_2 appartiennent à (Γ_1).

Et E′ est l'image de ces deux points par *f*. **E′ appartient à (Γ_1').**

Puisque M est un point quelconque de (Γ_1), nous avons $r = 1$.
Dans ce cas, l'image M′ de M par *f* admet pour coordonnées

$$(x'; y') = \left(\left(1 + \frac{1}{1}\right)\cos\theta \,;\, \left(1 - \frac{1}{1}\right)\sin\theta\right),$$

c'est-à-dire $(x'; y') = (2\cos\theta\,;\,0)$.

Une représentation paramétrique de (Γ_1') est : $\begin{cases} x'(\theta) = 2\cos\theta \\ y'(\theta) = 0. \end{cases}$

Puisque, lorsque θ décrit $[0\,;\,2\pi]$, $\cos\theta$ décrit entièrement l'intervalle $[-1\,;\,1]$, nous en déduisons que :

(Γ_1') est le segment [E′E″] où E″ est le symétrique de E′ par rapport à O.

c) On suppose maintenant que M décrit le cercle (Γ_2) de centre O et de rayon 2.
Puisque $OP = 2$ (car $|2| = 2$), $OQ = 2$ (car $|-2| = 2$), $OU = 2$ (car $|-2i| = 2$), les points P, Q et U appartiennent à (Γ_2), et leurs images respectives par *f*, P′, Q′ et U′, appartiennent à (Γ_2'). Dans ce cas, en utilisant le fait que, si M appartient à (Γ_2), alors $r = 2$, les coordonnées de M′ sont telles que :

$$\begin{cases} x' = \left(2 + \frac{1}{2}\right)\cos\theta \\ y' = \left(2 - \frac{1}{2}\right)\sin\theta \end{cases} \qquad \begin{cases} x' = \frac{5}{2}\cos\theta \\ y' = \frac{3}{2}\sin\theta. \end{cases}$$

Une représentation paramétrique de (Γ_2') est, pour tout θ de $\mathbb{R}$, $\begin{cases} x'(\theta) = \frac{5}{2}\cos\theta \\ y'(\theta) = \frac{3}{2}\sin\theta. \end{cases}$

Nous reconnaissons la représentation paramétrique d'une ellipse.

De plus, $\begin{cases} \cos\theta = \dfrac{2}{5}x' \\ \sin\theta = \dfrac{2}{3}y'. \end{cases}$

Par conséquent, on a : $\cos^2\theta + \sin^2\theta = \dfrac{4}{25}x'^2 + \dfrac{4}{9}y'^2$

c'est-à-dire $$\frac{x'^2}{\left(\frac{5}{2}\right)^2} + \frac{y'^2}{\left(\frac{3}{2}\right)^2} = 1.$$

Une équation cartésienne de (Γ_2') est $\dfrac{4}{25}x'^2 + \dfrac{4}{9}y'^2 = 1$.

Ses sommets sont les points de coordonnées $\left(0\,;\dfrac{3}{2}\right)$, U' $\left(0\,;-\dfrac{3}{2}\right)$, Q' $\left(-\dfrac{5}{2}\,;0\right)$ et P' $\left(\dfrac{5}{2}\,;0\right)$.

Représentation graphique

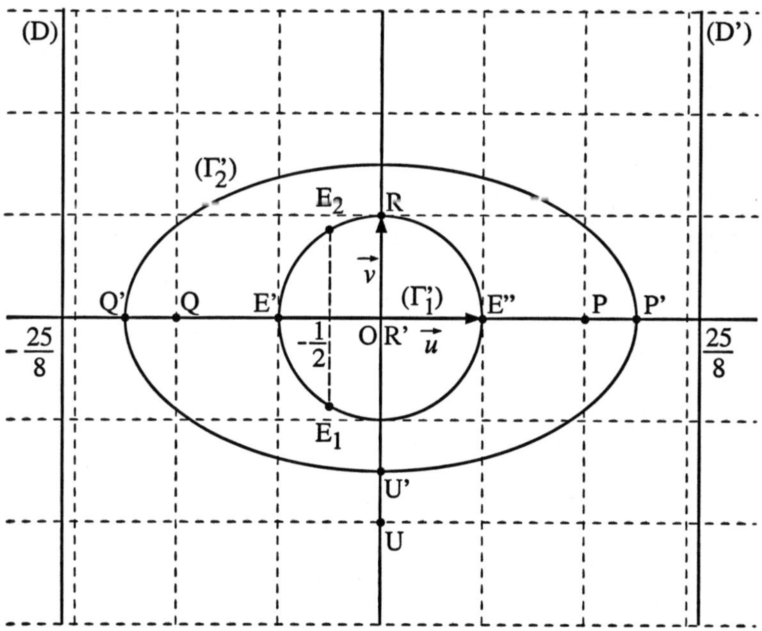

Soit ($\mathscr{C}$) l'ensemble des points d'affixe $\dfrac{9}{4\cos t + 5}\,e^{it}$ où t appartient à $\mathbb{R}$.

Soit φ la transformation de $\mathscr{P}^*$ dans lui-même qui, à tout point M d'affixe z, associe le point M′ d'affixe $z' = \dfrac{9}{\bar{z}}$.

On note ($\mathscr{L}$) l'image de ($\mathscr{C}$) par φ.

Soit f et g les fonctions définies sur $\mathbb{R}$ par :

$$f(t) = (4\cos t + 5)\cos t \qquad \text{et} \qquad g(t) = (4\cos t + 5)\sin t.$$

▶ **1.** Montrer que ($\mathscr{L}$) est l'ensemble des points $M(t)$ de coordonnées $(x\,;y)$ telles que $x = f(t)$ et $y = g(t)$, où t appartient à $\mathbb{R}$. (0,5 POINT)

▶ **2. Étude de la fonction f**

a) Calculer $f'(t)$ et factoriser le résultat obtenu. (0,5 + 0,5 POINT)

b) Montrer qu'il existe un unique élément α de $[0\,;\pi]$ tel que

$$\cos\alpha = -\frac{5}{8}.\ \text{(0,5 POINT)}$$

c) En déduire les valeurs de t qui annulent $f'(t)$ et le signe de $f'(t)$, pour t appartenant à $[0\,;\pi]$.(0,5 POINT)

▶ **3. Étude de la fonction g**

a) Montrer que $g'(t) = 8\cos^2 t + 5\cos t - 4$. (0,5 POINT)

b) Déterminer les racines et le signe du polynôme

$$P(X) = 8X^2 + 5X - 4.\ \text{(0,5 POINT)}$$

c) En déduire que, sur $[0\,;\pi]$, il existe un unique réel β tel que $g'(\beta) = 0$. (0,5 POINT)

d) Déterminer le signe de $g'(t)$ sur $[0\,;\pi]$. (0,5 POINT)

▶ **4.** *a)* Ranger dans l'ordre croissant les réels α, β, $\dfrac{\pi}{2}$ et $\dfrac{2\pi}{3}$. (0,5 POINT)

b) Faire un tableau récapitulatif des variations de f et g sur $[0\,;\pi]$. (On ne cherchera pas à calculer les valeurs exactes des images de α et β.) (0,5 POINT)

▶ 5. On note $(\mathscr{L}_1)$ la partie de $(\mathscr{L})$ formée des points $M(t)$ avec t appartenant à $[0 ; \pi]$.
a) Déterminer les points d'intersection de $(\mathscr{L}_1)$ avec l'axe $(O, \vec{j})$. (0,5 POINT)
b) Placer les points $M(t)$ pour t égal à α, β, 0, $\frac{\pi}{2}$ et $\frac{2\pi}{3}$, π et les tangentes à $(\mathscr{L}_1)$ parallèles aux axes, puis tracer $(\mathscr{L}_1)$. (0,5 + 1 POINT)
c) Terminer, en justifiant, le tracé de $(\mathscr{L})$. (1 POINT)

❑ Corrigé

Objet du problème : Courbe paramétrée.

Connaissances mathématiques :
- Nombres complexes.
- Fonctions trigonométriques.

▶ **1.** Le point $M(t)$ de coordonnées $(x ; y)$ appartient à $(\mathscr{L})$ si, et seulement si, il existe un point $N(t)$ appartenant à (C) tel que $M(t) = \varphi(N(t))$.

L'affixe d'un point $N(t)$ de l'ensemble (C) est $\frac{9}{4\cos t + 5}\, e^{it}$, où t appartient à $\mathbb{R}$.

$M(t)$ appartient à $(\mathscr{L})$ si, et seulement si, $z = \dfrac{9}{\dfrac{9}{4\cos t + 5}\, e^{-it}}$, $t \in \mathbb{R}$.

$M(t)$ appartient à $(\mathscr{L})$ si, et seulement si, $z = (4\cos t + 5)\, e^{it}$, $t \in \mathbb{R}$.
$M(t)$ appartient à $(\mathscr{L})$ si, et seulement si, ses coordonnées vérifient pour tout $t \in \mathbb{R}$,

$$\begin{cases} x = (4\cos t + 5)\cos t \\ y = (4\cos t + 5)\sin t. \end{cases}$$

$(\mathscr{L})$ est donc l'ensemble des points $M(t)$ de coordonnées $(x ; y)$ telles que $x = f(t)$ et $y = g(t)$ où t appartient à $\mathbb{R}$.

▶ 2. Étude de la fonction f

Pour tout $t \in \mathbb{R}$, $f(t) = (4 \cos t + 5) \cos t$.
On remarque que la fonction f est 2π périodique et paire.
Il suffit donc de l'étudier sur l'intervalle $[0 ; \pi]$.

a) Les fonctions $t \mapsto \cos t$ et $t \mapsto 4 \cos t + 5$ sont dérivables sur $\mathbb{R}$.
La fonction f, produit de deux fonctions dérivables sur $\mathbb{R}$, est donc dérivable sur $\mathbb{R}$ et en particulier sur $[0 ; \pi]$.

Pour tout $t \in [0 ; \pi]$, $\boxed{f'(t) = -\sin t(8 \cos t + 5).}$

b) On considère la fonction h définie sur $[0 ; \pi]$ par $h(t) = \cos t$.
h est dérivable sur $[0 ; \pi]$ et $h'(t) < 0$ sur $]0 ; \pi[$ donc h réalise une bijection de $[0 ; \pi]$ sur $[h(\pi) ; h(0)]$, c'est-à-dire de $[0 ; \pi]$ sur $[-1 ; 1]$.
Quel que soit le réel $c \in [-1 ; 1]$, il existe un unique réel α tel que $\cos \alpha = c$ avec α $[0 ; \pi]$. Ici $c = -\dfrac{5}{8}$.

Il existe donc un unique élément α de $[0 ; \pi]$ tel que $\cos \alpha = -\dfrac{5}{8}$.

c) Pour tout $t \in [0 ; \pi]$, $f'(t) = -\sin t(8 \cos t + 5)$.
$f'(t) = 0$ avec $t \in [0 ; \pi]$ équivaut à $\sin t = 0$ ou $8 \cos t + 5 = 0$.
$f'(t) = 0$ avec $t \in [0 ; \pi]$ équivaut à $t = 0$ ou $t = \pi$ ou $t = \alpha$.
La fonction cosinus étant strictement décroissante sur $[0 ; \pi]$, on a :
pour tout $t \in [0 ; \alpha]$, $8 \cos t + 5 \geqslant 0$.
pour tout $t \in [\alpha ; \pi]$, $8 \cos t + 5 \leqslant 0$.
De plus, pour tout $t \in [0 ; \pi]$, $-\sin t \leqslant 0$.

t	0		α		π
Signe de $f'(t)$	0	$-$	0	$+$	0

▶ 3. Étude de la fonction g

Pour tout $t \in \mathbb{R}$, $g(t) = (4 \cos t + 5) \sin t$.
On remarque que la fonction g est 2π périodique et impaire.
Il suffit donc de l'étudier sur l'intervalle $[0 ; \pi]$.

a) Les fonctions $t \mapsto 4\cos t + 5$ et $t \mapsto \sin t$ sont dérivables sur $\mathbb{R}$.
La fonction g, produit de deux fonctions dérivables sur $\mathbb{R}$, est donc dérivable sur $\mathbb{R}$ et en particulier sur $[0 ; \pi]$.

Pour tout $t \in [0 ; \pi]$, $g'(t) = 8\cos^2 t + 5\cos t - 4$.

b) On considère l'équation $8X^2 + 5X - 4 = 0$.
$\Delta = 153$.
$\Delta > 0$ donc l'équation admet deux solutions réelles distinctes X_1 et X_2.

$X_1 = \dfrac{-5 + 3\sqrt{17}}{16}$ $\qquad$ $X_2 = \dfrac{-5 - 3\sqrt{17}}{16}$.

$X_1 > 0$ $\qquad$ $X_2 < 0$.

Les racines du polynôme $P(X) = 8X^2 + 5X - 4$ sont donc

$X_1 = \dfrac{-5 + 3\sqrt{17}}{16}$ et $X_2 = \dfrac{-5 - 3\sqrt{17}}{16}$.

$X_1 > 0$ et $X_2 < 0$ donc $X_2 < X_1$.

X	$-\infty$		X_2		X_1		$+\infty$
Signe de P(X)		+	0	−	0	+	

c) $\begin{cases} g'(t) = 0 \\ t \in [0 ; \pi] \end{cases}$ équivaut à $\begin{cases} P(\cos t) = 0 \\ t \in [0 ; \pi] \end{cases}$

$\begin{cases} P(\cos t) = 0 \\ t \in [0 ; \pi] \end{cases}$ équivaut à $\begin{cases} \cos t = X_1 \text{ ou } \cos t = X_2 \\ t \in [0 ; \pi] \end{cases}$

$X_1 = \dfrac{-5 + 3\sqrt{17}}{16}$ donc $-1 < X_1 < 1$

$X_2 = \dfrac{-5 - 3\sqrt{17}}{16}$ donc $X_2 < -1$.

L'équation $\cos t = X_2$ où $t \in [0 ; \pi]$ n'admet donc aucune solution.

$\begin{cases} g'(t) = 0 \\ t \in [0 ; \pi] \end{cases}$ équivaut à $\begin{cases} \cos t = X_1 \\ t \in [0 ; \pi]. \end{cases}$

En raisonnant comme en **2.** *b*) (en prenant $c = X_1$), on montre qu'il existe un unique réel β de $[0 ; \pi]$ tel que $\cos\beta = X_1$.

Il existe un unique réel β de $[0 ; \pi]$ tel que $g'(\beta) = 0$.

d) Sur $[0\ ;\ \pi]$ $g'(t)$ s'annule en $t = \beta$. Sur $[0\ ;\ \pi]$, $g'(t)$ change donc de signe en $t = \beta$.

$\begin{cases} g'(t) > 0 \\ t \in [0\ ;\ \pi] \end{cases}$ équivaut à $\begin{cases} P(\cos t) > 0 \\ t \in [0\ ;\ \pi]. \end{cases}$

$\begin{cases} P(\cos t) > 0 \\ t \in [0\ ;\ \pi] \end{cases}$ équivaut à $\begin{cases} \cos t > \cos \beta \\ t \in [0\ ;\ \pi]. \end{cases}$

La fonction $t \mapsto \cos t$ étant strictement décroissante sur $[0\ ;\ \pi]$, on a :

$\begin{cases} g'(t) > 0 \\ t \in [0\ ;\ \pi] \end{cases}$ équivaut à $\begin{cases} t < \beta \\ t \in [0\ ;\ \pi]. \end{cases}$

t	0		β		π
Signe de $g'(t)$	9	+	0	−	− 1

▶ 4. *a*) On a :

$\cos \alpha = -\dfrac{5}{8}$ et $-\dfrac{5}{8} = -0{,}625$.

$\cos \beta = \dfrac{-5 + 3\sqrt{17}}{16}$ donc $\cos \beta > 0$.

$\cos \dfrac{\pi}{2} = 0$.

$\cos \dfrac{2\pi}{3} = -\dfrac{1}{2}$

d'où $\cos \alpha < \cos \dfrac{2\pi}{3} < \cos \dfrac{\pi}{2} < \cos \beta$.

De plus, α et β appartiennent à $[0\ ;\ \pi]$ et la fonction $t \mapsto \cos t$ est strictement décroissante sur $[0\ ;\ \pi]$.

On en déduit que $\beta < \dfrac{\pi}{2} < \dfrac{2\pi}{3} < \alpha$.

b) Tableau des variations de f et g

t	0		β		$\frac{\pi}{2}$		$\frac{2\pi}{3}$		α		π
Signe de $f'(t)$	0	$-$	$f'(\beta)$	$-$	-5	$-$	$-\frac{\sqrt{3}}{2}$	$-$	0	$+$	0
Variations de f	9	$\searrow$	$f(\beta)$	$\searrow$	0	$\searrow$	$-\frac{3}{2}$	$\searrow$	$f(\alpha)$	$\nearrow$	-1
Signe de $g'(t)$	9	$+$	0	$-$	-4	$-$	$-\frac{9}{2}$	$-$	$g'(\alpha)$	$-$	-1
Variations de g	0	$\nearrow$	$g(\beta)$	$\searrow$	5	$\searrow$	$\frac{3\sqrt{3}}{2}$	$\searrow$	$g(\alpha)$	$\searrow$	0

▶ **5.** $(\mathscr{L}_1)$ est l'ensemble des points $M(t)$ de coordonnées $x = f(t)$ et $y = g(t)$, où $t \in [0 ; \pi]$.

a) $M(t)$ de coordonnées $(x ; y)$ est un point de $(\mathscr{L}_1)$ et de l'axe $(O ; \vec{j})$ si, et seulement si, $x = 0$.

$M(t)$ de coordonnées $(x ; y)$ est un point de $(\mathscr{L}_1)$ et de l'axe $(O ; \vec{j})$ si, et seulement si, $\begin{cases} f(t) = 0 \\ t \in [0 ; \pi]. \end{cases}$

$\begin{cases} f(t) = 0 \\ t \in [0 ; \pi] \end{cases}$ équivaut à $\begin{cases} 4 \cos t + 5 = 0 \text{ ou } \cos t = 0 \\ t \in [0 ; \pi]. \end{cases}$

$\begin{cases} f(t) = 0 \\ t \in [0 ; \pi] \end{cases}$ équivaut à $\begin{cases} \cos t = -\frac{5}{4} \text{ ou } \cos t = 0 \\ t \in [0 ; \pi]. \end{cases}$

Comme $-\frac{5}{4} < -1$, on a : $\begin{cases} f(t) = 0 \\ t \in [0 ; \pi] \end{cases}$ équivaut à $t = \frac{\pi}{2}$.

L'unique point d'intersection de $(\mathscr{L}_1)$ et de l'axe $(O ; \vec{j})$ est le point de paramètre $t = \frac{\pi}{2}$, c'est-à-dire le point de coordonnées $(0 ; 5)$.

b) **Placement des points M(*t*)**

t	α	β	0	$\frac{\pi}{2}$	$\frac{2\pi}{3}$	π
$(x(t)\,;y(t))$	$(f(\alpha)\,;g(\alpha))$	$(f(\beta)\,;g(\beta))$	$(9\,;0)$	$(0\,;5)$	$\left(-\frac{3}{2}\,;\frac{3\sqrt{3}}{2}\right)$	$(-1\,;0)$
$(x'(t)\,;y'(t))$	$(0\,;g'(\alpha))$	$(f'(\beta)\,;0))$	$(0\,;9)$	$(-5\,;-4)$	$\left(-\frac{\sqrt{3}}{2}\,;-\frac{9}{2}\right)$	$(0\,;-1)$

$(\mathscr{L}_1)$ admet donc :

- une tangente parallèle à l'axe des abscisses au point de paramètre β ;
- une tangente parallèle à l'axe des ordonnées aux points de paramètres α, 0 et π.

c) $(\mathscr{L})$ est l'ensemble des points M(*t*) de coordonnées $(x\,;y)$ telles que
$\begin{cases} x = f(t) \\ y = g(t), \end{cases} t \in \mathbb{R}.$

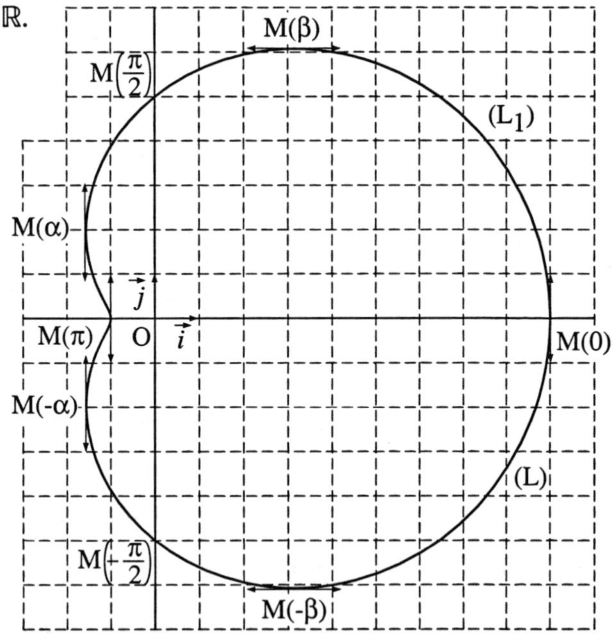

Pour tout réel *t*, les points de paramètres *t* et $t + 2\pi$ sont confondus.
Pour tout réel *t*, les points de paramètres *t* et $-t$ sont symétriques par rapport à l'axe $(O\,;\vec{j})$.
Après avoir tracé $(\mathscr{L}_1)$, il suffit donc d'effectuer une réflexion d'axe $(O\,;\vec{j})$ pour obtenir le tracé complet de $(\mathscr{L})$.

41 SUJET COMPLÉMENTAIRE — SÉRIE S — 4 POINTS

On considère la courbe (Γ_1) définie paramétriquement par :

$$\begin{cases} x(t) = \dfrac{1}{t} \ln t \\ y(t) = \dfrac{1}{t^2} \ln t,\ t \in [1\ ;\ 10] \end{cases}$$

où t est un réel appartenant à l'intervalle [1 ; 10].

a) Représenter dans un même tableau les variations des deux fonctions qui à t associent respectivement $x(t)$ et $y(t)$. (2 POINTS)

b) Représenter la courbe (Γ_1) dans un repère orthonormal $(O\ ;\ \vec{i}, \vec{j})$ (unité : 20 cm). (1 POINT)

Préciser les points de (Γ_1) en lesquels les tangentes sont parallèles à l'un ou l'autre des axes de coordonnées. (1 POINT)

❑ Corrigé

Objet du problème : Courbe paramétrée.

Connaissances mathématiques :
- Fonction logarithme népérien.
- Tangente en un point d'une courbe paramétrée.

Soit (Γ_1) la courbe définie paramétriquement par :

$$\begin{cases} x = \dfrac{\ln t}{t} \\ y = \dfrac{\ln t}{t^2}, \text{ pour } t \in [1\ ;\ 10]. \end{cases}$$

a) Pour $t \in [1\ ;\ 10]$, $x'(t) = \dfrac{1 - \ln t}{t^2}$ et $y'(t) = \dfrac{1 - 2\ln t}{t^3}$, le signe de $x'(t)$ est celui de $1 - \ln t$ et le signe de $y'(t)$ est celui de $1 - 2\ln t$ car $t^3 > 0$ sur $[1\ ;\ 10]$.

t	1		$\sqrt{e}$		e		10
$x'(t)$	1	$+$		$+$	0	$-$	
$x(t)$	0	$\nearrow$	$\frac{1}{2\sqrt{e}}$; $\frac{1}{2\sqrt{e}}$	$\nearrow$	$\frac{1}{e}$	$\searrow$	$\frac{\ln 10}{10}$
$y(t)$	0	$\nearrow$	$\frac{1}{2e}$	$\searrow$	$\frac{1}{e^2}$; $\frac{1}{e^2}$	$\searrow$	$\frac{\ln 10}{100}$
$y'(t)$	1	$+$	0	$-$		$-$	

b) **Représentation graphique**

- $\dfrac{y'(\sqrt{e})}{x'(\sqrt{e})} = 0$ donc au point $A\left(\dfrac{1}{2\sqrt{e}}\ ;\ \dfrac{1}{2e}\right)$ la tangente est parallèle à $(O\ ;\ \vec{i})$.
- $x'(e) = 0$ et $y'(e) \neq 0$ donc au point $B(\dfrac{1}{e}\ ;\ \dfrac{1}{e^2})$ la tangente est parallèle à $(O\ ;\ \vec{i})$.

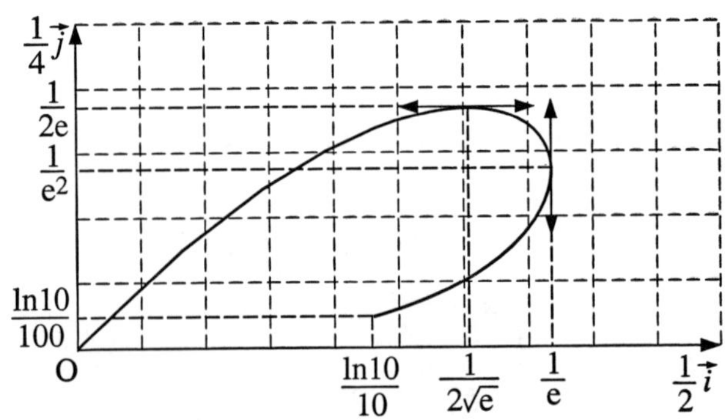

42 SUJET COMPLÉMENTAIRE — SÉRIE S — 8 POINTS

Le plan est rapporté à un repère orthonormal direct $(O\ ;\ \vec{i}, \vec{j})$ d'axes (Ox) et (Oy) (pour la figure demandée, on prendra l'unité égale à 2 cm).
Soit $(\mathscr{C})$ le cercle de centre O et de rayon l'unité.
À tout point A du cercle $(\mathscr{C})$ on associe le point A′, symétrique de A par rapport à (Oy), et le point M, intersection de la parallèle à (Oy) passant par A et de la parallèle à la droite d'équation $y = -x$ passant par A′.

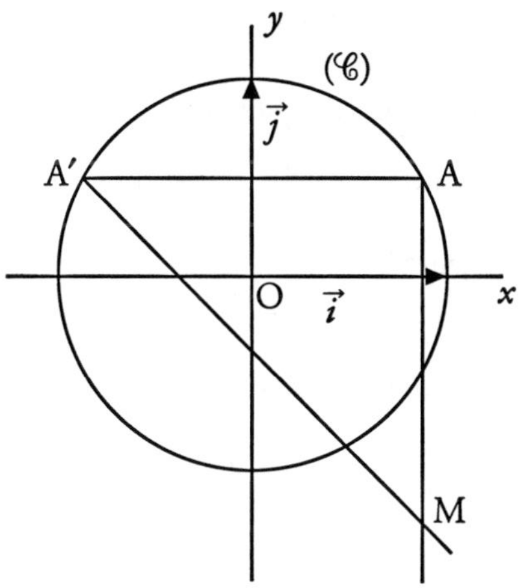

On pose $\theta = (\vec{i}, \overrightarrow{OA})$ $\left(\theta \in \left[-\frac{\pi}{2}\ ;\ \frac{3\pi}{2}\right[\right)$.

▶ **1.** Montrer que les coordonnées x et y de M s'expriment par les formules :

$$\begin{cases} x = \cos\theta \\ y = \sin\theta - 2\cos\theta. \end{cases}$$ (2 POINTS)

▶ **2.** Soit (Γ) la courbe paramétrée, ensemble des points $M(\theta)$ de coordonnées :

$$\begin{cases} x(\theta) = \cos\theta \\ y(\theta) = \sin\theta - 2\cos\theta, \end{cases}$$

θ variant dans l'intervalle $\left[-\frac{\pi}{2}\ ;\ \frac{3\pi}{2}\right[$.

a) Montrer que les points $M(\theta)$ et $M(\theta + \pi)$ sont symétriques par rapport à O. (0,5 POINT)

On appelle (Γ_1) l'ensemble des points $M(\theta)$ lorsque θ décrit $\left[-\frac{\pi}{2} ; \frac{\pi}{2}\right]$.

b) Étudier les variations de $x(\theta)$ et $y(\theta)$ pour θ élément de l'intervalle $\left[-\frac{\pi}{2} ; \frac{\pi}{2}\right]$. On pourra montrer que sur l'intervalle $\left]-\frac{\pi}{2} ; \frac{\pi}{2}\right[$, $y'(\theta) = 2\cos\theta\left(\frac{1}{2} + \tan\theta\right)$ et introduire l'unique réel α de $\left]-\frac{\pi}{2} ; \frac{\pi}{2}\right[$ vérifiant $\tan\alpha = -\frac{1}{2}$. (1,5 POINT)

c) Déterminer les coordonnées des points $M\left(-\frac{\pi}{2}\right)$ et $M\left(\frac{\pi}{2}\right)$(0,5 POINT), et donner un vecteur directeur de la tangente à (Γ) en chacun de ces points. (0,5 POINT)

En quel point la tangente à (Γ_1) est-elle parallèle à (Oy) ?

Donner des valeurs approchées à 10^{-2} près des coordonnées de $M(\alpha)$. (0,5 POINT)

d) Construire, sur un même dessin, le cercle $(\mathscr{C})$, la courbe (Γ_1) puis la courbe (Γ) : placer en particulier les points introduits en *c*) ainsi que les tangentes à (Γ) en ces points. (1,5 POINT)

❑ Corrigé

Objet du problème : Courbe paramétrée (ellipse).

Connaissances mathématiques :
- Fonctions trigonométriques.
- Tangente en un point d'une courbe paramétrée.

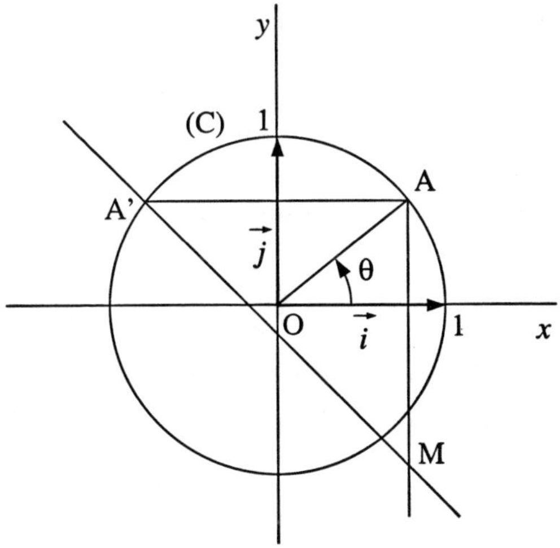

▶ **1.** Soient : $(x_A\,;y_A)$ les coordonnées de A.
$(x_{A'}\,;y_{A'})$ les coordonnées de A'.
$(x\,;y)$ les coordonnées de M.

On a :

• $x_M = x_A = \mathrm{OA}\cos\theta = \cos\theta$

• $\begin{cases} x_{A'} = -\,x_A = -\cos\theta \\ y_{A'} = y_A = \mathrm{OA}\sin\theta = \sin\theta. \end{cases}$

Un vecteur directeur de (A'M) est $(\vec{i} - \vec{j})$, donc, N étant un point quelconque du plan de coordonnées (X ; Y),

N ∈ (A'M) si, et seulement si, $\overrightarrow{A'N}$ et $(\vec{i} - \vec{j})$ colinéaires.

N ∈ (A'M) si, et seulement si, $\begin{vmatrix} X + \cos\theta & 1 \\ Y - \sin\theta & -1 \end{vmatrix} = 0$

N ∈ (A'M) si, et seulement si, $-X - \cos\theta - Y + \sin\theta = 0$

N ∈ (A'M) si, et seulement si, $X + Y + \cos\theta - \sin\theta = 0.$

Or, M ∈ (A'M), donc :

$$x + y + \cos\theta - \sin\theta = 0.$$

Comme $x = \cos\theta$, et $y = \sin\theta - 2\cos\theta$, les coordonnées $(x\,;y)$ de M s'expriment par les formules :

$$\boxed{\begin{cases} x = \cos\theta \\ y = \sin\theta - 2\cos\theta. \end{cases}}$$

▶ **2.** $\begin{cases} x(\theta) = \cos\theta \\ y(\theta) = \sin\theta - 2\cos\theta \end{cases}$; $\theta \in \left[-\dfrac{\pi}{2} ; \dfrac{3\pi}{2}\right]$

a) $\begin{cases} x(\theta + \pi) = \cos(\theta + \pi) = -\cos\theta = -x(\theta) \\ y(\theta + \pi) = -\sin\theta + 2\cos\theta = -y(\theta) \end{cases}$

donc les points **M(θ) et M(θ + π) sont symétriques par rapport à O.**

b) Pour tout θ de $\left[-\dfrac{\pi}{2} ; \dfrac{\pi}{2}\right]$ $\quad\begin{cases} x'(\theta) = -\sin\theta \\ y'(\theta) = \cos\theta + 2\sin\theta \end{cases}$

De plus :

Pour tout $\theta \in \left]-\dfrac{\pi}{2} ; \dfrac{\pi}{2}\right[$: $\begin{cases} x'(\theta) = -\sin\theta \\ y'(\theta) = \cos\theta\left(1 + 2\dfrac{\sin\theta}{\cos\theta}\right) \end{cases}$

soit $\quad\begin{cases} x'(\theta) = -\sin\theta \\ y'(\theta) = \cos\theta(1 + 2\tan\theta). \end{cases}$

Par suite : $\quad\begin{cases} x'(\theta) = -\sin\theta \\ y'(\theta) = 2\cos\theta\left(\dfrac{1}{2} + \tan\theta\right). \end{cases}$

Soit α l'unique réel de $\left]-\dfrac{\pi}{2} ; +\dfrac{\pi}{2}\right[$ tel que $\tan\alpha = -\dfrac{1}{2}$.

De plus, pour $\theta \in \left]-\dfrac{\pi}{2} ; +\dfrac{\pi}{2}\right[$, nous avons $\cos\theta > 0$.

Donc :

θ	$-\dfrac{\pi}{2}$		0		$\dfrac{\pi}{2}$
Signe de $x'(\theta)$	1	+	0	−	− 1
Variations de $\theta \mapsto x(\theta)$	0	↗	1	↘	0

θ	$-\dfrac{\pi}{2}$		α		$+\dfrac{\pi}{2}$
Signe de $y'(\theta)$	0	−	0	+	0
Variations de $\theta \mapsto y(\theta)$	− 1	↘	$y(\alpha)$	↗	1

c) $\mathbf{M\left(-\frac{\pi}{2}\right)}$ **a pour coordonnées** $\mathbf{x\left(-\frac{\pi}{2}\right) = 0}$ **et** $\mathbf{y\left(-\frac{\pi}{2}\right) = -1}$.

$\mathbf{M\left(\frac{\pi}{2}\right)}$ **a pour coordonnées** $\mathbf{x\left(\frac{\pi}{2}\right) = 0}$ **et** $\mathbf{y\left(\frac{\pi}{2}\right) = 1}$.

La tangente en $\mathbf{M\left(-\frac{\pi}{2}\right)}$ **a pour coefficient directeur** $\mathbf{\dfrac{y'\left(-\frac{\pi}{2}\right)}{x'\left(-\frac{\pi}{2}\right)} = 0}$.

La tangente en $\mathbf{M\left(+\frac{\pi}{2}\right)}$ **a pour coefficient directeur** $\mathbf{\dfrac{y'\left(+\frac{\pi}{2}\right)}{x'\left(+\frac{\pi}{2}\right)} = 0}$.

La tangente à (Γ_1) est parallèle à Oy en M(0) car $x'(0) = 0$ et $y'(0) \neq 0$.

Avec la calculatrice, nous trouvons : $\boxed{\begin{cases} x(\alpha) \approx 0{,}89 \\ y(\alpha) \approx -2{,}24. \end{cases}}$

d) Représentation graphique

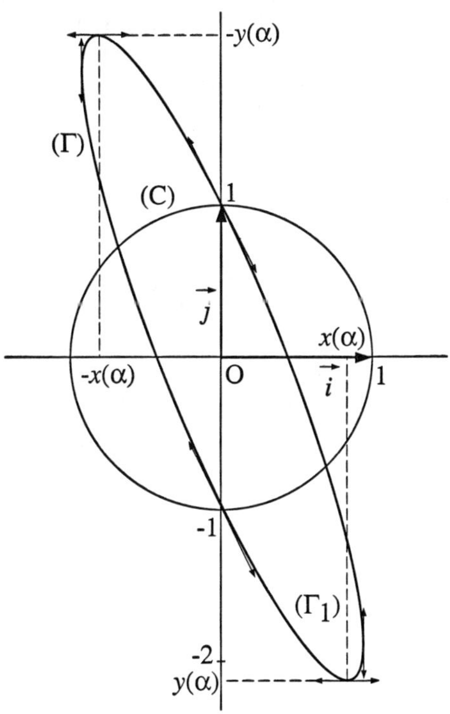

Soit P un plan orienté rapporté au repère orthonormal direct $(O ; \vec{i}, \vec{j})$; les points de P sont repérés soit par leurs coordonnées $(x ; y)$, soit par leur affixe $x + iy$. Le but de ce problème est l'étude de l'ensemble (Γ) des points $M(t)$, $t \in \mathbb{R}$, du plan P, de coordonnées $(x(t) ; y(t))$ telles que :

$$\begin{cases} x(t) = e^t \cos t \\ y(t) = e^t \sin t. \end{cases}$$

▶ 1. *a*) Vérifier, pour tout t réel, les relations :

$$\cos t - \sin t = \sqrt{2} \cos\left(t + \frac{\pi}{4}\right)$$

$$\text{et } \cos t + \sin t = \sqrt{2} \sin\left(t + \frac{\pi}{4}\right)$$ (1 POINT)

b) Étudier les variations des fonctions : $x(t \mapsto x(t))$ et $y(t \mapsto y(t))$ sur l'intervalle $\left[0 ; \frac{\pi}{2}\right]$. (1,5 POINT)

c) Tracer dans le repère $(O ; \vec{i}, \vec{j})$ la portion de (Γ), ensemble des points $M(t)$ lorsque t décrit $\left[0 ; \frac{\pi}{2}\right]$. (On aura soin, en particulier, de représenter les points $M(0)$, $M\left(\frac{\pi}{4}\right)$, $M\left(\frac{\pi}{2}\right)$ et les tangentes à (Γ) en ces points.) (1 POINT)

▶ 2. Calculer, pour tout réel t :

$$\cos\left(\overrightarrow{OM}(t), \frac{d\overrightarrow{OM}}{dt}\right) \text{ et } \sin\left(\overrightarrow{OM}(t), \frac{d\overrightarrow{OM}}{dt}\right).$$ (1 POINT)

En déduire que l'angle $\left(\overrightarrow{OM}(t), \frac{d\overrightarrow{OM}}{dt}\right)$ est constant et en donner une mesure. (1 POINT)

▶ 3. On pose, pour tous réels a et b, $L_a^b = \int_a^b \left\| \frac{d\overrightarrow{OM}}{dt} \right\| dt.$

Donner l'expression de $L_0^{\frac{\pi}{2}}$ et en calculer une valeur approchée à 10^{-2} près. (1 POINT)

Étudier la limite éventuelle de L_t^0 lorsque t tend vers $-\infty$. (0,5 POINT)

❑ Corrigé

Objet du problème : Autour d'une courbe paramétrée.

Connaissances mathématiques :
- Fonctions trigonométriques.
- Fonction exponentielle de base e.

▶ **1.** *a)* Pour tout $t \in \mathbb{R}$,

$$\cos t - \sin t = \cos t - \cos\left(\frac{\pi}{2} - t\right) = -2\sin\frac{t - \frac{\pi}{2} + t}{2}\sin\frac{t + \frac{\pi}{2} - t}{2}.$$

Pour tout $t \in \mathbb{R}$,

$$\cos t - \sin t = -2\sin\left(t - \frac{\pi}{4}\right)\sin\frac{\pi}{4}\ ;\ \cos t - \sin t = \sqrt{2}\sin\left(\frac{\pi}{4} - t\right).$$

Pour tout $t \in \mathbb{R}$,

$$\cos t - \sin t = \sqrt{2}\cos\left(\frac{\pi}{2} - \frac{\pi}{4} + t\right)$$

$$\boxed{\cos t - \sin t = \sqrt{2}\cos\left(t + \frac{\pi}{4}\right).}$$

De même :

Pour tout $t \in \mathbb{R}$,

$$\cos t + \sin t = \cos t + \cos\left(\frac{\pi}{2} - t\right) = 2\cos\frac{t + \frac{\pi}{2} - t}{2}\cos\frac{t - \frac{\pi}{2} + t}{2}.$$

Pour tout $t \in \mathbb{R}$,

$$\cos t + \sin t = 2\cos\frac{\pi}{4}\cos\left(t - \frac{\pi}{4}\right) = \sqrt{2}\cos\left(t - \frac{\pi}{4}\right).$$

Pour tout $t \in \mathbb{R}$,

$$\boxed{\cos t + \sin t = \sqrt{2}\sin\left(\frac{\pi}{2} + t - \frac{\pi}{4}\right) = \sqrt{2}\sin\left(\frac{\pi}{4} + t\right).}$$

Remarque : Pensez à utiliser le formulaire.

b) • Étude de $x : t \mapsto x(t)$ sur $\mathrm{I} = \left[0 ; \frac{\pi}{2}\right]$.

x est dérivable sur $\mathbb{R}$ (produit de fonctions dérivables) donc x est dérivable sur I.

$x'(t) = \mathrm{e}^t \cos t - \mathrm{e}^t \sin t = \mathrm{e}^t(\cos t - \sin t)$, soit, en utilisant *a)*,

$x'(t) = \sqrt{2}\, \mathrm{e}^t \cos\left(t + \frac{\pi}{4}\right)$ avec $\sqrt{2}\, \mathrm{e}^t > 0$ pour tout $t \in \mathbb{R}$.

$x'(t) = 0$ si, et seulement si : $t + \frac{\pi}{4} = \frac{\pi}{2} + k\pi$

ou encore $t = \frac{\pi}{4}\ (\pi)$.

Sur I, $x'(t)$ ne s'annule qu'en $\frac{\pi}{4}$.

Si $t > \frac{\pi}{4}$, $t + \frac{\pi}{4} > \frac{\pi}{2}$ et $\cos\left(t + \frac{\pi}{4}\right) < 0$, $(t \in \mathrm{I})$.

Si $t < \frac{\pi}{4}$, $t + \frac{\pi}{4} < \frac{\pi}{2}$ et $\cos\left(t + \frac{\pi}{4}\right) > 0$, $(t \in \mathrm{I})$.

• Étude de $y : t \mapsto y(t)$ sur $\mathrm{I} = \left[0 ; \frac{\pi}{2}\right]$.

y est dérivable sur $\mathbb{R}$ (produit de fonctions dérivables) donc y est dérivable sur I.

$y'(t) = \mathrm{e}^t \sin t + \mathrm{e}^t \cos t = \sqrt{2}\, \mathrm{e}^t \sin\left(t + \frac{\pi}{4}\right)$

avec $\sqrt{2}\, \mathrm{e}^t > 0$ pour tout $t \in \mathbb{R}$.

$y'(t) = 0$ si, et seulement si, $t + \frac{\pi}{4} = 0 + k\pi$

si, et seulement si, $t = -\frac{\pi}{4}\ (\pi)$ donc

$y'(t)$ ne s'annule pas sur I.

Pour tout $t \in \mathrm{I}$, $\frac{\pi}{4} < t + \frac{\pi}{4} < \frac{3\pi}{4}$ et $\sin\left(t + \frac{\pi}{4}\right) > 0$.

D'où les deux tableaux de variations :

t	0		$\frac{\pi}{4}$		$\frac{\pi}{2}$
Signe de $x'(t)$	1	$+$	0	$-$	-1
Variations de $t \mapsto x(t)$	1	$\nearrow$	$\frac{\sqrt{2}}{2}e^{\frac{\pi}{4}}$	$\searrow$	0
Signe de $y'(t)$	1	$+$		$+$	1
Variations de $t \mapsto y(t)$	0	$\nearrow$	$\frac{\sqrt{2}}{2}e^{\frac{\pi}{4}}$	$\nearrow$	$e^{\frac{\pi}{4}}$

c) D'où la représentation graphique de la portion de (Γ) lorsque t décrit I.

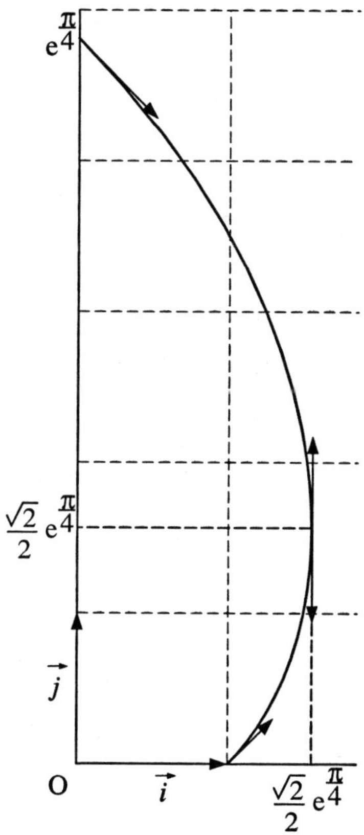

▶ **2.** Nous avons :

$$\cos\left(\overrightarrow{\mathrm{OM}(t)}, \frac{\mathrm{d}\overrightarrow{\mathrm{OM}}}{\mathrm{d}t}\right) = \frac{\overrightarrow{\mathrm{OM}(t)} \cdot \dfrac{\mathrm{d}\overrightarrow{\mathrm{OM}}}{\mathrm{d}t}}{\|\overrightarrow{\mathrm{OM}(t)}\| \times \left\|\dfrac{\mathrm{d}\overrightarrow{\mathrm{OM}}}{\mathrm{d}t}\right\|}$$

et

$$\sin\left(\overrightarrow{\mathrm{OM}(t)}, \frac{\mathrm{d}\overrightarrow{\mathrm{OM}}}{\mathrm{d}t}\right) = \frac{\text{dét}\left(\overrightarrow{\mathrm{OM}(t)}, \dfrac{\mathrm{d}\overrightarrow{\mathrm{OM}}}{\mathrm{d}t}\right)}{\|\overrightarrow{\mathrm{OM}(t)}\| \times \left\|\dfrac{\mathrm{d}\overrightarrow{\mathrm{OM}}}{\mathrm{d}t}\right\|}.$$

Or $\|\overrightarrow{\mathrm{OM}(t)}\| = \sqrt{\mathrm{e}^{2t}\cos^2 t + \mathrm{e}^{2t}\sin^2 t} = \mathrm{e}^t.$

$$\left\|\frac{\mathrm{d}\overrightarrow{\mathrm{OM}}}{\mathrm{d}t}\right\| = \sqrt{\mathrm{e}^{2t}\left[(\cos t - \sin t)^2 + (\cos t + \sin t)^2\right]} = \sqrt{2}\,\mathrm{e}^t.$$

$$\overrightarrow{\mathrm{OM}(t)} \cdot \frac{\mathrm{d}\overrightarrow{\mathrm{OM}}}{\mathrm{d}t} = x(t)x'(t) + y(t)y'(t).$$

$$\overrightarrow{\mathrm{OM}(t)} \cdot \frac{\mathrm{d}\overrightarrow{\mathrm{OM}}}{\mathrm{d}t} = \mathrm{e}^t\cos t \times \mathrm{e}^t(\cos t - \sin t) + \mathrm{e}^t\sin t \times \mathrm{e}^t(\sin t + \cos t).$$

$$\overrightarrow{\mathrm{OM}(t)} \cdot \frac{\mathrm{d}\overrightarrow{\mathrm{OM}}}{\mathrm{d}t} = \mathrm{e}^{2t}.$$

$$\text{dét}\left(\overrightarrow{\mathrm{OM}(t)}, \frac{\mathrm{d}\overrightarrow{\mathrm{OM}}}{\mathrm{d}t}\right) = x(t)y'(t) - x'(t)y(t).$$

$$\text{dét}\left(\overrightarrow{\mathrm{OM}(t)}, \frac{\mathrm{d}\overrightarrow{\mathrm{OM}}}{\mathrm{d}t}\right) = \mathrm{e}^t\cos t \times \mathrm{e}^t(\sin t + \cos t) - \mathrm{e}^t(\cos t - \sin t) \times \mathrm{e}^t\sin t.$$

$$\text{dét}\left(\overrightarrow{\mathrm{OM}(t)}, \frac{\mathrm{d}\overrightarrow{\mathrm{OM}}}{\mathrm{d}t}\right) = \mathrm{e}^{2t}.$$

D'où :

$$\boxed{\cos\left(\overrightarrow{\mathrm{OM}(t)}, \frac{\mathrm{d}\overrightarrow{\mathrm{OM}}}{\mathrm{d}t}\right) = \frac{\mathrm{e}^{2t}}{\mathrm{e}^t \times \sqrt{2}\mathrm{e}^t} = \frac{1}{\sqrt{2}} = \frac{\sqrt{2}}{2}.}$$

et

$$\boxed{\sin\left(\overrightarrow{\mathrm{OM}(t)}, \frac{\mathrm{d}\overrightarrow{\mathrm{OM}}}{\mathrm{d}t}\right) = \frac{\mathrm{e}^{2t}}{\mathrm{e}^t \times \sqrt{2}\mathrm{e}^t} = \frac{1}{\sqrt{2}} = \frac{\sqrt{2}}{2}.}$$

Par suite, l'angle $\left(\overrightarrow{OM(t)}, \dfrac{d\overrightarrow{OM}}{dt}\right)$ est constant et

$$\boxed{\left(\overrightarrow{OM(t)}, \frac{d\overrightarrow{OM}}{dt}\right) = \frac{\pi}{4} \quad (2\pi).}$$

▶ **3.** Pour tous $(a, b) \in \mathbb{R}^2$, $L_a^b = \displaystyle\int_a^b \left\| \frac{d\overrightarrow{OM}}{dt} \right\| dt.$

$$L_0^{\frac{\pi}{2}} = \int_0^{\frac{\pi}{2}} \left\| \frac{d\overrightarrow{OM}}{dt} \right\| dt = \int_0^{\frac{\pi}{2}} \sqrt{2}\, e^t\, dt = [\sqrt{2}\, e^t]_0^{\frac{\pi}{2}}.$$

$$L_0^{\frac{\pi}{2}} = \sqrt{2}\, e^{\frac{\pi}{2}} - \sqrt{2}e^0 = \sqrt{2}(e^{\frac{\pi}{2}} - 1)$$

$$\boxed{L_0^{\frac{\pi}{2}} = 5{,}39 \text{ à } 10^{-2} \text{ près.}}$$

De même : $L_t^0 = \displaystyle\int_t^0 \sqrt{2}\, e^t\, dt = [\sqrt{2}\, e^t]_t^0 = \sqrt{2} - \sqrt{2}\, e^t.$

et $\boxed{\displaystyle\lim_{t \to -\infty} L_t^0 = \lim_{t \to -\infty} (\sqrt{2} - \sqrt{2}\, e^t) = \sqrt{2}.}$ car $\displaystyle\lim_{t \to -\infty} e^t = 0.$

44 SUJET COMPLÉMENTAIRE — 4 POINTS
SÉRIE S

Dans le plan rapporté à un repère orthonormal, on considère la courbe (C) dont une représentation paramétrique est :

$$\begin{cases} x = \cos^2 t + \cos t - 1 \\ y = (1 + \cos t) \sin t. \end{cases}$$

▶ **1.** Que peut-on dire des points M et M′ de (C) de paramètres respectifs t et $-t$? (0,5 POINT)

En déduire qu'il suffit de construire la partie de (C) correspondant aux valeurs de t de l'intervalle [0 ; π] pour pouvoir obtenir (C). (0,5 POINT)

▶ **2.** Étudier les variations de x et y lorsque t appartient à l'intervalle $[0 ; \pi]$. (2 POINTS)

▶ **3.** Tracer la courbe (C) en précisant les tangentes à (C) aux points de paramètres $0, \frac{\pi}{3}, \frac{\pi}{2}, \frac{2\pi}{3}$.

On admettra qu'au point de paramètre π la tangente à (C) est parallèle à l'axe des abscisses. (1 POINT)

N.B. : On prendra 6 cm comme unité de longueur.

❑ Corrigé

Objet du problème : Cardioïde.

Connaissances mathématiques :
– Fonctions trigonométriques.

▶ **1.** La fonction vectorielle $t \mapsto \overrightarrow{OM(t)}$ est périodique de période 2π car :

$$\begin{cases} x(t+2\pi) = \cos^2(t+2\pi) + \cos(t+2\pi) - 1 \\ y(t+2\pi) = (1+\cos(t+2\pi))\sin(t+2\pi) \end{cases}$$

donc : $\begin{cases} x(t+2\pi) = \cos^2 t + \cos t - 1 \\ y(t+2\pi) = (1+\cos t)\sin t \end{cases}$ et $\begin{cases} x(t+2\pi) = x(t) \\ y(t+2\pi) = y(t). \end{cases}$

Il suffit donc d'effectuer l'étude sur l'intervalle $[-\pi ; \pi]$.

Soit $M(t)$ un point de (C) où $t \in \mathbb{R}$ et un autre point tel que $M'(-t)$.

$M'(-t) \in$ (C) et :

$$\begin{cases} x(-t) = \cos^2(-t) + \cos(-t) - 1 \\ y(-t) = (1+\cos(-t))\sin(-t) \end{cases}$$

donc : $\begin{cases} x(-t) = \cos^2 t + \cos t - 1 \\ y(-t) = -(1+\cos t)\sin t \end{cases}$ et $\begin{cases} x(-t) = x(t) \\ y(-t) = -y(t). \end{cases}$

La courbe (C) est donc symétrique par rapport à l'axe des abscisses. Il suffit de construire la partie de (C) sur l'intervalle $[0 ; \pi]$ pour obtenir (C) par symétrie.

▶ **2.** La fonction vectorielle $t \mapsto \overrightarrow{OM(t)}$ est dérivable sur $[0 ; \pi]$ et on a :

$$\begin{cases} x'(t) = -2\cos t \sin t - \sin t \\ y'(t) = -\sin^2 t + \cos t + \cos^2 t \end{cases}$$

donc : $\begin{cases} x'(t) = -\sin t\,(2\cos t + 1) \\ y'(t) = 2\cos^2 t + \cos t - 1. \end{cases}$

Sur $[0\,;\pi]$, on a :

$x'(t) = 0$ si, et seulement si, $-\sin t\,(2\cos t + 1) = 0$
$\sin t = 0$ si, et seulement si, $t = 0$ ou $t = \pi$.
$2\cos t + 1 = 0$ si, et seulement si, $\cos t = -\dfrac{1}{2}$ soit $t = \dfrac{2\pi}{3}$.

$y'(t) = 0$ si, et seulement si, $2\cos^2 t + \cos t - 1 = 0$ (*)

Résolvons (*) :

$\Delta = 9$ donc : $2\cos^2 t + \cos t - 1 = 0$ si, et seulement si,

$$\cos t = \frac{-1+3}{4} \text{ ou } \cos t = \frac{-1-3}{4}$$

$$\cos t = -1 \quad \text{ou } \cos t = \frac{1}{2}.$$

$$t = \pi \quad \text{ou} \quad t = \frac{\pi}{3}.$$

La fonction $t \mapsto x(t)$ s'annule en changeant de signe en $t = \dfrac{2\pi}{3}$, la fonction $t \mapsto y(t)$ s'annule en changeant de signe en $t = \dfrac{\pi}{3}$.

On a donc le tableau des variations de x et de y suivant :

t	0		$\frac{\pi}{3}$		$\frac{2\pi}{3}$		π
Signe de $x'(t)$		$-$	0	$-$	0	$+$	
Variations de $t \mapsto x(t)$	1	↘	$-\frac{1}{4}$	↘	$-\frac{5}{4}$	↗	-1
Signe de $y'(t)$		$+$	0	$-$		$-$	
Variations de $t \mapsto y(t)$	0	↗	$\frac{3\sqrt{3}}{4}$	↘	$\frac{\sqrt{3}}{4}$	↘	0

▶ 3. **Représentation graphique**

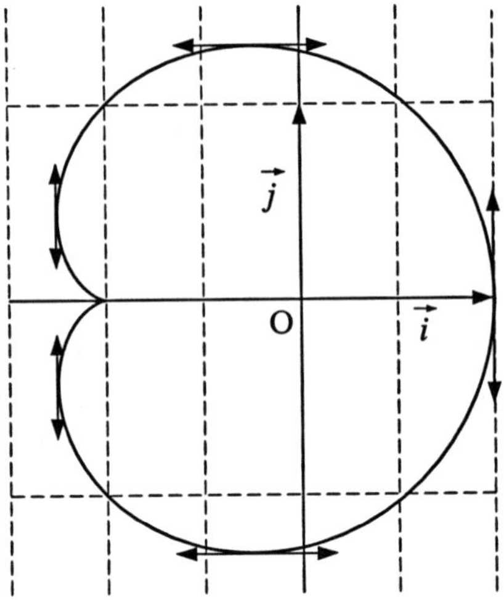

45 SUJET COMPLÉMENTAIRE — 13 POINTS
SÉRIE S

Le plan est rapporté à un repère orthonormé $(O\,;\vec{i},\vec{j})$. L'objet du problème est d'étudier la courbe plane (C) définie par la représentation paramétrique :

$$t \mapsto \overrightarrow{OM}\,(t) = x(t)\vec{i} + y(t)\vec{j}$$

où, pour tout nombre réel t,

$$\begin{cases} x(t) = 3 \sin t + 2 \cos t \\ y(t) = 2 \sin t. \end{cases}$$

Partie A

Dans cette première partie, on étudie une fonction auxiliaire.
Soit f la fonction définie sur $\mathbb{R}$ par :

$$f(t) = 4 + 9\sin^2 t + 12\sin t\cos t.$$

▶ **1.** Exprimer $f(t)$ en fonction de $\cos 2t$ et $\sin 2t$. (1 POINT)

▶ **2.** *a*) Montrer qu'il existe un nombre réel α et un seul appartenant à $\left]0\,;\frac{\pi}{2}\right[$ tel que $\tan\alpha = 2$. (0,5 POINT)

b) Calculer $\cos\alpha$, $\sin\alpha$, $\cos 2\alpha$, $\sin 2\alpha$ et $\tan 2\alpha$. (1 POINT)

c) Prouver que, pour tout nombre réel t,

$$f(t) = \frac{17}{2} + \frac{15}{2}\cos[2(t-\alpha)]. \qquad (1)$$ (0,5 POINT)

▶ **3.** *a*) À l'aide de la relation (1), étudier les variations de f sur l'intervalle $[-\pi\,;\pi]$. (1 POINT)

b) Tracer la courbe représentative (Γ) de f sur cet intervalle dans un repère orthogonal $(O\,;\vec{u},\vec{v})$ (unités graphiques : 2 cm en abscisse, 0,5 cm en ordonnée). (1 POINT)

Partie B

✪ Étude de (C)

▶ **1.** *Périodicité et symétries*

a) Comparer $\overrightarrow{OM}(t+2\pi)$ et $\overrightarrow{OM}(t)$, ainsi que $\overrightarrow{OM}(t+\pi)$ et $\overrightarrow{OM}(t)$. (0,25 + 0,25 POINT)

b) En déduire que (C) peut s'obtenir très simplement à partir de l'arc (C′) de (C) obtenu par restriction à l'intervalle $\left[-\frac{\pi}{2}\,;\frac{\pi}{2}\right]$. (0,5 POINT)

▶ **2.** *Variations de x et y*

a) Déterminer les points de (C) où la tangente est parallèle à (Ox) ; on précisera les coordonnées de ces points. (0,5 POINT)

b) Soit β l'unique élément de $\left]0\,;\frac{\pi}{2}\right[$ tel que $\tan\beta = \frac{3}{2}$.

Calculer $\sin\beta$ et $\cos\beta$. (0,5 POINT)

Déterminer en fonction de β les nombres réels t tels que $x'(t) = 0$. (0,5 POINT)

En déduire les coordonnées des points de (C) où la tangente est parallèle à (Oy). (0,5 POINT)

Étudier les variations de $t \mapsto x(t)$ sur l'intervalle $\left[-\frac{\pi}{2}\,;\frac{\pi}{2}\right]$ (1 POINT) *c*) Résumer les résultats précédents dans un tableau de variation (on se limitera à l'intervalle $\left[-\frac{\pi}{2} ; \frac{\pi}{2}\right]$). (0,5 POINT)

▶ **3.** *Extremums de la distance* OM

a) Démontrer que $\|\overrightarrow{OM}(t)\|^2 = f(t)$. (0,5 POINT)

À l'aide des résultats obtenus en **1**, préciser les coordonnées des points A et A′ de (C) où la distance OM présente un maximum, et les coordonnées des points B et B′ de (C) où cette distance présente un minimum. (0,5 POINT)

b) Montrer que A et A′ sont symétriques par rapport à O, ainsi que B et B′. Prouver que les droites (OA) et (OB) sont orthogonales. (1 POINT)

c) Prouver qu'en tout point M de (C) où OM présente un extremum, la tangente à (C) en M est orthogonale à (OM). (1 POINT)

▶ **4.** Construire la courbe (C), en plaçant les points A, B, A′, B′ et les tangentes à (C) en ces points. (0,5 POINT)

☐ Corrigé

Objet du problème : Ellipse.

Connaissances mathématiques :
– Fonctions trigonométriques.

$$\overrightarrow{OM}(t) = x(t)\vec{i} + y(t)\vec{j} \quad \text{avec} \quad x(t) = 3\sin t + 2\cos t \quad \text{et} \quad y(t) = 2\sin t.$$

Partie A

Soit f: $\mathbb{R} \to \mathbb{R}$

$t \mapsto 4 + 9\sin^2 t + 12 \sin t \cos t$.

▶ **1.** Nous avons :

$\sin^2 t = \dfrac{1 - \cos 2t}{2}$; $2 \sin t \cos t = \sin 2t$ pour tout $t \in \mathbb{R}$.

D'où : $f(t) = 4 + \dfrac{9}{2}(1 - \cos 2t) + 6 \sin 2t$.

$$\boxed{\textbf{Pour tout } t \in \mathbb{R}, f(t) = \frac{17}{2} - \frac{9}{2}\cos 2t + 6\sin 2t.}$$

▶ **2.** *a)* La fonction $x \mapsto \tan x$ réalise une bijection de $\left]0\,;\dfrac{\pi}{2}\right[$ sur $\mathbb{R}^+$.

Il existe donc un réel α unique tel que $\tan \alpha = 2$, ($\alpha \simeq 1{,}1$ rad).

b) Nous avons : $1 + \tan^2 \alpha = \dfrac{1}{\cos^2 \alpha}$

soit $\cos^2 \alpha = \dfrac{1}{5}$ avec $\alpha \in \left]0\,;\dfrac{\pi}{2}\right[$.

Par suite : $\cos \alpha = \dfrac{\sqrt{5}}{5}$.

Nous avons aussi $\sin^2 \alpha = 1 - \cos^2 \alpha$

soit $\sin^2 \alpha = \dfrac{4}{5}$ avec $\alpha \in \left]0\,;\dfrac{\pi}{2}\right[$.

Par suite : $\sin \alpha = \dfrac{2\sqrt{5}}{5}$.

Nous en déduisons :

$\cos 2\alpha = 2\cos^2 \alpha - 1$, soit $\boxed{\cos 2\alpha = -\dfrac{3}{5}.}$

$\sin 2\alpha = 2 \sin \alpha \cos \alpha$, soit $\boxed{\sin 2\alpha = \dfrac{4}{5}.}$

$\tan 2\alpha = \dfrac{\sin 2\alpha}{\cos 2\alpha}$, soit $\boxed{\tan 2\alpha = -\dfrac{4}{3}.}$

c) $f(t) = \dfrac{17}{2} - \dfrac{9}{2}\cos 2t + 6\sin 2t$ d'après **A. 1.**

$$f(t) = \frac{17}{2} - \frac{9}{2}\left(\cos 2t - \frac{4}{3}\sin\ 2t\right) \text{ avec } -\frac{4}{3} = \tan 2\alpha$$

$$f(t) = \frac{17}{2} - \frac{9}{2}(\cos 2t + \tan 2\alpha \sin 2t)$$

$$f(t) = \frac{17}{2} - \frac{9}{2}\left(\cos 2t + \frac{\sin 2\alpha}{\cos 2\alpha}\sin 2t\right)$$

$$f(t) = \frac{17}{2} - \frac{9}{2\cos 2\alpha}(\cos 2t \cos 2\alpha + \sin 2t \sin 2\alpha)$$

$$f(t) = \frac{17}{2} - \frac{9}{2\left(-\frac{3}{5}\right)}(\cos(2t - 2\alpha)) \text{ pour } t \in \mathbb{R}.$$

D'où : **Pour $t \in \mathbb{R}$, $f(t) = \dfrac{17}{2} + \dfrac{15}{2}\cos(2t - 2\alpha)$.**

▶ **3.** *a)* $f'(t) = -\dfrac{15}{2} \times 2\sin(2t - 2\alpha)$ pour $t \in [-\pi ; \pi]$.

$f'(t) = -15\sin(2t - 2\alpha)$ pour $t \in [-\pi ; \pi]$.

$\begin{cases} \sin(2t - 2\alpha) = 0 \\ t \in [-\pi ; \pi] \end{cases}$ si, et seulement si, $\begin{cases} 2t - 2\alpha = k\pi,\ k \in \mathbb{Z} \\ t \in [-\pi ; \pi]. \end{cases}$

$\begin{cases} \sin(2t - 2\alpha) = 0 \\ t \in [-\pi ; \pi] \end{cases}$ si, et seulement si, $\begin{cases} t = \alpha + k\dfrac{\pi}{2},\ k \in \mathbb{Z} \\ t \in [-\pi ; \pi]. \end{cases}$

$\begin{cases} \sin(2t - 2\alpha) = 0 \\ t \in [-\pi ; \pi] \end{cases}$ si, et seulement si, $t \in \left\{\alpha, \alpha - \dfrac{\pi}{2}, \alpha + \dfrac{\pi}{2}, \alpha - \pi\right\}$

t	$-\pi$		$\alpha - \pi$		$\alpha - \frac{\pi}{2}$		α		$\alpha + \frac{\pi}{2}$		π
Signe de $\sin(2t - 2\alpha)$		$-$	0	$+$	0	$-$	0	$+$	0	$-$	
Signe de $f'(t)$		$+$		$-$		$+$		$-$		$+$	
Variations de f	4	↗	16	↘	1	↗	16	↘	1	↗	4

b) Courbe représentative (Γ) de f

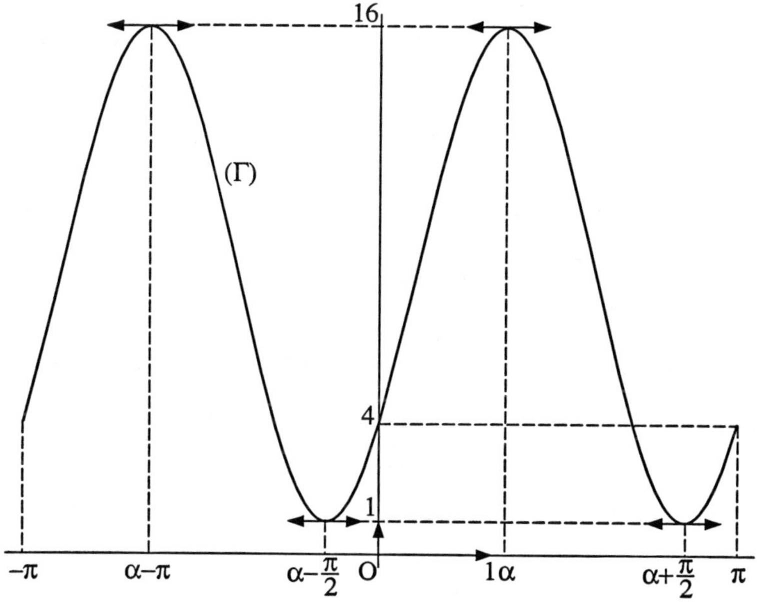

Partie B

✪ Étude de (C)

▶ 1. *a*) $\overrightarrow{OM}(t+2\pi) = (3\sin(t+2\pi) + 2\cos(t+2\pi))\vec{i} + 2\sin(t+2\pi)\vec{j}$.

Or $\sin(t+2\pi) = \sin t$

$\cos(t+2\pi) = \cos t$.

$\overrightarrow{OM}(t+2\pi) = (3\sin t + 2\cos t)\vec{i} + 2\sin t\vec{j}$

$\overrightarrow{OM}(t+2\pi) = \overrightarrow{OM}(t)$.

$\overrightarrow{OM}(t+\pi) = (3\sin(t+\pi) + 2\cos(t+\pi))\vec{i} + 2\sin(t+\pi)\vec{j}$

Mais $\sin(t+\pi) = -\sin t$

$\cos(t+\pi) = -\cos t$

donc $\overrightarrow{OM}(t+\pi) = -(3\sin t + 2\cos t)\vec{i} - (2\sin t)\vec{j}$

$$\boxed{\overrightarrow{OM}(t+\pi) = -\overrightarrow{OM}(t).}$$

b) $\overrightarrow{OM}(t + 2\pi) = \overrightarrow{OM}(t)$ donc (C) peut être étudiée sur un intervalle de longueur 2π, par exemple $[-\pi ; \pi]$.
Comme de plus $\overrightarrow{OM}(t + \pi) = -\overrightarrow{OM}(t)$, **l'on peut restreindre l'étude à** $\left[-\frac{\pi}{2} ; \frac{\pi}{2}\right]$ car les points $M(t + \pi)$ et $M(t)$ sont symétriques par rapport à O.

▶ **2.** *a*) $x'(t) = 3 \cos t - 2 \sin t$ et $y'(t) = 2 \cos t$.

Le vecteur $\overrightarrow{T}\begin{pmatrix} x'(t) \\ y'(t) \end{pmatrix}$ est un vecteur directeur de la tangente en tout point M de (C).
La tangente est parallèle à (O*x*) si, et seulement si, $y'(t) = 0$ et $x'(t) \neq 0$.

C'est-à-dire pour $t = \frac{\pi}{2} + k\pi$, $k \in \mathbb{Z}$, ce qui nous donne les points :

$\mathbf{M_1\ (-3 ; -2)}$	**pour** $\boldsymbol{k = -1}$	**et**	$\boldsymbol{t = -\frac{\pi}{2}}$.
$\mathbf{M_0\ (3 ; 2)}$	**pour** $\boldsymbol{k = 0}$	**et**	$\boldsymbol{t = \frac{\pi}{2}}$.

b) • Soit β l'unique réel de $\left]0 ; \frac{\pi}{2}\right[$ tel que $\tan \beta = \frac{3}{2}$.

$1 + \tan^2 \beta = \frac{1}{\cos^2 \beta}$ soit $\frac{13}{4} = \frac{1}{\cos^2 \beta}$

d'où $\cos \beta = \frac{2}{\sqrt{13}}$ car $\beta \in \left]0 ; \frac{\pi}{2}\right[$.

$1 - \cos^2 \beta = \sin^2 \beta$ soit $\frac{9}{13} = \sin^2 \beta$

d'où $\sin \beta = \frac{3}{\sqrt{13}}$ car $\beta \in \left]0 ; \frac{\pi}{2}\right[$.

Remarquons que $\beta \simeq 0{,}98$ rd.

• $x'(t) = 0$ si, et seulement si, $3 \cos t - 2 \sin t = 0$
  $x'(t) = 0$ si, et seulement si, $\tan t = \frac{3}{2} = \tan \beta$
  $x'(t) = 0$ si, et seulement si, $t = \beta + k\pi$, $k \in \mathbb{Z}$.

• Les points M(t) de (C) où la tangente est parallèle à (Oy) correspondent aux valeurs de t telles que $x'(t) = 0$ et $y'(t) \neq 0$.

Les valeurs de t vérifient, d'après l'étude précédente :

$$t = \beta + k\pi,\ k \in \mathbb{Z}.$$

Pour $k = 0 : t = \beta$ et $\boxed{\mathbf{M'_0}\left(\sqrt{13}\ ;\ \frac{6\sqrt{13}}{13}\right)}$

$k = 1 : t = \pi + \beta$ et $\boxed{\mathbf{M'_1}\left(-\sqrt{13}\ ;\ -\frac{6\sqrt{13}}{13}\right)}$

Tableau des variations de $t \mapsto x(t)$ pour $t \in \left[-\frac{\pi}{2}\ ;\ \frac{\pi}{2}\right]$

t	$-\frac{\pi}{2}$		β		$\frac{\pi}{2}$
Signe de $x'(t)$		+	0	−	
Variations de x	-3	↗	$\sqrt{13}$	↘	3

c) **Tableau des variations comparées de $t \mapsto x(t)$ et $t \mapsto y(t)$ pour $t \in \left[-\frac{\pi}{2}\ ;\ \frac{\pi}{2}\right]$**

t	$-\frac{\pi}{2}$		β		$\frac{\pi}{2}$
Signe de $x'(t)$		+	0	−	
Variations de x	-3	↗	$\sqrt{13}$	↘	3
Variations de y	-3	↗	$\frac{6\sqrt{13}}{13}$	↗	3
Signe de $y'(t)$	0	+		+	0

▶ **3.** *a)* $\|\overrightarrow{OM}(t)\|^2 = [x(t)]^2 + [y(t)]^2$

$$\|\overrightarrow{OM}(t)\|^2 = (3\sin t + 2\cos t)^2 + 4\sin^2 t$$

$$\|\overrightarrow{OM}(t)\|^2 = 9\sin^2 t + 4\cos^2 t + 12\sin t\cos t + 4\sin^2 t$$

$$\|\overrightarrow{OM}(t)\|^2 = 13\sin^2 t + 4\cos^2 t + 12\sin t\cos t$$

$$\|\overrightarrow{OM}(t)\|^2 = 9\sin^2 t + 4(\sin^2 t + \cos^2 t) + 12\sin t\cos t$$

d'où : $\boxed{\|\overrightarrow{\mathbf{OM}}(t)\|^2 = f(t).}$

D'après les résultats de **A.** avec le fait que $t \mapsto x(t)$ et $t \mapsto y(t)$ sont des fonctions périodiques de période 2π, nous pouvons en déduire que la distance $OM(t)$ est maximale aux points correspondant aux valeurs de $t = \alpha$ et $t = \alpha - \pi$.

La valeur maximale de $OM(t)$ est alors égale à 4.

Les points M correspondants sont :

$OA = OM(\alpha)$ soit $\mathbf{A}\left(\dfrac{8\sqrt{5}}{5} ; \dfrac{4\sqrt{5}}{5}\right)$.

$OA' = OM(\alpha - \pi)$ soit $\mathbf{A'}\left(-\dfrac{8\sqrt{5}}{5} ; -\dfrac{4\sqrt{5}}{5}\right)$.

La distance est minimale aux points correspondant aux valeurs de $t = \alpha - \dfrac{\pi}{2}$ et $t = \alpha + \dfrac{\pi}{2}$. La valeur minimale de $OM(t)$ est alors égale à 1 Les points M correspondants sont :

$OB = OM\left(\alpha - \dfrac{\pi}{2}\right)$ soit $\boxed{B\left(\dfrac{\sqrt{5}}{5} ; -\dfrac{2\sqrt{5}}{5}\right).}$

$OB' = OM\left(\alpha + \dfrac{\pi}{2}\right)$ soit $\boxed{B'\left(-\dfrac{\sqrt{5}}{5} ; \dfrac{2\sqrt{5}}{5}\right).}$

b) Le milieu de [AA′] a pour coordonnées :

$\left[\left(\dfrac{8\sqrt{5} - 8\sqrt{5}}{2}\right) ; \dfrac{1}{2}\left(\dfrac{4\sqrt{5}}{5} - \dfrac{4\sqrt{5}}{5}\right)\right]$ soit (0 ; 0). **Le milieu de [AA′] est O.**

A et A′ sont donc symétriques par rapport à O.

Le milieu de [BB′] a pour coordonnées :

$\left[\dfrac{1}{2}\left(\dfrac{\sqrt{5}}{5} - \dfrac{\sqrt{5}}{5}\right) ; \dfrac{1}{2}\left(-\dfrac{2\sqrt{5}}{5} + \dfrac{2\sqrt{5}}{5}\right)\right]$ soit (0 ; 0). **Le milieu de [BB′] est O.**

B et B′ sont donc symétriques par rapport à O.

- $\overrightarrow{OA} = \frac{8\sqrt{5}}{5}\vec{i} + \frac{4\sqrt{5}}{5}\vec{j}$

  $\overrightarrow{OB} = \frac{\sqrt{5}}{5}\vec{i} - 2\frac{\sqrt{5}}{5}\vec{j}.$

$\overrightarrow{OA} \cdot \overrightarrow{OB} = \frac{40}{5} - \frac{40}{5}$ donc $\overrightarrow{OA} \cdot \overrightarrow{OB} = 0$ et **(OA) ⊥ (OB).**

c) Nous savons que $\vec{T} = x'(t)\vec{i} + y'(t)\vec{j}$ d'après **B.** 2.*a*).

$\overrightarrow{OM}(t) \cdot \vec{T} = x(t)x'(t) + y(t)y'(t)$

$\overrightarrow{OM}(t) \cdot \vec{T} = (3 \sin t + 2 \cos t)(3 \cos t - 2 \sin t) + (2 \sin t)(2 \cos t)$

$\overrightarrow{OM}(t) \cdot \vec{T} = 9 \sin t \cos t - 6 \sin^2 t + 6 \cos^2 t + 4 \sin t \cos t - 4 \sin t \cos t$

$\overrightarrow{OM}(t) \cdot \vec{T} = 9 \sin t \cos t + 6 \cos 2t.$

Mais :

$f(t) = \frac{17}{2} - \frac{9}{2} \cos 2t + 6 \sin 2t$ et $f'(t) = 9 \sin 2t + 12 \cos 2t$

Donc : $f'(t) = 18 \sin t \cos t + 12 \cos 2t$

$$\frac{1}{2}f'(t) = \overrightarrow{OM}(t) \cdot \vec{T}$$

Si OM(t) présente un maximum pour une valeur t_0 de t alors $f'(t_0) = 0$ et $\overrightarrow{OM}$ est perpendiculaire à $\vec{T}$.

▸ **4. Courbe représentative de (C)**

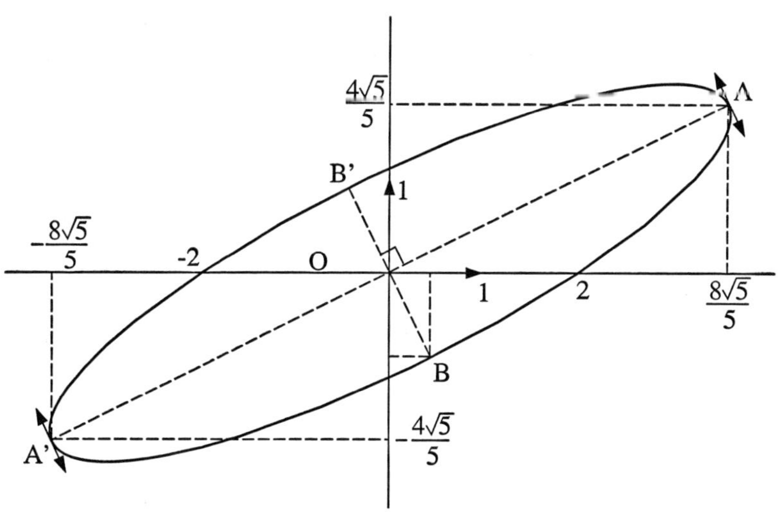

5 Géométrie de l'espace

46 SUJET COMPLÉMENTAIRE — SÉRIE S — 5 POINTS

L'espace étant rapporté à un repère orthonormal direct $(O\ ;\ \vec{i}, \vec{j}, \vec{k})$, on considère les points suivants :

$A(1, 0, -1)$; $B(2, 2, 3)$; $C(3, 1, -2)$; $D(-4, 2, 1)$;
$E(-2, 3, 0)$; $M(x, y, z)$.

▶ **1.** Calculer le produit vectoriel $\overrightarrow{MB} \wedge \overrightarrow{MC}$ et en déduire l'aire S du triangle ABC. (1 + 0,5 POINT)

▶ **2.** Soit (P) le plan passant par les points A, B et C. Déterminer un vecteur $\vec{V}$ normal au plan (P). (0,5 POINT)
Déterminer une équation du plan (P) (on donnera une équation à coefficients entiers). (0,5 POINT)

▶ **3.** Donner une représentation paramétrique de la droite (Δ) passant par D et perpendiculaire au plan (P). (0,5 POINT)

▶ **4.** Déterminer le point H projeté orthogonal de D sur le plan (P) et la distance L de D au plan P.(0,5 + 0,5 POINT)

▶ **5.** Déterminer la distance *d* de E à la droite (Δ). (1 POINT)

❑ Corrigé

Objet du problème : Savoir gérer l'espace.

Connaissances mathématiques :
- Produit vectoriel.
- Équation paramétrique d'une droite.
- Distance d'un point à une droite.

▶ **1.** $\overrightarrow{MB} \wedge \overrightarrow{MC} = \begin{pmatrix} 5y - z - 7 \\ -5x - z + 13 \\ x + y - 4 \end{pmatrix}$; $S = \dfrac{3}{2}\sqrt{14}.$

▶ **2.** $\vec{V} \begin{pmatrix} 2 \\ -3 \\ 1 \end{pmatrix}.$

Équation du plan P : $2x - 3y + z - 1 = 0.$

▶ **3. Représentation paramétrique de la droite (Δ)**
$x = 2t - 4$; $y = -3t + 2$; $z = t + 1,\ t \in \mathbb{R}.$

▶ **4.** $H(-2\,;-1\,;2)$; $L = \sqrt{14}.$

▶ **5.** $d = \sqrt{6}.$

47 SUJET COMPLÉMENTAIRE — 5 POINTS
SÉRIE S

Dans l'espace rapporté à un repère orthonormal direct $(O\,;\vec{i}, \vec{j}, \vec{k})$, on donne les points $A\left(-\dfrac{1}{2}, 0, 0\right)$, $B\left(\dfrac{1}{2}, 0, 0\right)$ et $F(0, 1, 0)$.

▶ **1.** Soit $M(x, y, z)$ un point de l'espace.
Calculer les coordonnées du vecteur $\overrightarrow{MA} \wedge \overrightarrow{MB}$. (1 POINT)
Déterminer le point M_0 tel que $\overrightarrow{M_0A} \wedge \overrightarrow{M_0B} = \overrightarrow{M_0F}$. (1 POINT)

▶ **2.** Déterminer l'ensemble des points M du plan $(O\,;\,\vec{j},\vec{k})$ tels que :

$$\|\overrightarrow{MA}\wedge\overrightarrow{MB}\| = \|\overrightarrow{MF}\|.\ (1\ \text{POINT})$$

En interprétant $\|\overrightarrow{MA}\wedge\overrightarrow{MB}\|$ comme une aire, montrer que ces points M sont à égale distance du point F et de la droite (AB). En déduire une solution géométrique. (1 POINT)

▶ **3.** Résoudre les mêmes questions qu'en **2.** en remplaçant le plan $(O\,;\vec{j},\vec{k})$ par le plan $(O\,;\,\vec{i},\vec{j})$. (1 POINT)

❑ Corrigé

Objet du problème : Vers une parabole.

Connaissances mathématiques :
- Produit vectoriel.
- Conique : parabole.

▶ **1.** $A\left(-\frac{1}{2}, 0, 0\right)$, $B\left(\frac{1}{2}, 0, 0\right)$, $F(0, 1, 0)$.

Pour $M(x, y, z)$ calculons les coordonnées du vecteur $\overrightarrow{MA}\wedge\overrightarrow{MB}$.

$$\overrightarrow{MA} = \left(-\frac{1}{2} - x\right)\vec{i} - y\vec{j} - z\vec{k}$$

$$\overrightarrow{MB} = \left(\frac{1}{2} - x\right)\vec{i} - y\vec{j} - z\vec{k}$$

Or $\vec{i}\wedge\vec{i} = \vec{0}$, $\quad\vec{j}\wedge\vec{j} = \vec{0}$, $\quad\vec{k}\wedge\vec{k} = \vec{0}$,

$\vec{i}\wedge\vec{j} = \vec{k}$, $\quad\vec{j}\wedge\vec{i} = -\vec{k}$

$\vec{i}\wedge\vec{k} = -\vec{j}$, $\quad\vec{k}\wedge\vec{i} = \vec{j}$,

$\vec{j}\wedge\vec{k} = \vec{i}$, $\quad\vec{k}\wedge\vec{j} = -\vec{i}$,

$$\overrightarrow{MA} \wedge \overrightarrow{MB} = \left(\left(-\frac{1}{2} - x\right)\vec{i} - y\vec{j} - z\vec{k}\right) \wedge \left(\left(\frac{1}{2} - x\right)\vec{i} - y\vec{j} - z\vec{k}\right).$$

$$\overrightarrow{MA} \wedge \overrightarrow{MB} = \left(-\frac{1}{2} - x\right)(-y)\vec{i} \wedge \vec{j} + \left(-\frac{1}{2} - x\right)(-z)\vec{i} \wedge \vec{k}$$

$$+ (-y)\left(\frac{1}{2} - x\right)\vec{j} \wedge \vec{i} + (-y)(-z)\vec{j} \wedge \vec{k}$$

$$+ (-z)\left(\frac{1}{2} - x\right)\vec{k} \wedge \vec{i} + (-z)(-y)\vec{k} \wedge \vec{j}$$

$$\overrightarrow{MA} \wedge \overrightarrow{MB} = \left(\frac{1}{2} + x\right)y\vec{k} - \left(\frac{1}{2} + x\right)z\vec{j} + y\left(\frac{1}{2} - x\right)\vec{k}$$

$$+ yz\vec{i} - z\left(\frac{1}{2} - x\right)\vec{j} - zy\vec{i}$$

$$\overrightarrow{MA} \wedge \overrightarrow{MB} = (yz - zy)\vec{i} + \left(-\frac{1}{2}z - xz - \frac{1}{2}z + zx\right)\vec{j}$$

$$+ \left(\frac{1}{2}y + xy + \frac{1}{2}y - yx\right)\vec{k}.$$

$$\overrightarrow{MA} \wedge \overrightarrow{MB} = -z\vec{j} + y\vec{k}.$$

Donc $\boxed{\overrightarrow{MA} \wedge \overrightarrow{MB} = \begin{pmatrix} 0 \\ -z \\ y \end{pmatrix}.}$

$\overrightarrow{MA} \wedge \overrightarrow{MB} = \overrightarrow{MF}$ si, et seulement si :

$$\begin{pmatrix} 0 \\ -z \\ y \end{pmatrix} = \begin{pmatrix} -x \\ 1-y \\ -z \end{pmatrix}$$

avec $\begin{cases} x = 0 \\ 1 - y = -z \\ y = -z \end{cases}$ si, et seulement si, $\begin{cases} x = 0 \\ y = -z \\ z = -\dfrac{1}{2}. \end{cases}$

Il existe un point M_0 unique tel que $\overrightarrow{M_0A} \wedge \overrightarrow{M_0B} = \overrightarrow{M_0F}$, il s'agit du point $\boxed{M_0\left(0, \frac{1}{2}, -\frac{1}{2}\right).}$

▶ **2.** Soit (E_1) l'ensemble des points M du plan $(O ; \vec{j}, \vec{k})$ tels que :

$$\|\overrightarrow{MA} \wedge \overrightarrow{MB}\| = \|\overrightarrow{MF}\|.$$

Nous avons : $\|\overrightarrow{MA} \wedge \overrightarrow{MB}\| = \sqrt{z^2 + y^2}$

$\|\overrightarrow{MF}\| = \sqrt{(1-y)^2 + z^2}$ (car nous sommes dans le plan $(O ; \vec{j}, \vec{k})$).

Par suite :

$\|\overrightarrow{MA} \wedge \overrightarrow{MB}\| = \|\overrightarrow{MF}\|$ si, et seulement si :

$$z^2 + y^2 = (1-y)^2 + z^2 \qquad (1)$$

(1) si, et seulement si, $y^2 = 1 - 2y + y^2$

(1) si, et seulement si, $y = \dfrac{1}{2}$.

(E_1) est donc la droite d'équation $y = \dfrac{1}{2}$ dans le plan $(O ; \vec{j}, \vec{k})$.

(E_1) est la médiatrice dans le plan $(O ; \vec{j}, \vec{k})$ du segment [OF] et $M_0 \in E_1$.

Nous avons $\|\overrightarrow{MA} \wedge \overrightarrow{MB}\| = 2\mathcal{A}$ où $\mathcal{A}$ désigne l'aire du triangle MAB.

Or $\mathcal{A} = \dfrac{1}{2}$ AB × MH où H désigne la projection orthogonale de M sur (AB).

Mais AB = 1, donc $\|\overrightarrow{MA} \wedge \overrightarrow{MB}\| = MH$ avec MH représentant la distance de M à la droite (AB).

A et B étant symétriques par rapport à O, nous avons H = O.

D'où $\|\overrightarrow{MA} \wedge \overrightarrow{MB}\| = OM$.

$M \in (E_1)$, si, et seulement si, M appartient à $(O ; \vec{j}, \vec{k})$ et MF = MO.

(E_1) n'est autre que la médiatrice de [OF].

▶ **3.** Soit (E_2) l'ensemble des points M du plan $(O ; \vec{i}, \vec{j})$ tels que :

$$\|\overrightarrow{MA} \wedge \overrightarrow{MB}\| = \|\overrightarrow{MF}\|$$

$\|\overrightarrow{MA} \wedge \overrightarrow{MB}\| = \|\overrightarrow{MF}\|$ si, et seulement si, $\sqrt{y^2} = \sqrt{x^2 + (1-y)^2}$

$M \in (E_2)$ si, et seulement si, $y^2 = x^2 + (1-y)^2$

$M \in (E_2)$ si, et seulement si, $x^2 - 2y + 1 = 0$

$M \in (E_2)$ si, et seulement si, $y = \dfrac{x^2+1}{2}$ dans le plan $(O ; \vec{i}, \vec{j})$.

(E_2) est la parabole d'équation $y = \dfrac{x^2+1}{2}$ dans le plan $(O ; \vec{i}, \vec{j})$.

À l'aide de 2. nous avons :
$\|\overrightarrow{MA} \wedge \overrightarrow{MB}\| = \|\overrightarrow{MF}\|$ si, et seulement si, MH = MF
avec H projection orthogonale de M sur (AB).
(E_2) est donc l'ensemble des points M du plan $(O ; \vec{i}, \vec{j})$ à égale distance de la droite (AB) et du point F(0 ; 1).

(E_2) est la parabole de foyer F et de directrice (AB).

48 SUJET COMPLÉMENTAIRE — SÉRIE S — 4 POINTS

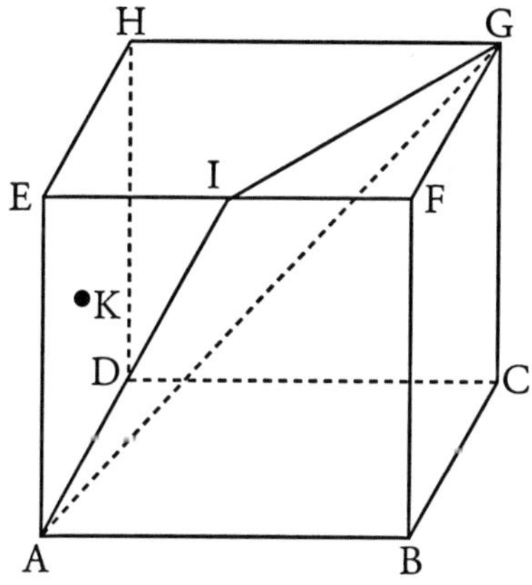

Soit le cube ABCDEFGH représenté par la figure ci-dessus.

L'espace est orienté par le repère orthonormal direct $(A ; \overrightarrow{AB}, \overrightarrow{AD}, \overrightarrow{AE})$.
On désigne par I le milieu de [EF] et par K le centre du carré ADHE.

▶ **1.** *a*) Vérifier que $\overrightarrow{BK} = \overrightarrow{IG} \wedge \overrightarrow{IA}$. (1 POINT)
b) En déduire l'aire du triangle IGA. (1 POINT)

▶ **2.** Calculer le volume du tétraèdre ABIG et en déduire la distance du point B au plan (AIG). (1 + 1 POINTS)

❑ Corrigé

Objet du problème : Avec un cube.

Connaissances mathématiques :
- Produit vectoriel.
- Aire d'un triangle.
- Volume d'un tétraèdre.
- Distance d'un point à un plan.

▶ **1.** *a*) Nous avons :
A(0, 0, 0), B(1, 0, 0), C(1, 1, 0), D(0, 1, 0), E(0, 0, 1),
F(1, 0, 1), G(1, 1, 1), H(0, 1, 1).

D'où : $\mathrm{I}\left(\frac{1}{2}, 0, 1\right)$, $\mathrm{K}\left(0, \frac{1}{2}, \frac{1}{2}\right)$.

Par suite : $$\overrightarrow{\mathrm{BK}}\begin{pmatrix} -1 \\ +\frac{1}{2} \\ \frac{1}{2} \end{pmatrix}, \quad \overrightarrow{\mathrm{IG}}\begin{pmatrix} \frac{1}{2} \\ 1 \\ 0 \end{pmatrix}, \quad \overrightarrow{\mathrm{IA}}\begin{pmatrix} -\frac{1}{2} \\ 0 \\ -1 \end{pmatrix}.$$

$\overrightarrow{\mathrm{IG}} \wedge \overrightarrow{\mathrm{IA}}\begin{pmatrix} -1 \\ \frac{1}{2} \\ \frac{1}{2} \end{pmatrix}$ car, dans une base orthonormale directe,

si $\vec{u} = x\vec{i} + y\vec{j} + z\vec{k}$ et $\vec{v} = x'\vec{i} + y'\vec{j} + z'k$ alors
$\vec{u} \wedge \vec{v} = (yz' - zy')\vec{i} + (zx' - xz')\vec{j} + (xy' - yx')\vec{k}$.

D'où : $\boxed{\overrightarrow{\mathrm{IG}} \wedge \overrightarrow{\mathrm{IA}} = \overrightarrow{\mathrm{BK}}.}$

b) L'aire du triangle IGA est donnée par : $\frac{1}{2}\|\overrightarrow{IG}\wedge\overrightarrow{IA}\|$ unités d'aire.

L'aire du triangle IGA est donc : $\frac{1}{2}\|\overrightarrow{BK}\|$ unités d'aire.

$\|\overrightarrow{BK}\| = \sqrt{1+\frac{1}{4}+\frac{1}{4}} = \frac{\sqrt{6}}{2}$.

D'où : **Aire (IGA) $= \frac{\sqrt{6}}{4}$ unités d'aire**

▶ **2.** Le volume du tétraèdre ABIG est donné par :

$\left|\frac{1}{6}(\overrightarrow{BI}\wedge\overrightarrow{BG})\cdot\overrightarrow{BA}\right|$ unités de volume.

Or $\overrightarrow{BI}\begin{pmatrix}-\frac{1}{2}\\0\\1\end{pmatrix}$, $\overrightarrow{BG}\begin{pmatrix}0\\1\\1\end{pmatrix}$, $\overrightarrow{BI}\wedge\overrightarrow{BG}\begin{pmatrix}-1\\\frac{1}{2}\\-\frac{1}{2}\end{pmatrix}$, $\overrightarrow{BA}\begin{pmatrix}-1\\0\\0\end{pmatrix}$.

$(\overrightarrow{BI}\wedge\overrightarrow{BG})\cdot\overrightarrow{BA} = 1$.

Le volume du tétraèdre ABIG est donné par **$\frac{1}{6}$ unités de volume.**

La distance BH du point B au plan (AIG) est :

$BH = \frac{|(\overrightarrow{BI}\wedge\overrightarrow{BG})\cdot\overrightarrow{BA}|}{\|\overrightarrow{BI}\wedge\overrightarrow{BG}\|}$.

D'où : $BH = \frac{1}{\|\overrightarrow{BI}\wedge\overrightarrow{BG}\|}$

BH $= \frac{2}{\sqrt{6}} = \frac{\sqrt{6}}{3}$ unités de longueur.

Problèmes

Commun à tous les candidats

On considère la fonction f définie sur l'intervalle $[0\,;+\infty[$ par :

$$f(x) = x\ln\left(1+\frac{1}{x^2}\right) \text{ si } x>0 \text{ et } f(0)=0.$$

On note (C) la courbe représentative de f dans un repère orthonormal $(O\,;\vec{i},\vec{j})$ (unité graphique : 5 cm).
Le but du problème est d'étudier certaines propriétés de la fonction f.

Partie A

✪ Étude d'une fonction auxiliaire

On considère la fonction g définie sur l'intervalle $]0\,;+\infty[$ par :

$$g(x) = \ln\left(1+\frac{1}{x^2}\right) - \frac{2}{x^2+1}.$$

▶ **1.** *a)* Calculer la dérivée g' de g. (0,75 POINT)
Montrer que, pour tout $x \in\,]0\,;+\infty[$, $g'(x) = \dfrac{2(x^2-1)}{x(x^2+1)^2}$. (0,25 POINT)
b) Étudier le signe de $g'(x)$ selon les valeurs de x. (0,5 POINT)

▶ **2.** Déterminer la limite de g en $+\infty$. (0,25 POINT)

▶ **3.** Déterminer la limite de g en 0. (0,25 POINT)

▶ **4.** *a)* Dresser le tableau des variations de g. (0,25 POINT)
b) En déduire qu'il existe un unique nombre réel $\alpha > 0$ tel que $g(\alpha) = 0$. (0,75 POINT)
Vérifier que $0,5 < \alpha < 0,6$. (0,5 POINT)

▶ **5.** Déduire des questions précédentes le signe de $g(x)$ sur l'intervalle $]0\,;+\infty[$. (0,5 POINT)
On ne demande pas de construire la courbe représentative de la fonction g.

Partie B

✪ Étude de la fonction f

▶ **1.** Montrer que, pour tout $x \in\,]0\,;+\infty[$, on a $f'(x) = g(x)$. (0,25 POINT)
En déduire les variations de f sur $]0\,;+\infty[$. (0,25 POINT)

▶ **2.** *a*) Calculer la limite quand x tend vers $+\infty$ de $xf(x)$. (On pourra poser $h = \frac{1}{x^2}$.) (0,5 POINT)

b) En déduire que $f(x)$ tend vers 0 quand x tend vers $+\infty$. (0,25 POINT)

▶ **3. Étude de f en 0**

a) Prouver que f est continue en 0. (On pourra écrire $f(x)$ sous la forme $f(x) = x \ln(x^2 + 1) - 2x \ln x$ et on utilisera le résultat suivant :

$$\lim_{x \to 0} x \ln x = 0). \text{ (0,5 POINT)}$$

(Ce type de question n'est plus au programme à partir de la session 99).

b) Étudier la dérivabilité de f en 0. Préciser la tangente à la courbe (C) au point O. (0,75 + 0,25 POINT)

▶ **4. Encadrement de $f(\alpha)$**

a) Prouver que, pour tout élément x de $[0,5 ; \alpha]$, $0 \leqslant f'(x) \leqslant f'(0,5)$. (0,5 POINT)

b) En déduire que, pour tout élément x de $[0,5 ; \alpha]$,

$$0 \leqslant f(\alpha) - f(0,5) \leqslant (\alpha - 0,5)\, f'(0,5).$$

puis que $0 \leqslant f(\alpha) - f(0,5) \leqslant \frac{1}{10} f'(0,5)$. (0,5 POINT)

c) En déduire une valeur décimale approchée de $f(\alpha)$ à 10^{-3} près. (0,25 POINT)

▶ **5.** Dresser le tableau des variations de f.
Donner l'allure de la courbe (C). (0,25 + 0,5 POINT)

Partie C

✪ Calcul d'une aire

Soit λ un nombre réel appartenant à l'intervalle $]0 ; 1]$.

▶ **1.** En utilisant une intégration par parties, calculer l'intégrale

$$J_\lambda = \int_\lambda^1 f(x)\,dx. \text{ (0,5 POINT)}$$

Donner une interprétation géométrique de cette intégrale. (0,25 POINT)

▶ **2.** Calculer $\lim_{\lambda \to 0} J_\lambda$. (0,5 POINT)

On admet que cette limite est l'aire de la partie du plan constituée des points dont les coordonnées $(x ; y)$ vérifient : $\begin{cases} 0 \leqslant x \leqslant 1 \\ 0 \leqslant y \leqslant f(x). \end{cases}$

En déduire la valeur de cette aire, exprimée en cm^2. (0,5 POINT)

❑ Corrigé

Objet du problème : Autour d'une fonction.

Connaissances mathématiques :
- Fonction logarithme népérien.
- Encadrement de la solution d'une équation et de son image.
- Primitive et calcul d'aire.

Soit f la fonction définie, pour tout $x \in [0\,;+\infty[$, par

$$\begin{cases} f(x) = x\ln\left(1+\dfrac{1}{x^2}\right) & \text{si } x > 0 \\ f(0) = 0. \end{cases}$$

Partie A

✪ Étude d'une fonction auxiliaire

Soit g la fonction définie, pour tout $x \in]0\,;+\infty[$, par

$$g(x) = \ln\left(1+\frac{1}{x^2}\right) - \frac{2}{x^2+1}.$$

▶ 1. *a)* Pour tout $x \in]0\,;+\infty[$,

$$g'(x) = \frac{-\dfrac{2}{x^3}}{1+\dfrac{1}{x^2}} + \frac{2\times 2x}{(x^2+1)^2}$$

$$g'(x) = -\frac{2}{x^3}\times\frac{x^2}{x^2+1} + \frac{4x}{(x^2+1)^2}$$

$$g'(x) = -\frac{2}{x(x^2+1)} + \frac{4x}{(x^2+1)^2}$$

$$g'(x) = -\frac{2(x^2+1)}{x(x^2+1)^2} + \frac{4x^2}{x(x^2+1)^2}$$

$$g'(x) = \frac{2x^2-2}{x(x^2+1)^2}$$

Pour tout $x > 0$, $g'(x) = \dfrac{2(x^2-1)}{x(x^2+1)^2}$.

b) Pour tout $x \in]0\,;+\infty[$, $g'(x) = \dfrac{2(x-1)(x+1)}{x(x^2+1)^2}$.

Ainsi, $g'(x)$ est du signe de $(x-1)$ car, pour tout $x \in]0\,;+\infty[$, $\dfrac{2(x+1)}{x(x^2+1)^2} > 0$.

Pour tout $x \in]0\,;1[$, $g'(x) < 0$.
Pour tout $x \in]1\,;+\infty[$, $g'(x) > 0$.
$g'(1) = 0$.

g est strictement décroissante sur $]0\,;1]$ et strictement croissante sur $[1\,;+\infty[$.

▶ **2.** Nous avons
$$\begin{cases} \lim\limits_{x \to +\infty} \left(1 + \dfrac{1}{x^2}\right) = 1 \\ \lim\limits_{X \to 1} \ln X = 0 \end{cases}$$

donc
$$\lim_{x \to +\infty} \ln\left(1 + \frac{1}{x^2}\right) = 0.$$

De plus,
$$\begin{cases} \lim\limits_{x \to +\infty} (x^2+1) = +\infty \\ \lim\limits_{X \to +\infty} \dfrac{2}{X} = 0 \end{cases}$$

donc
$$\lim_{x \to +\infty} \frac{2}{x^2+1} = 0.$$

$$\boxed{\lim_{x \to +\infty} g(x) = 0.}$$

L'axe des abscisses est asymptote à la courbe représentative de g au voisinage de $+\infty$.

▶ **3.** Puisque
$$\begin{cases} \lim\limits_{\substack{x \to 0 \\ x > 0}} \left(1 + \dfrac{1}{x^2}\right) = +\infty \\ \lim\limits_{X \to +\infty} \ln X = +\infty \end{cases}$$

on a
$$\lim_{\substack{x \to 0 \\ x > 0}} \ln\left(1 + \frac{1}{x^2}\right) = +\infty.$$

D'autre part, $$\lim_{\substack{x \to 0 \\ x > 0}} \frac{2}{x^2 + 1} = 2.$$

$$\boxed{\lim_{\substack{x \to 0 \\ x > 0}} g(x) = +\infty.}$$

L'axe des ordonnées est asymptote à la courbe représentative de *g*.

▶ **4.** *a)* Nous avons $$g(1) = \ln\left(1 + \frac{1}{1}\right) - \frac{2}{1 + 1}$$

$$\boxed{g(1) = \ln 2 - 1.}$$

Tableau des variations de *g*

x	0		1		$+\infty$
Signe de $g'(x)$		$-$ ~~$+$~~	0	~~$-$~~ $+$	
Variations de g	$+\infty$	↘	$\ln 2 - 1$	↗	0

b) g est dérivable et strictement décroissante sur $]0\ ;\ 1]$. g réalise une bijection de $]0\ ;\ 1]$ sur $[\ln 2 - 1\ ;\ +\infty[$. Or $\ln 2 - 1 < 0$ (puisque $\ln 2 - 1 = -0{,}3$ à 0,1 près), donc $0 \in [\ln 2 - 1\ ;\ +\infty[$, et l'équation $g(x) = 0$ admet une unique solution α appartenant à $]0\ ;\ 1]$.

D'autre part, g est strictement croissante sur $[1\ ;\ +\infty[$ et $\lim_{x \to +\infty} g(x) = 0$.

Ainsi, pour tout $x \in [1\ ;\ +\infty[$, $g(x) < 0$ et l'équation $g(x) = 0$ n'admet aucune solution sur l'intervalle $[1\ ;\ +\infty[$.

Il existe un unique réel $\alpha > 0$ tel que $g(\alpha) = 0$.

Puisque $g(0{,}5) = 0{,}01$ et $g(0{,}6) = -0{,}14$ à 10^{-2} près, on en déduit que $\boxed{0{,}5 < \alpha < 0{,}6}$ car g est strictement décroissante sur $]0\ ;\ 1]$.

▶ **5.** Des résultats de la question précédente, nous déduisons que :

Pour tout $x \in\ ]0\ ;\ \alpha[$, $g(x) > 0$.
Pour tout $x \in\ ]\alpha\ ;\ +\infty[$, $g(x) < 0$.
$g(\alpha) = 0$.

Partie B

✪ Étude de la fonction f

▶ **1.** f est définie, pour tout $x \in]0\,;+\infty[$, par $f(x) = x\ln\left(1+\frac{1}{x^2}\right)$.

Pour tout $x \in]0\,;+\infty[$,

$$f'(x) = 1 \times \ln\left(1+\frac{1}{x^2}\right) + x \times \frac{-\frac{2}{x^3}}{1+\frac{1}{x^2}}$$

$$f'(x) = \ln\left(1+\frac{1}{x^2}\right) - x \times \frac{2}{x^3} \times \frac{x^2}{x^2+1}$$

$$f'(x) = \ln\left(1+\frac{1}{x^2}\right) - \frac{2}{x^2+1}.$$

Pour tout $x \in]0\,;+\infty[$, $f'(x) = g(x)$.

Le signe de $g(x)$ ayant été étudié dans la question **A.5.**, nous en déduisons que

Pour tout $x \in]0\,;\alpha[$, $f'(x) > 0$.
Pour tout $x \in]\alpha\,;+\infty[$, $f'(x) < 0$.
$f'(\alpha) = 0$.

f est strictement croissante sur $]0\,;\alpha]$ et strictement décroissante sur $[\alpha\,;+\infty[$.

▶ **2.** *a*) Pour tout $x \in]0\,;+\infty[$,

$$xf(x) = x^2\ln\left(1+\frac{1}{x^2}\right)$$

$$xf(x) = \frac{1}{h}\ln(1+h) \quad \text{en posant } h = \frac{1}{x^2}.$$

$\lim\limits_{h\to 0} \frac{\ln(1+h)}{h} = \ln'(1)$. Or la fonction ln est dérivable en 1 et, nous savons que, pour tout $x \in]0\,;+\infty[$, $\ln'(x) = \frac{1}{x}$.

Ainsi, $\ln'(1) = 1$ et $\lim\limits_{h\to 0} \frac{\ln(1+h)}{h} = 1$.

Puisque $\lim\limits_{x \to +\infty} h(x) = 0$, on en déduit que :

$$\boxed{\lim_{x \to +\infty} x f(x) = 1.}$$

b) Du résultat précédent, nous déduisons que :

$$\lim_{x \to +\infty} x \times \lim_{x \to +\infty} f(x) = 1$$

$$\lim_{x \to +\infty} f(x) = \frac{1}{\lim\limits_{x \to +\infty} x}$$

$$\boxed{\lim_{x \to +\infty} f(x) = 0.}$$

L'axe des abscisses est asymptote à (C) au voisinage de + ∞.

▶ 3. Étude de *f* en 0

a) Pour tout $x \in]0 ; +\infty[$,

$$f(x) = x \ln\left(\frac{x^2+1}{x^2}\right)$$

$$f(x) = x[\ln(x^2+1) - \ln(x^2)]$$

$$f(x) = x[\ln(x^2+1) - 2 \ln x].$$

$$\boxed{\text{Pour tout } x \in]0 ; +\infty[,\ f(x) = x \ln(x^2+1) - 2x \ln x.}$$

Or $\lim\limits_{\substack{x \to 0 \\ x > 0}} \ln(1+x^2) = \ln 1$ car $\lim\limits_{x \to 0} (1+x^2) = 1$ et $\lim\limits_{X \to 1} \ln X = 0.$

c'est-à-dire $\lim\limits_{\substack{x \to 0 \\ x > 0}} \ln(1+x^2) = 0$

et $\lim\limits_{\substack{x \to 0 \\ x > 0}} x = 0$

donc $\lim\limits_{\substack{x \to 0 \\ x > 0}} x \ln(1+x^2) = 0.$

De plus, $\lim\limits_{\substack{x \to 0 \\ x > 0}} x \ln x = 0$

donc $\boxed{\lim\limits_{\substack{x \to 0 \\ x > 0}} f(x) = 0.}$

Puisque $f(0) = 0$, on en déduit que **f est continue en 0.**

b) Pour tout $h \in]0\,;+\infty[$,

$$\frac{f(h)-f(0)}{h} = \frac{h\ln\left(1+\frac{1}{h^2}\right)}{h}$$

$$\frac{f(h)-f(0)}{h} = \ln\left(1+\frac{1}{h^2}\right).$$

Or
$$\begin{cases} \lim\limits_{h\to 0}\left(1+\frac{1}{h^2}\right) = +\infty \\ \lim\limits_{X\to+\infty} f(X) = +\infty \end{cases}$$

$$\boxed{\lim_{\substack{h\to 0\\ h>0}} \frac{f(h)-f(0)}{h} = +\infty.}$$

f n'est pas dérivable en 0.

L'axe des ordonnées est tangent à (C) en O.

▶ **4. Encadrement de $f(\alpha)$**

a) Nous avons montré dans la partie **A** que g est strictement décroissante sur $[0\,;1]$. Ainsi, g est strictement décroissante sur $[0{,}5\,;\alpha]$ (puisque $[0{,}5\,;\alpha] \subset [0\,;1]$).
Il s'ensuit que, pour tout $x \in [0{,}5\,;\alpha]$,

$$g(\alpha) \leqslant g(x) \leqslant g(0{,}5)$$
$$0 \leqslant g(x) \leqslant g(0{,}5).$$

Puisque, de plus, pour tout $x \in]0\,;+\infty[$, $f'(x) = g(x)$, nous en déduisons que :

$$\boxed{\textbf{Pour tout } x \in [0{,}5\,;\alpha],\ 0 \leqslant f'(x) \leqslant f'(0{,}5).}$$

b) f est dérivable sur $[0{,}5\,;\alpha]$, et pour tout $x \in [0{,}5\,;\alpha]$, $f'(x) \leqslant f'(0{,}5)$.
D'après l'inégalité des accroissements finis, nous en déduisons que,

$$|f(\alpha) - f(0{,}5)| \leqslant |\alpha - 0{,}5|\, f'(0{,}5)$$

$$\boxed{0 \leqslant f(\alpha) - f(0{,}5) \leqslant (\alpha - 0{,}5)\, f'(0{,}5).}$$

Nous avons $0{,}5 < \alpha < 0{,}6$ donc $0 < \alpha - 0{,}5 < 0{,}1$, c'est-à-dire $\alpha - 0{,}5 < \frac{1}{10}$.

Par suite, $\boxed{0 \leqslant f(\alpha) - f(0{,}5) \leqslant \frac{1}{10} f'(0{,}5).}$

c) Du résultat précédent, nous déduisons que

$$f(0{,}5) \leqslant f(\alpha) \leqslant f(0{,}5) + \frac{1}{10} f'(0{,}5)$$

avec $f(0{,}5) = 0{,}8047$ à 10^{-4} près et $f'(0{,}5) = 0{,}0094$ à 10^{-4} près, soit $f(0{,}5) + \frac{1}{10} f'(0{,}5) = 0{,}8057$ à 10^{-4} près.

Une valeur approchée de $f(\alpha)$ à 10^{-3} près est 0,805.

▶ **5.** Des résultats des questions **1.** et **2.**, nous déduisons le tableau des variations de f :

x	0		α		$+\infty$
Signe de $f'(x)$		+	0	−	
Variations de f	0	↗	$f(\alpha)$	↘	0

Courbe représentative

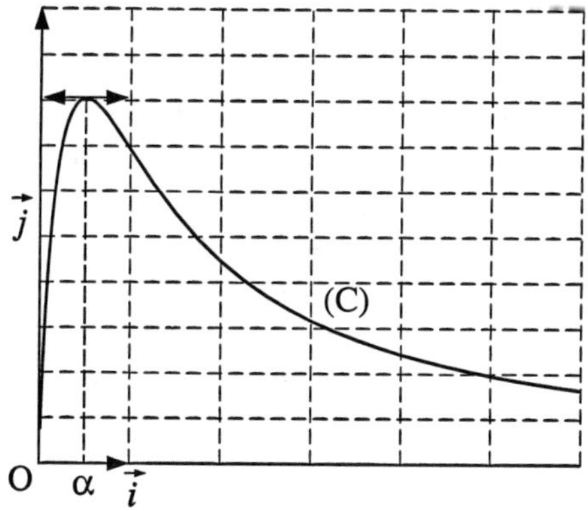

Partie C

✪ Calcul d'une aire

Soit $\lambda \in]0\,;1]$ et $J_\lambda = \int_\lambda^1 f(x)\,dx$.

▶ **1.** Nous avons $J_\lambda = \int_\lambda^1 x \ln\left(1 + \frac{1}{x^2}\right) dx$.

Calculons J_λ à l'aide d'une intégration par parties, en posant (u et v étant dérivables sur $[\lambda\,;1]$) :

$$\begin{cases} u'(x) = x \\ v(x) = \ln\left(1 + \dfrac{1}{x^2}\right) \end{cases}$$

Dans ce cas, $$\begin{cases} u(x) = \dfrac{x^2}{2} \\ v'(x) = \dfrac{-\dfrac{2}{x^3}}{1 + \dfrac{1}{x^2}} \end{cases}$$

$$\begin{cases} u(x) = \dfrac{x^2}{2} \\ v'(x) = -\dfrac{2}{x(x^2+1)}. \end{cases}$$

Il s'ensuit que $J_\lambda = [u(x)v(x)]_\lambda^1 - \int_\lambda^1 u(x)v'(x)\,dx$

$$J_\lambda = \left[\frac{x^2}{2}\ln\left(1 + \frac{1}{x^2}\right)\right]_\lambda^1 + \int_\lambda^1 \frac{x^2}{2} \times \frac{2}{x(x^2+1)}\,dx$$

$$J_\lambda = \frac{1}{2}\ln 2 - \frac{\lambda^2}{2}\ln\left(1 + \frac{1}{\lambda^2}\right) + \int_\lambda^1 \frac{x}{x^2+1}\,dx$$

et, pour tout $x \in [\lambda\,;1]$, $\dfrac{x}{x^2+1} = \dfrac{1}{2} \times \dfrac{w'(x)}{w(x)}$,

en posant $w(x) = x^2 + 1$.

Puisqu'une primitive sur $[\lambda\,;1]$ de $\dfrac{w'}{w}$ avec $w > 0$ est $\ln w$, nous en déduisons que :

$$J_\lambda = \frac{1}{2}\ln 2 - \frac{\lambda^2}{2}\ln\left(1 + \frac{1}{\lambda^2}\right) + \left[\frac{1}{2}\ln(x^2+1)\right]_\lambda^1$$

$$J_\lambda = \frac{1}{2}\ln 2 - \frac{\lambda^2}{2}\ln\left(1+\frac{1}{\lambda^2}\right) + \frac{1}{2}\ln 2 - \frac{1}{2}\ln(\lambda^2+1)$$

$$J_\lambda = \ln 2 - \frac{\lambda^2}{2}\ln\left(\frac{\lambda^2+1}{\lambda^2}\right) - \frac{1}{2}\ln(\lambda^2+1)$$

$$J_\lambda = \ln 2 - \frac{\lambda^2}{2}\ln(\lambda^2+1) + \lambda^2\ln\lambda - \frac{1}{2}\ln(\lambda^2+1)$$

$$\boxed{\mathbf{J_\lambda = \ln 2 - \frac{\lambda^2+1}{2}\ln(\lambda^2+1) + \lambda^2\ln\lambda.}}$$

Pour tout $x \in \,]0\,;+\infty[$, $1+\frac{1}{x^2} > 1$, donc $\ln\left(1+\frac{1}{x^2}\right) > \ln 1$ (la fonction ln étant strictement croissante sur $]0\,;+\infty[$). Ainsi, pour tout $x \in \,]0\,;+\infty[$, $x\ln\left(1+\frac{1}{x^2}\right) > 0$, c'est-à-dire $f(x) > 0$.

(C) est donc située au-dessus de l'axe des abscisses sur $]0\,;+\infty[$.

J_λ représente l'aire, exprimée en unités d'aire, du domaine délimité par (C), l'axe des abscisses, et les droites d'équations $x = \lambda$ et $x = 1$.

▶ **2.** Nous avons $\lim\limits_{\substack{\lambda\to 0\\ \lambda>0}} \lambda\ln\lambda = 0$ (croissances comparées)

donc $\lim\limits_{\substack{\lambda\to 0\\ \lambda>0}} \lambda^2\ln\lambda = 0.$

De plus, $\lim\limits_{\substack{\lambda\to 0\\ \lambda>0}} \frac{\lambda^2+1}{2} = \frac{1}{2}$

et $\lim\limits_{\substack{\lambda\to 0\\ \lambda>0}} \ln(\lambda^2+1) = \ln 1$

c'est-à-dire $\lim\limits_{\substack{\lambda\to 0\\ \lambda>0}} \ln(\lambda^2+1) = 0.$

Ainsi, $\lim\limits_{\substack{\lambda\to 0\\ \lambda>0}} \frac{\lambda^2+1}{2}\ln(\lambda^2+1) = 0$

$$\boxed{\mathbf{\lim_{\substack{\lambda\to 0\\ \lambda>0}} J_\lambda = \ln 2.}}$$

On admet que cette limite est l'aire de la partie du plan constituée des points dont les coordonnées $(x\,;y)$ vérifient

$$\begin{cases} 0 \leqslant x \leqslant 1 \\ 0 \leqslant y \leqslant f(x). \end{cases}$$

Une unité d'aire étant égale à 25 cm², l'aire du domaine est égale à 25 ln 2 cm².

50 POLYNÉSIE — 9 POINTS

SEPTEMBRE 1997 • SÉRIE S

Commun à tous les candidats

Le but du problème est l'étude d'une fonction f, d'une de ses primitives et d'une suite attachée à cette fonction. Le plan est muni d'un repère orthogonal $(O\,;\vec{i},\vec{j})$ avec $\|\vec{i}\| = 2$ cm et $\|\vec{j}\| = 5$ cm.

Partie A

Soit f la fonction définie sur $\mathbb{R}$ par $f(x) = \dfrac{1}{\sqrt{1+x^2}}$.

On note (C) sa courbe représentative.

▶ **1.** Montrer que f est paire. Étudier ses variations sur $[0\,;+\infty[$ et déterminer sa limite en $+\infty$. Tracer sa courbe (C). (2 POINTS)

▶ **2.** Montrer que f établit une bijection de $[0\,;+\infty[$ sur $]0\,;1]$.
On note y un réel quelconque de l'intervalle $]0\,;1]$. Exprimer en fonction de y le seul réel positif x vérifiant $f(x) = y$. (1 POINT)

Partie B

Soit F la fonction définie sur $\mathbb{R}$ par $F(x) = \ln(x + \sqrt{1 + x^2})$.
On admettra que, pour tout réel x, $x + \sqrt{1 + x^2} > 0$).

▶ **1.** Calculer $F'(x)$. En déduire que F est la primitive de f sur $\mathbb{R}$ qui s'annule en 0. (0,5 POINT)

▶ **2.** *a*) Déterminer la limite de F en $+\infty$.
b) Montrer que F est impaire.
c) En déduire la limite de F en $-\infty$. (1,5 POINT)

▶ **3.** Soit λ un réel strictement positif. On note $\mathscr{A}(\lambda)$ l'aire en cm^2 de la partie du plan constituée des points $M(x\,;y)$ tels que $\lambda \leqslant x \leqslant 2\lambda$ et $0 \leqslant y \leqslant f(x)$.
Exprimer $\mathscr{A}(\lambda)$ en fonction de λ ; donner la valeur exacte de $\mathscr{A}(1)$ et déterminer la limite de $\mathscr{A}(\lambda)$ quand λ tend vers $+\infty$. (1,5 POINT)

Partie C

On pose $u_0 = \displaystyle\int_0^1 \frac{1}{\sqrt{1 + x^2}}\,\mathrm{d}x$ et,

pour tout entier naturel n non nul, $u_n = \displaystyle\int_0^1 \frac{x^n}{\sqrt{1 + x^2}}\,\mathrm{d}x$.

▶ **1.** Calculer u_0. Calculer u_3 à l'aide d'une intégration par parties.

(Remarquer que $\dfrac{x^3}{\sqrt{1 + x^2}} = x^2 \times \dfrac{x}{\sqrt{1 + x^2}}$). (1,5 POINT)

▶ **2.** Montrer que, pour tout x de l'intervalle $[0\,;1]$, $0 \leqslant \dfrac{x^n}{\sqrt{1 + x^2}} \leqslant x^n$.
En intégrant cette double inégalité sur $[0\,;1]$, montrer que la suite (u_n) converge et déterminer sa limite. (1 POINT)

❑ Corrigé

Objet du problème : Autour d'une fonction.

Connaissances mathématiques :
- Fonction irrationnelle.
- Fonction logarithme népérien.
- Intégration par parties, primitives.
- Convergence d'une suite.

Partie A

Soit $f : \mathbb{R} \to \mathbb{R}$

$$x \mapsto f(x) = \frac{1}{\sqrt{1 + x^2}}.$$

▶ **1.** Pour tout $x \in \mathbb{R}$, $- x \in \mathbb{R}$, et $f(- x) = \dfrac{1}{\sqrt{1 + (- x)^2}}$ soit $f(- x) = f(x)$. Donc f est paire.

On peut ainsi étudier ses variations sur $[0 ; + \infty[$.

f est dérivable sur l'intervalle $[0 ; + \infty[$ car :

$x \overset{a}{\mapsto} 1 + x^2 = u \overset{b}{\mapsto} \dfrac{1}{\sqrt{u}}$ et a est dérivable et strictement positive sur $[0 ; + \infty[$, b est dérivable sur $]0 ; + \infty[$ et l'on peut écrire

$$f(x) = (1 + x^2)^{-\frac{1}{2}} \text{ pour tout } x \geqslant 0.$$

Pour tout $x \in [0 ; + \infty[$,

$$f'(x) = - x(1 + x^2)^{-\frac{3}{2}}.$$

$$f'(x) = \frac{- x}{(1 + x^2)\sqrt{1 + x^2}}.$$

Nous avons : $f'(x) = 0$ pour $x = 0$;

$f'(x) < 0$ pour $x > 0$.

f est strictement décroissante sur $[0 ; + \infty[$.

$$\lim_{x \to + \infty} f(x) = 0 \text{ car } \lim_{x \to + \infty} \sqrt{1 + x^2} = + \infty.$$

Tableau des variations de *f*

x	0		$+\infty$
Signe de $f'(x)$	0	$-$	
Variations de f	1	↘	0

Courbe représentative de *f*

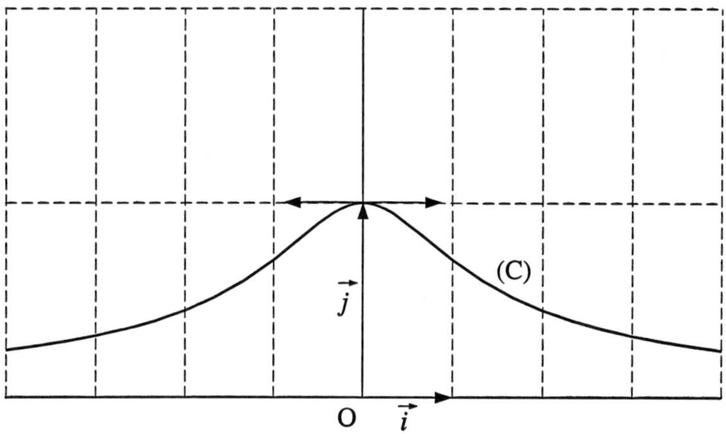

▶ **2.** f est dérivable sur $[0 ; +\infty[$ et strictement décroissante sur cet intervalle. Donc f réalise une bijection de $[0 ; +\infty[$ sur $f([0 ; +\infty[)$. Or $f(0) = 1$ et $\lim\limits_{x \to +\infty} f(x) = 0$ donc f est une bijection de $[0 ; +\infty[$ sur $]0 ; 1]$.

Pour tout réel y de $]0 ; 1]$, il existe un unique réel x de $[0 ; +\infty[$ tel que $y = f(x) = \dfrac{1}{\sqrt{1 + x^2}}$.

Par suite : $\sqrt{1 + x^2} = \dfrac{1}{y}$

$$1 + x^2 = \frac{1}{y^2}$$

soit $$x^2 = \frac{1}{y^2} - 1 \quad \text{avec } x \geqslant 0$$

$$\boxed{x = \sqrt{\frac{1}{y^2} - 1}.}$$

Partie B

Soit $F : \mathbb{R} \to \mathbb{R}$

$x \mapsto \ln(x + \sqrt{1 + x^2})$.

▶ **1.** Pour tout $x \in \mathbb{R}$, $$F'(x) = \frac{1 + \frac{2x}{2\sqrt{1 + x^2}}}{x + \sqrt{1 + x^2}}$$

$$F'(x) = \frac{\sqrt{1 + x^2} + x}{\sqrt{1 + x^2}(x + \sqrt{1 + x^2})}$$

$$F'(x) = \frac{1}{\sqrt{1 + x^2}}.$$

F est alors une primitive de f sur $\mathbb{R}$.

Or $F(0) = 0$, donc **F est la primitive de f sur $\mathbb{R}$ qui s'annule en 0.**

▶ **2.** *a)* $\lim_{x \to +\infty} F(x) = +\infty$ car $\begin{cases} \lim_{x \to +\infty} (x + \sqrt{1 + x^2}) = +\infty \\ \lim_{X \to +\infty} \ln X = +\infty. \end{cases}$

b) Pour tout réel x, $-x \in \mathbb{R}$ et

$F(x) + F(-x) = \ln(x + \sqrt{1 + x^2}) + \ln(-x + \sqrt{1 + x^2})$

$F(x) + F(-x) = \ln[(x + \sqrt{1 + x^2})(-x + \sqrt{1 + x^2})]$

$F(x) + F(-x) = \ln((1 + x^2) - x^2)$

$F(x) + F(-x) = \ln 1$

$F(x) + F(-x) = 0.$

Pour tout x réel, $F(-x) = -F(x)$ donc F est impaire.

c) Nous avons : $\lim\limits_{x \to -\infty} (-x) = +\infty$ et $\lim\limits_{X \to +\infty} F(X) = +\infty$

avec $F(x) = -F(-x)$

donc $$\boxed{\lim_{x \to -\infty} F(x) = -\infty.}$$

▶ **3.** Pour tout réel λ strictement positif,

$\mathcal{A}(\lambda) = 10 \int_{\lambda}^{2\lambda} f(x)\,dx$

$\mathcal{A}(\lambda) = 10\,[F(x)]_{\lambda}^{2\lambda}$

$\mathcal{A}(\lambda) = 10\,[F(2\lambda) - F(\lambda)]$

$\mathcal{A}(\lambda) = 10\,(\ln(2\lambda + \sqrt{1 + 4\lambda^2}) - \ln(\lambda + \sqrt{1 + \lambda^2})]$

$$\boxed{\begin{aligned} \mathcal{A}(\lambda) &= 10 \ln\left(\frac{2\lambda + \sqrt{1 + 4\lambda^2}}{\lambda + \sqrt{1 + \lambda^2}}\right). \\ \mathcal{A}(1) &= 10 \ln\left(\frac{2 + \sqrt{5}}{1 + \sqrt{2}}\right). \end{aligned}}$$

Nous avons .

$$\frac{2\lambda + \sqrt{1 + 4\lambda^2}}{\lambda + \sqrt{1 + \lambda^2}} = \frac{\lambda\left(2 + \sqrt{4 + \dfrac{1}{\lambda^2}}\right)}{\lambda\left(1 + \sqrt{1 + \dfrac{1}{\lambda^2}}\right)}$$

$$\frac{2\lambda + \sqrt{1 + 4\lambda^2}}{\lambda + \sqrt{1 + \lambda^2}} = \frac{2 + \sqrt{4 + \dfrac{1}{\lambda^2}}}{1 + \sqrt{1 + \dfrac{1}{\lambda^2}}}.$$

De ce fait, $\lim\limits_{\lambda \to +\infty} \dfrac{2\lambda + \sqrt{1 + 4\lambda^2}}{\lambda + \sqrt{1 + \lambda^2}} = \dfrac{4}{2} = 2$

et, par conséquent : $$\boxed{\lim_{\lambda \to +\infty} \mathcal{A}(\lambda) = 10 \ln 2.}$$

Partie C

$u_0 = \int_0^1 \frac{1}{\sqrt{1+x^2}}\,dx$ et, pour tout $n \in \mathbb{N}^*$, $u_n = \int_0^1 \frac{x^n}{\sqrt{1+x^2}}\,dx$.

▶ **1.** $u_0 = \int_0^1 \frac{1}{\sqrt{1+x^2}}\,dx = F(1) - F(0)$. Or $F(0) = 0$.

$u_0 = F(1)$ soit $\boxed{u_0 = \ln(1+\sqrt{2}).}$

$u_3 = \int_0^1 \frac{x^3}{\sqrt{1+x^2}}\,dx = \int_0^1 x^2 \times \frac{x}{\sqrt{1+x^2}}\,dx.$

Intégrons par parties, en posant (u et v étant toutes deux dérivables sur [0 ; 1]) :

$u(x) = x^2$ et $v'(x) = \frac{x}{\sqrt{1+x^2}}.$

On obtient $u'(x) = 2x$ et $v(x) = \sqrt{1+x^2}.$

Donc : $u_3 = [x^3\sqrt{1+x^2}]_0^1 - \int_0^1 2x\sqrt{1+x^2}\,dx$

$u_3 = \sqrt{2} - \int_0^1 g'(x)\sqrt{g(x)}\,dx$ avec $g(x) = 1 + x^2.$

Or $g'(x)\sqrt{g(x)} = g'(x)\left(g(x)\right)^{\frac{1}{2}}.$

La primitive de g sera donc $x \mapsto \frac{2}{3}\left(g(x)\right)^{\frac{3}{2}}.$

$u_3 = \sqrt{2} - \left[\frac{2}{3}\left(1+x^2\right)^{\frac{3}{2}}\right]_0^1$

$u_3 = \sqrt{2} - \left(\frac{4}{3}\sqrt{2} - \frac{2}{3}\right)$; $\boxed{u_3 = \frac{2-\sqrt{2}}{3}.}$

▶ **2.** Pour tout $x \in [0 ; 1]$, $\frac{1}{\sqrt{1+x^2}} = f(x)$.

Or f est décroissante sur $[0 ; +\infty[$ (partie A) avec $f(1) = \frac{1}{\sqrt{2}}$ et $f(0) = 1$.

Donc si $0 \leqslant x \leqslant 1$

alors $0 \leqslant x^2 \leqslant 1$

$1 \leqslant 1 + x^2 \leqslant 2$

$1 \leqslant \sqrt{1+x^2} \leqslant \sqrt{2}$ et $\frac{1}{\sqrt{2}} \leqslant \frac{1}{\sqrt{1+x^2}} \leqslant 1$

Or, pour tout $x \in [0 ; 1]$, $x^n \geqslant 0$ donc

$$0 \leqslant \frac{x^n}{\sqrt{2}} \leqslant \frac{x^n}{\sqrt{1+x^2}} \leqslant x^n.$$

Par intégration, nous obtenons (conservation de la relation d'ordre entre fonctions par intégration)

$$0 \leqslant \int_0^1 \frac{x^n}{\sqrt{2}}\,dx \leqslant \int_0^1 \frac{x^n}{\sqrt{1+x^2}}\,dx \leqslant \int_0^1 x^n\,dx$$

$$0 \leqslant \int_0^1 \frac{x^n}{\sqrt{1+x^2}}\,dx \leqslant \int_0^1 x^n\,dx \text{ avec } \int_0^1 x^n\,dx = \left[\frac{x^{n+1}}{n+1}\right]_0^1 = \frac{1}{n+1}.$$

$$0 \leqslant u_n \leqslant \frac{1}{n+1}.$$

Or $\lim\limits_{n \to +\infty} \frac{1}{n+1} = 0$ donc (u_n) converge et $\boxed{\lim\limits_{n \to +\infty} u_n = 0.}$

51 SUJET COMPLÉMENTAIRE — 11 POINTS

SEPTEMBRE 1997 • SÉRIE S

Commun à tous les candidats

Dans ce problème, on étudie quelques propriétés de la fonction f définie sur $\mathbb{R}$ par :

$$f(x) = x^2 + e^{2x}.$$

Partie I

✪ Étude des variations de f

▶ **1.** Calculer, pour tout nombre réel x, $f'(x)$ et $f''(x)$. (0,5 + 0,5 POINT)

▶ **2.** *a)* Montrer que, pour tout nombre réel x, on a $f''(x) > 0$. (0,25 POINT)
b) En déduire que l'équation $f'(x) = 0$ admet sur $\mathbb{R}$ une solution et une seule qu'on note α. (0,5 POINT)
c) Vérifier la double inégalité $-0{,}5 < \alpha < -0{,}4$. (0,5 POINT)

▶ **3.** *a)* Préciser, suivant les valeurs du nombre réel x, le signe de $f'(x)$. (0,5 POINT)

b) Calculer $\lim_{x \to -\infty} f(x)$ et $\lim_{x \to +\infty} f(x)$. (0,5 + 0,5 POINT)
c) Dresser le tableau de variation de f sur $\mathbb{R}$. (0,25 POINT)
d) Tracer, en se limitant à l'intervalle $\left[-2 \,;\, \frac{1}{2}\right]$, la courbe représentative ($\mathscr{C}$) de f dans un repère orthonormal $(O \,; \vec{i}, \vec{j})$ (unité graphique : 4 cm). (0,5 POINT)

Partie II

✪ Équation différentielle vérifiée par f

(Cette partie n'est plus au programme à partir de la session de 1999.)

▶ **1.** Montrer que f est solution de l'équation différentielle :
(E) $\quad y'' - 4y' + 4y = 4x^2 - 8x + 2$. (0,25 POINT)

▶ **2.** Déterminer des réels a, b, c tels que la fonction φ_0, définie par :

$$\varphi_0(x) = ax^2 + bx + c,$$

soit solution de l'équation différentielle (E).(0,5 POINT)

▶ **3.** Montrer que, pour que la fonction φ soit solution de l'équation différentielle (E), il faut et il suffit que la fonction $\psi = \varphi - \varphi_0$ soit solution de l'équation différentielle :
(E_0) $\quad y'' - 4y' + 4y = 0$. (0,5 POINT)

▶ **4.** Résoudre l'équation différentielle (E_0), puis l'équation différentielle (E). (0,5 + 0,5 POINT)

▶ **5.** Montrer que la fonction f est la seule solution φ de l'équation différentielle (E) vérifiant les conditions :

$$\varphi(0) = 1 \quad \text{et} \quad \varphi'(0) = 2. \text{ (0,5 POINT)}$$

Partie III

✪ Interprétation géométrique de f

On note (Γ) la courbe représentative, dans le repère $(O \,; \vec{i}, \vec{j})$ introduit dans la partie I, de la fonction g définie par :

$$g(x) = e^x.$$

▶ **1.** *a*) Exprimer la distance OM du point O au point M de (Γ) d'abscisse x en fonction de $f(x)$. (0,5 POINT)
b) Traduire alors les résultats obtenus dans la partie I en une propriété concernant la variation de la distance OM quand M parcourt (Γ). (0,5 POINT)

▶ **2.** Soit A le point de (Γ) d'abscisse α (α été introduit dans la partie I ; on rappelle que $f'(\alpha) = 0$).
a) Écrire une équation de la tangente (T) à (Γ) en A. (0,5 POINT)
b) Quelle relation peut-on écrire entre les coefficients directeurs des droites (OA) et (T) ? Interpréter géométriquement le résultat obtenu. (0,5 + 0,5 POINT)

▶ **3.** On note β l'abscisse du point d'intersection de la droite (T) avec l'axe $(O\,;\vec{i})$. Calculer en fonction de α et en cm^2 l'aire $\mathscr{A}$ limitée par la courbe (Γ), la tangente (T) et les droites d'équations $x = \alpha$ et $x = \beta$. (1 POINT)

❑ Corrigé

Objet du problème : Autour d'une fonction.

Connaissances mathématiques :
- Fonction exponentielle.
- Équation différentielle du second ordre.
- Encadrement de la solution d'une équation.

Partie I

Soit f la fonction définie, pour tout $x \in \mathbb{R}$, par $f(x) = x^2 + e^{2x}$.

▶ **1. Pour tout réel** x, $f'(x) = 2x + 2e^{2x}$
$f''(x) = 2 + 4e^{2x}$.

▶ **2.** *a*) Pour tout $x \in \mathbb{R}$, $e^{2x} > 0$.
Il s'ensuit que, **pour tout réel** x, $f''(x) > 0$.

b) Du résultat précédent, nous déduisons que f' est strictement croissante sur $\mathbb{R}$.

De plus, nous avons $\begin{cases} \lim\limits_{x \to -\infty} 2x = -\infty \\ \lim\limits_{x \to -\infty} e^{2x} = 0 \end{cases}$

donc $\boxed{\lim\limits_{x \to -\infty} f'(x) = -\infty}$

et $\begin{cases} \lim\limits_{x \to +\infty} 2x = +\infty \\ \lim\limits_{x \to +\infty} e^{2x} = +\infty. \end{cases}$

Ce qui prouve que $\boxed{\lim\limits_{x \to +\infty} f'(x) = +\infty.}$

f' étant dérivable et strictement décroissante sur $\mathbb{R}$, nous en déduisons que f' réalise une bijection de $\mathbb{R}$ dans $\mathbb{R}$.

L'équation $f'(x) = 0$ admet sur $\mathbb{R}$ une unique solution α.

c) De plus, $f'(-0,5) = -0,264$ à 10^{-3} près

et $f'(-0,4) = 0,098$ à 10^{-3} près

donc $f'(-0,5) < 0 < f'(-0,4)$

et $\boxed{-0,5 < \alpha < -0,4.}$

▶ **3.** *a*) f' étant strictement croissante sur $\mathbb{R}$, et sachant que $f'(\alpha) = 0$, nous en déduisons que :

Pour tout $x \in]-\infty\ ;\ \alpha[$, $f'(x) < 0$.
Pour tout $x \in]\alpha\ ;\ +\infty[$, $f'(x) > 0$.
$f'(\alpha) = 0$.

f est strictement décroissante sur $]-\infty\ ;\ \alpha]$ et strictement croissante sur $[\alpha\ ;\ +\infty[$.

b) Pour tout $x \in \mathbb{R}$, $f(x) = x^2 + e^{2x}$

et $\begin{cases} \lim\limits_{x \to -\infty} x^2 = +\infty \\ \lim\limits_{x \to -\infty} e^{2x} = 0 \end{cases}$

donc $\boxed{\lim\limits_{x \to -\infty} f(x) = +\infty.}$

Puisque $\begin{cases} \lim\limits_{x \to +\infty} x^2 = +\infty \\ \lim\limits_{x \to +\infty} e^{2x} = +\infty, \end{cases}$

on en déduit que $\boxed{\lim\limits_{x \to +\infty} f(x) = +\infty.}$

c) Le tableau des variations de f est le suivant :

x	$-\infty$		α		$+\infty$
Signe de $f'(x)$		$-$	0	$+$	
Variations de f	$+\infty$	↘	$f(\alpha)$	↗	$+\infty$

d) **Représentation graphique**

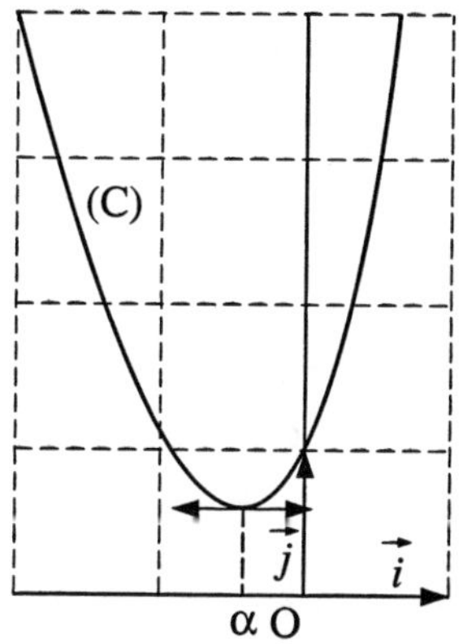

Partie II

▶ 1. Soit (E) l'équation différentielle $y'' - 4y' + 4y = 4x^2 - 8x + 2$.
Puisque, pour tout $x \in \mathbb{R}$,

$$f'(x) = 2x + 2e^{2x} \quad \text{et} \quad f''(x) = 2 + 4e^{2x}$$

on en déduit que, pour tout $x \in \mathbb{R}$,

$$f''(x) - 4f'(x) + 4f(x) = 2 + 4e^{2x} - 8x - 8e^{2x} + 4x^2 + 4e^{2x}.$$

Pour tout réel x, $f''(x) - 4f'(x) + 4f(x) = 4x^2 - 8x + 2.$

f est solution de l'équation différentielle (E).

▶ 2. Soit φ_0 la fonction définie, pour tout $x \in \mathbb{R}$, par

$$\varphi_0(x) = ax^2 + bx + c,$$

où a, b, c sont trois réels.

Nous avons, pour tout $x \in \mathbb{R}$,

$$\varphi_0'(x) = 2ax + b \quad \text{et} \quad \varphi_0''(x) = 2a.$$

Ainsi, pour tout $x \in \mathbb{R}$,

$$\varphi_0''(x) - 4\varphi_0'(x) + 4\varphi_0(x) = 2a - 8ax - 4b + 4ax^2 + 4bx + 4c$$

$$\varphi_0''(x) - 4\varphi_0'(x) + 4\varphi_0(x) = 4ax^2 + (4b - 8a)x + 2a - 4b + 4c$$

et, pour tout $x \in \mathbb{R}$, $\varphi_0''(x) - 4\varphi_0'(x) + 4\varphi_0(x) = 0$ équivaut à

pour tout $x \in \mathbb{R}$,

$$4ax^2 + (4b - 8a)x + 2a - 4b + 4c = 4x^2 - 8x + 2$$

Ces deux polynômes sont égaux si, et seulement si, leurs coefficients sont égaux.

$$\begin{cases} 4a = 4 \\ -8a + 4b = -8 \\ 2a - 4b + 4c = 2 \end{cases} \qquad \boxed{\begin{cases} a = 1 \\ b = 0 \\ c = 0. \end{cases}}$$

φ_0 est définie, pour tout réel x, par $\varphi_0(x) = x^2$.

▶ 3. On pose $\psi = \varphi - \varphi_0$.

ψ est solution de l'équation différentielle (E_0) : $y'' - 4y' + 4y = 0$ si, et seulement si,

$$\psi'' - 4\psi' + 4\psi = 0$$

$$(\varphi - \varphi_0)'' - 4(\varphi - \varphi_0)' + 4(\varphi - \varphi_0) = 0$$

$$\varphi'' - \varphi_0'' - 4\varphi' + 4\varphi_0' + 4\varphi - 4\varphi_0 = 0$$

$$\varphi'' - 4\varphi' + 4\varphi = \varphi_0'' - 4\varphi_0' + 4\varphi_0.$$

Or φ_0 est solution de (E), c'est-à-dire que, pour tout x réel,

$$\varphi_0''(x) - 4\varphi_0'(x) + 4\varphi_0(x) = 4x^2 - 8x + 2.$$

Il s'ensuit que ψ est solution de l'équation différentielle (E_0) si, et seulement si, pour tout x réel :

$$\varphi''(x) - 4\varphi'(x) + 4\varphi(x) = 4x^2 - 8x + 2.$$

φ est solution de (E) si, et seulement si, ψ est solution de (E_0).

▶ 4. L'équation différentielle (E_0) admet pour équation caractéristique :

$$r^2 - 4r + 4 = 0$$

et $r^2 - 4r + 4 = 0$ équivaut à

$$(r - 2)^2 = 0$$

$$r = 2.$$

Il s'ensuit que l'ensemble des solutions de l'équation différentielle (E_0) est l'ensemble des fonctions ψ définies, pour tout réel x, par $\psi(x) = (ax + b)e^{2x}$, où a et b sont deux constantes réelles.

Puisque $\psi = \varphi - \varphi_0$, d'où l'on tire $\varphi = \psi + \varphi_0$, et que φ est solution de (E) si, et seulement si, ψ est solution de (E_0), nous en déduisons que :

L'ensemble des solutions de (E) est l'ensemble des fonctions φ définies, pour tout réel x, par $\varphi(x) = x^2 + (ax + b)e^{2x}$ où a et b désignent deux réels quelconques.

▶ **5.** Soit φ une solution de (E).

pour tout $x \in \mathbb{R}$, $\quad \varphi'(x) = 2x + ae^{2x} + 2(ax + b)e^{2x}$.

$$\begin{cases} \varphi(0) = 1 \\ \varphi'(0) = 2 \end{cases} \text{ équivaut à } \begin{cases} be^0 = 1 \\ ae^0 + 2be^0 = 2 \end{cases}$$

$$\begin{cases} b = 1 \\ a + 2 = 2 \end{cases} \text{ soit } \begin{cases} b = 1 \\ a = 0. \end{cases}$$

La solution particulière de (E) vérifiant $\varphi(0) = 1$ et $\varphi'(0) = 2$ est la fonction f, définie pour tout réel x, par $f(x) = x^2 + e^{2x}$.

Partie III

Soit (Γ) la courbe représentative de la fonction g définie, pour tout $x \in \mathbb{R}$, par $g(x) = e^x$.

▶ **1.** *a)* Soit M le point de (Γ) de coordonnées $(x\,;\,g(x))$ où x désigne un réel quelconque.

Nous avons : $\quad \mathrm{OM}^2 = x^2 + [g(x)]^2$

$\mathrm{OM}^2 = x^2 + (e^x)^2$

$\mathrm{OM}^2 = x^2 + e^{2x}$

soit $\quad \mathrm{OM}^2 = f(x)$.

Pour tout réel x, $\mathrm{OM} = \sqrt{f(x)}$.

b) La fonction $x \mapsto \sqrt{x}$ étant strictement croissante sur $[0\,;+\infty[$, la fonction $x \mapsto \sqrt{f(x)}$ admet les mêmes variations que f sur $\mathbb{R}$.

Par suite, la distance OM décroît sur $]-\infty\,;\alpha]$ et croît sur $[\alpha\,;+\infty[$.

▶ **2.** Soit A le point de (Γ) d'abscisse α.

a) Une équation de la tangente (T) à (Γ) au point A d'abscisse α est :

$$y = g'(\alpha)(x - \alpha) + g(\alpha)$$
$$y = e^{\alpha}(x - \alpha) + e^{\alpha}.$$

b) Le coefficient directeur de (T) est $m = e^{\alpha}$.

Celui de la droite (OA) est : $m' = \dfrac{g(\alpha) - 0}{\alpha - 0}$

$$m' = \frac{e^{\alpha}}{\alpha}.$$

Nous en déduisons que $m \times m' = e^{\alpha} \times \dfrac{e^{\alpha}}{\alpha}$

$$m \times m' = \frac{e^{2\alpha}}{\alpha}.$$

Or nous avons $f'(\alpha) = 0$, soit $2\alpha + 2e^{2\alpha} = 0$

$$e^{2\alpha} = -\alpha.$$

Il s'ensuit que $m \times m' = \dfrac{-\alpha}{\alpha}$

$$\boxed{m \times m' = -1.}$$

Les droites (OA) et (T) sont perpendiculaires.

▶ **3.** Le point d'intersection de (T) et de (Γ) admet pour abscisse la solution de l'équation $e^{\alpha}(x - \alpha) + e^{\alpha} = 0$, or

$e^{\alpha}(x - \alpha) + e^{\alpha} = 0$ équivaut à $x - \alpha + 1 = 0$

$$x = \alpha - 1$$

On en déduit que $\beta = \alpha - 1$.

(Γ) est située au-dessus de (T) sur $\mathbb{R}$.
Une unité d'aire est égale à 16 cm^2.
On en déduit que l'aire A, en cm^2, du domaine délimité par (Γ), (T) et les droites d'équations $x = \alpha$ et $x = \beta$ est :

$$A = \int_{\beta}^{\alpha} [g(x) - e^{\alpha}(x - \alpha) - e^{\alpha}]\, dx$$

$$A = \int_{\alpha - 1}^{\alpha} [e^{x} - e^{\alpha}(x - \alpha) - e^{\alpha}]\, dx$$

$$A = \left[e^{x} - e^{\alpha}\frac{x^2}{2} + (\alpha - 1)e^{\alpha}x\right]_{\alpha - 1}^{\alpha}$$

$$A = e^{\alpha} - \frac{\alpha^2}{2}e^{\alpha} + \alpha(\alpha - 1)e^{\alpha} - e^{\alpha - 1} + \frac{(\alpha - 1)^2}{2}e^{\alpha} - (\alpha - 1)^2 e^{\alpha}$$

$$\boxed{A = e^{\alpha}\left[-\frac{1}{e} + \frac{1 - 2\alpha}{2} + \alpha\right] \text{cm}^2 \text{ soit } \left[e^{\alpha}\frac{1}{2} - \frac{1}{e}\right].}$$

Commun à tous les candidats

Partie A

✪ Étude d'une fonction numérique

On considère la fonction numérique définie par :

$$f : \mathbb{R} \to \mathbb{R}$$
$$x \mapsto f(x) = x + e^{-x}.$$

Soit (C) la courbe représentative de f dans un repère orthonormal direct $(O\,;\vec{i}, \vec{j})$ du plan, l'unité graphique est 1 cm.

▶ **1.** *a*) Déterminer la limite de f en $+\infty$. (0,5 POINT)
b) Déterminer la limite de f en $-\infty$. (0,5 POINT)
[on pourra écrire $f(x)$ sous la forme : $f(x) = e^{-x}(xe^{x} + 1)$].

▶ **2.** Étudier les variations de f. (0,5 POINT)

▶ **3.** Montrer que la droite (D) d'équation $y = x$ est asymptote à (C). (0,5 POINT)
Étudier la position de (C) par rapport à (D). (0,5 POINT)

▶ **4.** Tracer (D) et (C) dans le repère $(O\,;\vec{i}, \vec{j})$. (0,5 POINT)

Partie B

✪ Étude d'une transformation du plan

Soit l'application r du plan (P) dans lui-même qui, à tout point M d'affixe z, fait correspondre le point M′ d'affixe z' définie par :

$$z' = \left(-\frac{\sqrt{2}}{2} - \frac{\sqrt{2}\,i}{2}\right)z.$$

▶ **1.** Calculer le module et l'argument de $-\frac{\sqrt{2}}{2} - \frac{\sqrt{2}\,i}{2}$ et reconnaître r. (0,5 + 0,5 POINT)

▶ **2.** On pose $z = x + iy$ et $z' = x' + iy'$ où x, y, x' et y' sont quatre réels.
Calculer z en fonction de z'. En déduire x et y en fonction de x' et y'. (0,5 + 1 POINT)

▶ **3.** On suppose que le point M de coordonnées $(x ; y)$ appartient à (C). Montrer que les coordonnées x' et y' de M′ image de M par r vérifient la relation :

$$y' = -x' + \sqrt{2}\ln(x'\sqrt{2}).$$ (1 POINT)

Partie C

✪ Étude d'une fonction numérique

On considère la fonction g définie sur $]0 ; +\infty[$ par :

$$g(x) = -x + \sqrt{2}\ln(x\sqrt{2}).$$

Soit (C′) sa représentation graphique dans le repère $(O ; \vec{i}, \vec{j})$.

▶ **1.** Étudier les limites de g en 0 et en $+\infty$. (0,5 + 0,5 POINT)

▶ **2.** Étudier les variations de g. (1 POINT)

▶ **3.** En utilisant éventuellement les résultats obtenus dans la partie **B**, tracer la courbe (C′) dans le même repère que la courbe (C). (0,5 POINT)

Partie D

✪ Calcul d'aire

▶ **1.** Calculer $\int_1^{\sqrt{2}} \ln(x\sqrt{2})\,dx$ en utilisant une intégration par parties. (1 POINT).

▶ **2.** Soit D l'ensemble des points M dont les coordonnées vérifient :

$$1 \leqslant x \leqslant \sqrt{2} \quad \text{et} \quad g(x) \leqslant y \leqslant f(x).$$

Calculer, en cm^2, l'aire du domaine D. On en donnera une valeur approchée à 10^{-2} près. (1 POINT)

☐ Corrigé

Objet du problème : Image d'une courbe par une rotation.

Connaissances mathématiques :
- Fonction exponentielle de base e.
- Nombres complexes.
- Rotation plane.
- Calcul d'aire.

Partie A

✪ Étude d'une fonction numérique

Soit $f : \mathbb{R} \to \mathbb{R}$
$x \mapsto f(x) = x + e^{-x}$.

▶ **1.** *a)* $\lim\limits_{x \to +\infty} x = +\infty$ et $\lim\limits_{x \to +\infty} e^{-x} = 0$ donc $\boxed{\lim\limits_{x \to +\infty} f(x) = +\infty.}$

b) Pour tout $x \in \mathbb{R}$, $f(x) = e^{-x}\left(\dfrac{x}{e^{-x}} + 1\right)$

$$f(x) = e^{-x}(xe^{x} + 1)$$

$\lim\limits_{x \to -\infty} xe^{-x} = \lim\limits_{x \to -\infty} \dfrac{x}{e^{x}} = +\infty$ et $\lim\limits_{x \to -\infty} e^{-x} = +\infty$

donc $\boxed{\lim\limits_{x \to -\infty} f(x) = +\infty.}$

▶ **2.** Pour tout $x \in \mathbb{R}$, f est la somme de deux fonctions ($x \mapsto x$ et $x \mapsto e^{-x}$) dérivables sur $\mathbb{R}$, donc f est dérivable sur $\mathbb{R}$.
Pour tout $x \in \mathbb{R}$,

$$f'(x) = 1 - e^{-x}$$

$$f'(x) = 1 - \frac{1}{e^{x}}$$

$$f'(x) = \frac{e^{x} - 1}{e^{x}}.$$

Le signe de $f'(x)$ est celui de $e^{x} - 1$ car, pour tout $x \in \mathbb{R}$, $e^{x} > 0$.
Or $e^{x} - 1 > 0$ si, et seulement si, $x > 0$;
$e^{x} - 1 < 0$ si, et seulement si, $x < 0$;
$e^{x} - 1 = 0$ si, et seulement si, $x = 0$.
f est strictement croissante sur $[0 ; +\infty[$ et strictement décroissante sur $]-\infty ; 0]$.

Tableau des variations de f

x	$-\infty$		0		$+\infty$
Signe de $f'(x)$		$-$	0	$+$	
Variations de f	$+\infty$	$\searrow$	1	$\nearrow$	$+\infty$

▶ **3.** Pour tout $x \in \mathbb{R}, f(x) - x = e^{-x}$ et $\lim_{x \to +\infty} e^{-x} = 0$ alors que $\lim_{x \to -\infty} e^{-x} = +\infty$. **Donc la droite (D) d'équation $y = x$ est asymptote à (C) au voisinage de $+\infty$.**

De plus, $f(x) - x = e^{-x}$ et, pour tout $x \in \mathbb{R}, e^{-x} > 0$, **donc (C) est toujours au-dessus de (D).**

▶ **4. Courbe représentative**

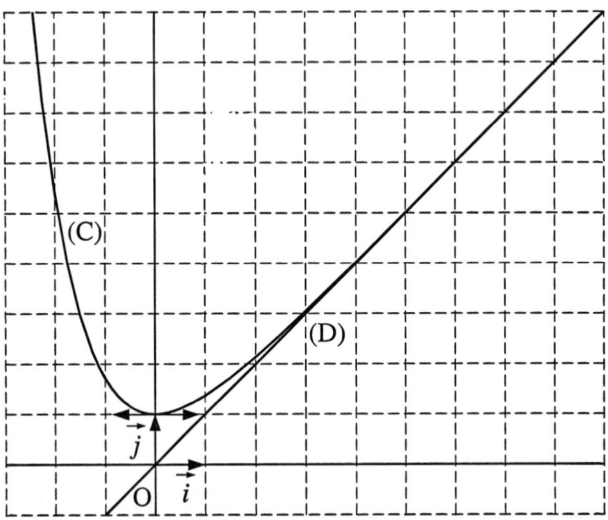

Partie B

✪ Étude d'une transformation du plan

Nous avons r : $\mathrm{P} \to \mathrm{P}$

$$\mathrm{M}(z) \mapsto \mathrm{M}(z') \quad \text{avec} \quad z' = \left(-\frac{\sqrt{2}}{2} - \frac{\sqrt{2}}{2}i\right)z.$$

▶ 1. $\left|-\frac{\sqrt{2}}{2} - \frac{\sqrt{2}}{2}i\right| = 1.$

Soit θ un argument de $-\frac{\sqrt{2}}{2} - \frac{\sqrt{2}}{2}i$, il vérifie $\cos\theta = -\frac{\sqrt{2}}{2}$ et $\sin\theta = -\frac{\sqrt{2}}{2}$ soit $\theta = -\frac{3\pi}{4}$.

$-\frac{\sqrt{2}}{2} - \frac{\sqrt{2}}{2}i$ est le complexe, de module 1, avec un argument de $-\frac{3\pi}{4}$.

Nous pouvons alors écrire : $z' = \mathrm{e}^{-i\frac{3\pi}{4}}z$.

r est la rotation de centre O et d'angle $-\frac{3\pi}{4}$.

▶ 2. Nous avons : $z' = \mathrm{e}^{-i\frac{3\pi}{4}}z$

$$z = \mathrm{e}^{i\frac{3\pi}{4}}z' \text{ avec } \mathrm{e}^{i\frac{3\pi}{4}} = -\frac{\sqrt{2}}{2} + i\frac{\sqrt{2}}{2}$$

$$x + iy = \left(-\frac{\sqrt{2}}{2} + i\frac{\sqrt{2}}{2}\right)(x' + iy')$$

$$x + iy = -\frac{\sqrt{2}}{2}x' - i\frac{\sqrt{2}}{2}y' + i\frac{\sqrt{2}}{2}x' - \frac{\sqrt{2}}{2}y'$$

donc $$x + iy = \left(-\frac{\sqrt{2}}{2}x' - \frac{\sqrt{2}}{2}y'\right) + \left(\frac{\sqrt{2}}{2}x' - \frac{\sqrt{2}}{2}y'\right)i$$

$$\boxed{\begin{cases} x = -\frac{\sqrt{2}}{2}x' - \frac{\sqrt{2}}{2}y' \\ y = \frac{\sqrt{2}}{2}x' - \frac{\sqrt{2}}{2}y'. \end{cases}}$$

▶ **3.** M(x ; y) appartient à (C′) équivaut à :

$$\begin{cases} x = -\dfrac{\sqrt{2}}{2}x' - \dfrac{\sqrt{2}}{2}y' \\ y = \dfrac{\sqrt{2}}{2}x' - \dfrac{\sqrt{2}}{2}y' \\ y = x + e^{-x} \end{cases}$$

$$\begin{cases} x = -\dfrac{\sqrt{2}}{2}x' - \dfrac{\sqrt{2}}{2}y' \\ y = \dfrac{\sqrt{2}}{2}x' - \dfrac{\sqrt{2}}{2}y' \\ \dfrac{\sqrt{2}}{2}x' - \dfrac{\sqrt{2}}{2}y' = -\dfrac{\sqrt{2}}{2}x' - \dfrac{\sqrt{2}}{2}y' + e^{\frac{\sqrt{2}}{2}x' + \frac{\sqrt{2}}{2}y'} \end{cases}$$

$$\begin{cases} x = -\dfrac{\sqrt{2}}{2}x' - \dfrac{\sqrt{2}}{2}y' \\ y = \dfrac{\sqrt{2}}{2}x' - \dfrac{\sqrt{2}}{2}y' \\ \dfrac{\sqrt{2}}{2}x' = -\dfrac{\sqrt{2}}{2}x' + e^{\frac{\sqrt{2}}{2}(x' + y')} \end{cases}$$

$$\begin{cases} x = -\dfrac{\sqrt{2}}{2}x' - \dfrac{\sqrt{2}}{2}y' \\ y = \dfrac{\sqrt{2}}{2}x' - \dfrac{\sqrt{2}}{2}y' \\ \sqrt{2}x' = e^{\frac{\sqrt{2}}{2}(x' + y')} \end{cases}$$

$$\begin{cases} x = -\dfrac{\sqrt{2}}{2}x' - \dfrac{\sqrt{2}}{2}y' \\ y = \dfrac{\sqrt{2}}{2}x' - \dfrac{\sqrt{2}}{2}y' \\ \ln(\sqrt{2}x') = \dfrac{\sqrt{2}}{2}(x' + y') \end{cases}$$

$$\begin{cases} x = -\dfrac{\sqrt{2}}{2}x' - \dfrac{\sqrt{2}}{2}y' \\ y = \dfrac{\sqrt{2}}{2}x' - \dfrac{\sqrt{2}}{2}y' \\ \sqrt{2}\ln(\sqrt{2}x') = x' + y' \end{cases}$$

$$\begin{cases} x = -\dfrac{\sqrt{2}}{2}x' - \dfrac{\sqrt{2}}{2}y' \\ y = \dfrac{\sqrt{2}}{2}x' - \dfrac{\sqrt{2}}{2}y' \\ y' = -x' + \sqrt{2}\ln(\sqrt{2}x') \end{cases}$$

Partie C

✪ Étude d'une fonction numérique

Soit g : $]0\,;+\infty[\to \mathbb{R}$ définie par $g(x) = -x + \sqrt{2}\ln(x\sqrt{2})$.

▶ **1.** $\boxed{\lim\limits_{\substack{x\to 0\\ x>0}} g(x) = -\infty}$ car $\lim\limits_{\substack{x\to 0\\ x>0}} \ln(x\sqrt{2}) = -\infty$.

Pour tout $x > 0$, $g(x) = -x + \sqrt{2}\ln x + \sqrt{2}\ln\sqrt{2}$
puisque $\ln a + \ln b = \ln ab$ pour $a > 0$ et $b > 0$.

$$g(x) = x\left(-1 + \frac{\sqrt{2}\ln\sqrt{2}}{x} + \frac{\sqrt{2}\ln x}{x}\right).$$

Or $\lim\limits_{x\to+\infty} \dfrac{\sqrt{2}\ln\sqrt{2}}{x} = 0$ et $\lim\limits_{x\to+\infty} \dfrac{\ln x}{x} = 0$

donc $\boxed{\lim\limits_{x\to+\infty} g(x) = -\infty.}$

▶ **2.** g est dérivable sur $]0\,;+\infty[$ comme somme de fonctions dérivables sur cet intervalle.

$$g'(x) = -1 + \sqrt{2}\times\frac{\sqrt{2}}{x\sqrt{2}} \quad \text{soit} \quad g'(x) = -1 + \frac{\sqrt{2}}{x}$$

$$\boxed{g'(x) = \frac{\sqrt{2}-x}{x}.}$$

Nous avons : $g'(x) > 0$ pour $x \in]0\,;\sqrt{2}[$;
$g'(x) < 0$ pour $x \in]\sqrt{2}\,;+\infty[$;
$g'(x) = 0$ pour $x = \sqrt{2}$.

g est strictement croissante sur $]0\,;\sqrt{2}]$ et strictement décroissante sur $[\sqrt{2}\,;+\infty[$.

Tableau des variations de g

x	0		$\sqrt{2}$		$+\infty$
Signe de $g'(x)$	‖	$+$	0	$-$	
Variations de g	‖ $-\infty$	↗	$g(\sqrt{2})$	↘	$+\infty$ ‖ $-\infty$

▶ 3. Courbe représentative

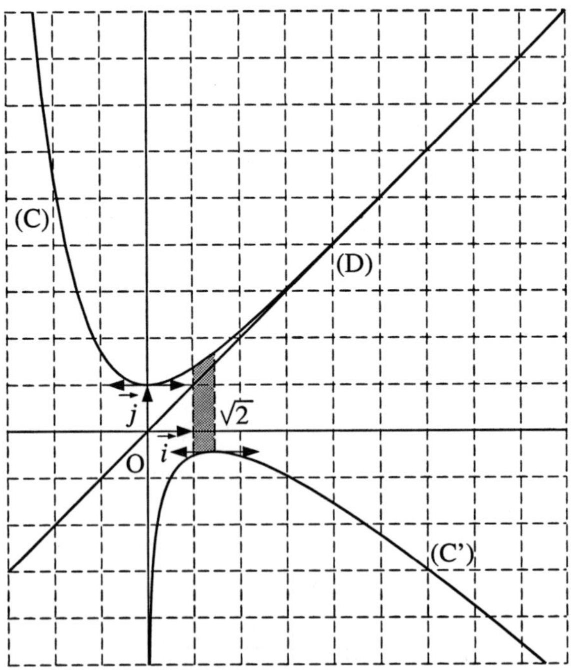

Partie D

✪ Calcul d'aire

▶ **1.** Calculons $\int_1^{\sqrt{2}} \ln(x\sqrt{2})\mathrm{d}x$ à l'aide d'une intégration par parties. Pour cela posons :

$u(x) = \ln(x\sqrt{2})$ et $v'(x) = 1$, par conséquent $u'(x) = \dfrac{1}{x}$ et $v(x) = x$.

(u et v sont deux fonctions toutes deux dérivables sur $[1\ ;\sqrt{2}]$.)

$$\int_1^{\sqrt{2}} \ln(x\sqrt{2})\ \mathrm{d}x = \Big[x\ln(x\sqrt{2})\Big]_1^{\sqrt{2}} - \int_1^{\sqrt{2}} 1\mathrm{d}x$$

$$\int_1^{\sqrt{2}} \ln(x\sqrt{2})\ \mathrm{d}x = \sqrt{2}\ln 2 - \ln\sqrt{2} - \sqrt{2} + 1$$

$$\int_1^{\sqrt{2}} \ln(x\sqrt{2})\ \mathrm{d}x = \sqrt{2}\ln 2 - \frac{1}{2}\ln 2 - \sqrt{2} + 1$$

$$\boxed{\int_1^{\sqrt{2}} \ln(x\sqrt{2})\ \mathrm{d}x = 1 - \sqrt{2} + \left(\sqrt{2} - \frac{1}{2}\right)\ln 2.}$$

▶ **2.** Nous avons, en notant A(D) l'aire en cm^2 de la portion de plan D,

$\mathrm{A(D)} = \int_1^{\sqrt{2}} (f(x) - g(x))\mathrm{d}x\ \mathrm{cm}^2$ car, sur $[1\ ;\sqrt{2}]$, $f(x) \geqslant g(x)$.

$$\int_1^{\sqrt{2}} (f(x) - g(x))\mathrm{d}x = \int_1^{\sqrt{2}} (x + \mathrm{e}^{-x} + x - \sqrt{2}\ln(x\sqrt{2}))\mathrm{d}x$$

$$\int_1^{\sqrt{2}} (f(x) - g(x))\mathrm{d}x = \int_1^{\sqrt{2}} (2x + \mathrm{e}^{-x} - \sqrt{2}\ln(x\sqrt{2}))\mathrm{d}x$$

$$\int_1^{\sqrt{2}} (f(x) - g(x))\mathrm{d}x = \Big[x^2 - \mathrm{e}^{-x}\Big]_1^{\sqrt{2}} - \sqrt{2} \times \int_1^{\sqrt{2}} \ln(x\sqrt{2})\mathrm{d}x$$

$$\int_1^{\sqrt{2}} (f(x) - g(x))\mathrm{d}x = (2 - \mathrm{e}^{-\sqrt{2}}) - (1 - \mathrm{e}^{-1}) - \sqrt{2}\left[\left(\sqrt{2} - \frac{1}{2}\right)\ln 2 - \sqrt{2} + 1\right]$$

$$\int_1^{\sqrt{2}} (f(x) - g(x))\mathrm{d}x = 3 - \mathrm{e}^{-\sqrt{2}} + \frac{1}{\mathrm{e}} + \left(\frac{\sqrt{2}}{2} - 2\right)\ln 2 - \sqrt{2}.$$

A(D) est égale à $3 - \mathrm{e}^{-\sqrt{2}} + \dfrac{1}{\mathrm{e}} + \left(\dfrac{\sqrt{2}}{2} - 2\right)\ln 2 - \sqrt{2}\ \mathrm{cm}^2$ dont une valeur approchée à 10^{-2} près est : 0,81 cm^2.

Commun à tous les candidats

La partie **I** est l'étude d'une fonction auxiliaire g nécessaire à l'étude de la fonction f définie sur $]0 ; +\infty[$ par :

$$f(x) = \frac{x}{2} + \frac{1 + \ln x}{x}.$$

L'étude de la fonction f fait l'objet de la partie **II**.
La partie **III** est l'étude de deux suites numériques associées.

Partie I

On considère la fonction numérique g définie sur $]0 ; +\infty[$ par :

$$g(x) = x^2 - 2 \ln x$$

▶ **1.** Étudier le sens de variation de g. (0,5 POINT)

▶ **2.** En déduire le signe de $g(x)$ sur $]0 ; +\infty[$. (0,5 POINT)

Partie II

On considère la fonction numérique f définie sur $]0 ; +\infty[$ par :

$$f(x) = \frac{x}{2} + \frac{1 + \ln x}{x}.$$

On appelle $(\mathscr{C})$ la courbe représentative de f dans un repère orthonormal $(O ; \vec{i}, \vec{j})$ (unité graphique 2 cm).

▶ **1.** Déterminer la limite de f en 0. (0,5 POINT)
Interpréter graphiquement le résultat. (0,25 POINT)

▶ **2.** *a*) Déterminer la limite de f en $+\infty$. (0,5 POINT)

b) Montrer que la droite (Δ) d'équation $y = \frac{x}{2}$ est asymptote à la courbe $(\mathscr{C})$. (0,5 POINT)

c) Déterminer la position de $(\mathscr{C})$ par rapport à (Δ) sur $]0 ; +\infty[$. (0,5 POINT)
Montrer, en particulier, que (Δ) coupe $(\mathscr{C})$ en un point A que l'on déterminera. (0,5 POINT)

▶ **3.** Étudier le sens de variation de f. (0,5 POINT)
Dresser le tableau de variation de f. (0,5 POINT)

▶ **4.** Montrer qu'il existe un point B, et un seul, de la courbe ($\mathscr{C}$) où la tangente (T) à ($\mathscr{C}$) est parallèle à (Δ). (0,5 POINT)
Préciser les coordonnées de B. (0,5 POINT)

▶ **5.** Montrer que l'équation $f(x) = 0$ a une solution unique α. (0,5 POINT)
Justifier l'encadrement : $0{,}34 < \alpha < 0{,}35$. (0,5 POINT)

▶ **6.** Tracer la courbe ($\mathscr{C}$) et les droites (Δ) et (T). (0,5 POINT)

Partie III

On considère la suite numérique (x_n) définie par $x_n = e^{\frac{n-2}{2}}$ pour tout nombre entier naturel n.

▶ **1.** *a*) Montrer que (x_n) est une suite géométrique dont on déterminera le premier terme et la raison. (1 POINT)
b) Montrer que (x_n) est une suite croissante. (0,5 POINT)

▶ **2.** Pour tout entier naturel n, on pose :

$$a_n = 4\int_{x_n}^{x_{n+1}} \left(f(x) - \frac{x}{2}\right) dx.$$

a) Donner une interprétation géométrique de a_n. (0,5 POINT)

b) Montrer que $a_n = \dfrac{2n+1}{2}$ pour tout nombre entier naturel n. (1 POINT)

En déduire que (a_n) est une suite arithmétique. (0,5 POINT)

❑ Corrigé

Objet du problème : Autour d'une fonction.

Connaissances mathématiques :
- Fonction logarithme népérien.
- Encadrement de la solution d'une équation.
- Suite géométrique.
- Calcul d'intégrale.
- Suite arithmétique.

Partie I

Soit la fonction numérique g définie sur $]0 ; +\infty[$ par $g(x) = x^2 - 2\ln x$.

▶ **1.** g est la somme de deux fonctions dérivables sur $]0 ; +\infty[$ donc g est dérivable sur ce même intervalle.

Pour tout x de $]0 ; +\infty[$, $g'(x) = 2x - \dfrac{2}{x}$

$$g'(x) = \frac{2x^2 - 2}{x}$$

$$g'(x) = \frac{2(x-1)(x+1)}{x}.$$

Le signe de $g'(x)$ sur $]0 ; +\infty[$ est celui de $x - 1$ puisque,

pour tout $x > 0$, $\dfrac{x+1}{x} > 0$.

D'où :

x	0		1		$+\infty$
Signe de $g'(x)$	‖	$-$	0	$+$	

g' est négative sur $]0 ; 1]$ et positive sur $[1 ; +\infty[$.

▶ **2. Tableau des variations de g**

x	0		1		$+\infty$
Signe de $g'(x)$	‖	$-$	0	$+$	
Variations de g	‖	↘	1	↗	

g est strictement décroissante sur $]0\ ;\ 1]$ et strictement croissante sur $[1\ ;+\infty[$ avec $g(1) = 1$.

Pour tout x de $]0\ ;+\infty[$, $g(x) > 0$.

Partie II

Soit la fonction numérique f définie sur $]0\ ;+\infty[$ par :

$$f(x) = \frac{x}{2} + \frac{1 + \ln x}{x}.$$

▶ **1.** Nous avons : $f(x) = \dfrac{x}{2} + \dfrac{1}{x}(1 + \ln x)$

$\lim\limits_{\substack{x \to 0 \\ x > 0}} \dfrac{x}{2} = 0$ et $\lim\limits_{\substack{x \to 0 \\ x > 0}} \dfrac{1}{x}(1 + \ln x) = -\infty$ donc $\boxed{\lim\limits_{\substack{x \to 0 \\ x > 0}} f(x) = -\infty.}$

Il s'ensuit que la droite d'équation $x = 0$ est asymptote à (C).

▶ **2.** *a*) $\lim\limits_{x \to +\infty} \dfrac{x}{2} = +\infty$ et $\lim\limits_{x \to +\infty} \left(\dfrac{1}{x} + \dfrac{\ln x}{x}\right) = 0$

donc $\boxed{\lim\limits_{x \to +\infty} f(x) = +\infty.}$

b) Pour tout $x > 0, f(x) - \dfrac{x}{2} = \dfrac{1}{x} + \dfrac{\ln x}{x}$ avec $\lim\limits_{x \to +\infty} \dfrac{1}{x} + \dfrac{\ln x}{x} = 0$.

Donc la droite d'équation $y = \dfrac{x}{2}$ est asymptote à (C) au voisinage de $+\infty$.

c) Pour tout $x > 0$, $f(x) - \frac{x}{2} = \frac{1 + \ln x}{x}$, le signe de $f(x) - \frac{x}{2}$ est donc celui de $1 + \ln x$.

x	0		$\frac{1}{e}$		$+\infty$
Signe de $(1 + \ln x)$	||	$-$	0	$+$	

Le signe de $f(x) - \frac{x}{2} = \frac{1 + \ln x}{x}$ nous permet de conclure que (C) est au-dessus de (Δ) sur $\left]\frac{1}{e} \,;\, +\infty\right[$ et au-dessous de (Δ) sur $\left]0 \,;\, \frac{1}{e}\right[$. De plus, (C) et ($\Delta$) se coupent en un point A d'abscisse $\frac{1}{e}$ et dont l'ordonnée est $f\left(\frac{1}{e}\right) = \frac{1}{2e}$.

▶ **3.** f est la somme de deux fonctions dérivables sur $]0 \,;\, +\infty[$ donc f est dérivable sur ce même intervalle et :

pour tout $x > 0$, $f'(x) = \frac{1}{2} + \frac{\frac{1}{x}(x) - (1 + \ln x)}{x^2}$

$$f'(x) = \frac{1}{2} - \frac{\ln x}{x^2}$$

$$f'(x) = \frac{x^2 - 2\ln x}{2x^2}$$

$$f'(x) = \frac{g(x)}{x^2}.$$

Le signe de $f'(x)$ est celui de $g(x)$ sur $]0 \,;\, +\infty[$, c'est-à-dire que : $f'(x) > 0$ sur $]0 \,;\, +\infty[$ **et f est strictement croissante sur cet intervalle.**

x	0		$+\infty$
Variations de f	|| $-\infty$	↗	$+\infty$

▶ 4. Le coefficient directeur de (Δ) est $\frac{1}{2}$, donc une tangente à (C) est parallèle à (Δ), si, et seulement si, l'abscisse de son point de contact est solution de l'équation $f'(x) = \frac{1}{2}$.

Or, pour $x > 0, f'(x) = \frac{1}{2}$ équivaut à : $\frac{1}{2} - \frac{\ln x}{x^2} = \frac{1}{2}$

$$\frac{\ln x}{x^2} = 0$$

$$\ln x = 0$$

$$x = 1.$$

Il existe donc un seul point B de la courbe (C) où la tangente (T) est parallèle à la droite (Δ) d'équation $y = \frac{1}{2}x$. Ce point B a pour abscisse 1 et pour ordonnée $f(1) = \frac{3}{2}$.

B est le point de coordonnées $\left(1\,;\frac{3}{2}\right)$.

▶ 5. f est une fonction dérivable sur $]0\,;+\infty[$ et strictement croissante sur cet intervalle avec

$$\lim_{x \to +\infty} f(x) = +\infty \quad \text{et} \quad \lim_{\substack{x \to 0 \\ x > 0}} f(x) = -\infty.$$

Donc f réalise une bijection de $]0\,;+\infty[$ sur $\mathbb{R}$.

De plus, $f(0{,}34) \approx -0{,}06$ et $f(0{,}35) \approx 0{,}03$

c'est-à-dire $f(0{,}34) \times f(0{,}35) < 0$.

Donc, comme la restriction de f à l'intervalle $]0{,}34\,;0{,}35[$ est dérivable et strictement croissante, nous pouvons en déduire que :

$0{,}34 < \alpha < 0{,}35$.

▶ 6. Représentations graphiques

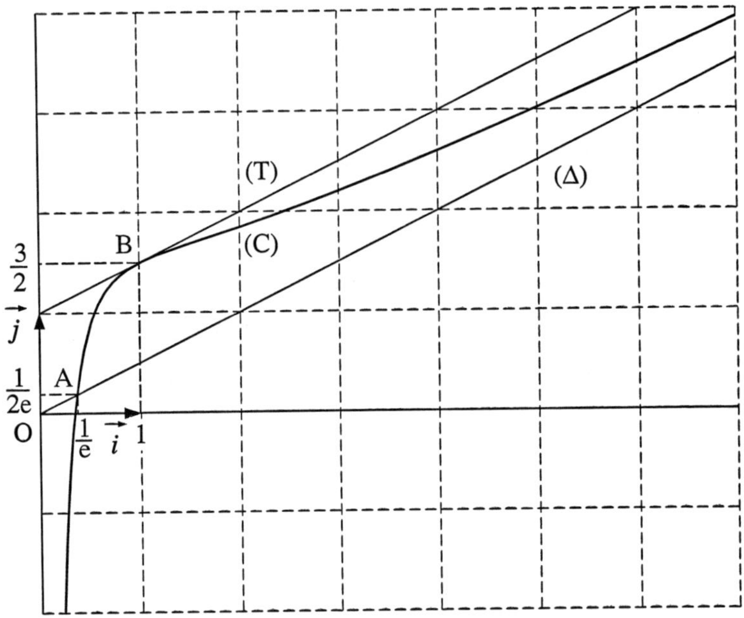

Partie III

Soit la suite numérique (x_n) définie par :

pour tout entier naturel n, $x_n = e^{\frac{n-2}{2}}$.

▶ **1.** *a*) Pour tout $n \in \mathbb{N}$, nous avons :

$$x_{n+1} = e^{\frac{n-1}{2}}$$

$$x_{n+1} = x_n \times e^{\frac{1}{2}}$$

c'est-à-dire $x_{n+1} = \sqrt{e} \times x_n$.

La suite (x_n) est la suite géométrique de premier terme $\frac{1}{e}$ et de raison $\sqrt{e}$.

Remarquons que l'on pouvait aussi écrire $x_n = e^{\frac{n}{2}-1} = e^{-1} \times e^{\frac{n}{2}}$

$$x_n = \frac{1}{e} \times (\sqrt{e})^n.$$

Ce qui correspond bien à la suite géométrique de raison $\sqrt{e}$ et de premier terme $\frac{1}{e}$, car on reconnaît la formule $x_n = x_0 \times q^n$.

b) Le premier terme de cette suite est positif et sa raison $\sqrt{e}$ est supérieure à 1, nous pouvons en déduire **qu'elle est croissante.**

▶ **2.** Pour tout entier naturel n, $a_n = 4\int_{x_n}^{x_{n+1}} \left(f(x) - \frac{x}{2}\right)dx.$

a) Puisque la courbe représentative (C) de f est au-dessus de la droite (Δ) sur l'intervalle $\left]\frac{1}{e}\ ;\ +\infty\right[$, nous pouvons dire que a_n **représente l'aire en cm² de la portion de plan définie par :**

$$\begin{cases} x_n \leqslant x \leqslant x_{n+1} \\ \frac{x}{2} \leqslant y \leqslant f(x). \end{cases}$$

b) Pour tout entier naturel n,

$$a_n = 4\int_{x_n}^{x_{n+1}} \frac{1 + \ln x}{x}\,dx$$

$$a_n = 4\int_{x_n}^{x_{n+1}} \left(\frac{1}{x} + \frac{1}{x} \times \ln x\right)dx$$

$a_n = 4\left[\ln x + \frac{1}{2}(\ln x)^2\right]_{x_n}^{x_{n+1}}$ puisqu'une primitive sur $]0\ ;\ +\infty[$ de $x \mapsto \frac{1}{x} \times \ln x$ est $x \mapsto \frac{1}{2}(\ln x)^2$ car une primitive d'une fonction de la forme uu' est $\frac{1}{2}u^2$.

$a_n = 4(\ln x_{n+1} + \frac{1}{2}(\ln x_{n+1})^2 - \ln x_n - \frac{1}{2}(\ln x_n)^2)$

avec $\ln x_n = \frac{n-2}{2}$ et $\ln x_{n+1} = \frac{n-1}{2}$.

$$a_n = 4\left[\frac{n-1}{2} + \frac{1}{2} \times \left(\frac{n-1}{2}\right)^2 - \frac{n-2}{2} - \frac{1}{2} \times \left(\frac{n-2}{2}\right)^2\right]$$

$$a_n = 4\left[\frac{n-1}{2} + \frac{n^2-2n+1}{8} - \frac{n-2}{2} - \frac{n^2-4n+4}{8}\right]$$

$$a_n = 4\left[\frac{n-1-n+2}{2} + \frac{n^2-2n+1-n^2+4n-4}{8}\right]$$

$$a_n = 4\left[\frac{1}{2} + \frac{2n-3}{8}\right]$$

$$a_n = 4\left[\frac{4+2n-3}{8}\right]$$

$$a_n = \frac{2n+1}{2}.$$

Pour tout entier naturel n, $a_n = \frac{2n+1}{2}$.

Pour tout entier naturel n, $a_n = n + \frac{1}{2}$. L'on y reconnaît l'expression $a_n = a_0 + nr$, où $r = 1$.

La suite (a_n) est une suite arithmétique de raison 1 et de premier terme $\frac{1}{2}$.

Pour tout entier naturel, $a_n = h(n)$ où h est la fonction affine définie, sur $\mathbb{R}$, par $h(x) = x + \frac{1}{2}$.

Partie A

Soit la fonction φ définie dans $\mathbb{R}$ par $\varphi(x) = e^x + x + 1$.

▶ **1.** Étudier le sens de variation de φ et ses limites en $+\infty$ et $-\infty$. (3 × 0,25 POINT)

▶ **2.** Montrer que l'équation $\varphi(x) = 0$ a une solution et une seule α et que l'on a : $-1{,}28 < \alpha < -1{,}27$. (0,25 + 0,5 POINT)

▶ **3.** En déduire le signe de $\varphi(x)$ sur $\mathbb{R}$. (0,25 POINT)

Partie B

Soit la fonction f définie sur $\mathbb{R}$ par : $f(x) = \dfrac{xe^x}{e^x + 1}$ et (C) sa courbe représentative dans un repère orthonormal $(O ; \vec{i}, \vec{j})$ du plan (unité graphique : 4 cm).

▶ **1.** Montrer que $f'(x) = \dfrac{e^x\varphi(x)}{(e^x + 1)^2}$.

En déduire le sens de variation de f. (0,25 + 0,25 POINT)

▶ **2.** Montrer que $f(\alpha) = \alpha + 1$ et en déduire un encadrement de $f(\alpha)$. (0,5 + 0,25 POINT)

▶ **3.** Soit (T) la tangente à (C) au point d'abscisse 0. Donner une équation de (T) et étudier la position de (C) par rapport à (T). (0,5 + 0,5 POINT)

▶ **4.** Chercher les limites de f en $+\infty$ et $-\infty$. (0,5 + 0,5 POINT)
Démontrer que la droite (D) d'équation $y = x$ est asymptote à (C) et étudier la position de (C) par rapport à (D). (0,5 + 0,5 POINT)

▶ **5.** Faire le tableau de variation de f. (0,5 POINT)

▶ **6.** Tracer sur un même dessin (C), (T) et (D). La figure demandée fera apparaître les points de (C) dont les abscisses appartiennent à $[-2 ; 4]$. (1 POINT)

Partie C

On considère la fonction g, définie sur $[0 ; 1]$ par : $g(x) = \ln(1 + e^x)$.
On note (L) la courbe représentative de g dans le repère $(O ; \vec{i}, \vec{j})$, I le point défini par $\overrightarrow{OI} = \vec{i}$, A le point d'abscisse 0 de (L) et B son point d'abscisse 1.

▶ **1.** Étudier brièvement les variations de g. (0,25 POINT)

▶ **2.** Donner une équation de la tangente en A à (L). (0,5 POINT)

▶ **3.** On note P l'intersection de cette tangente avec le segment [IB]. Calculer les aires des trapèzes OIPA et OIBA. (0,5 + 0,5 POINT)

▶ **4.** On admet que la courbe (L) est située entre les segments [AP] et [AB]. Montrer alors que :

$$\ln 2 + \frac{1}{4} \leqslant \int_0^1 g(x)\,\mathrm{d}x \leqslant \ln \sqrt{2(1+\mathrm{e})}.\ (0{,}25\ \text{POINT})$$

▶ **5.** Au moyen d'une intégration par parties, justifier que :

$$\int_0^1 f(x)\,\mathrm{d}x = \ln(1+\mathrm{e}) - \int_0^1 g(x)\,\mathrm{d}x.\ (1\ \text{POINT})$$

▶ **6.** En déduire un encadrement de $\int_0^1 f(x)\,\mathrm{d}x$. (0,5 POINT)

❑ Corrigé

Objet du problème : Étude d'une fonction et encadrement d'une aire.

Connaissances mathématiques :
- Fonctions exponentielle et logarithme népérien.
- Encadrement d'intégrales.
- Intégration par parties.

Partie A

φ est définie, pour tout $x \in \mathbb{R}$, par $\varphi(x) = e^x + x + 1$.

▶ **1.** φ est dérivable sur $\mathbb{R}$ comme somme de deux fonctions dérivables sur $\mathbb{R}$ ($x \mapsto e^x$ et $x \mapsto x + 1$) et,

$$\text{pour tout } x \in \mathbb{R},\ \varphi'(x) = e^x + 1.$$

Pour tout $x \in \mathbb{R}$, $e^x > 0$, donc, pour tout $x \in \mathbb{R}$, $\varphi'(x) > 0$.

φ est strictement croissante sur $\mathbb{R}$.

De plus, $\begin{cases} \lim\limits_{x \to -\infty} e^x = 0 \\ \lim\limits_{x \to -\infty} (x + 1) = -\infty \end{cases}$

donc $\boxed{\lim\limits_{x \to -\infty} \varphi(x) = -\infty}$

$\begin{cases} \lim\limits_{x \to +\infty} e^x = +\infty \\ \lim\limits_{x \to +\infty} (x + 1) = +\infty \end{cases}$

donc $\boxed{\lim\limits_{x \to +\infty} \varphi(x) = +\infty.}$

▶ **2.** φ est dérivable et strictement croissante sur $\mathbb{R}$.

φ réalise une bijection de $\mathbb{R}$ sur $\mathbb{R}$.

Par conséquent, 0 admet un unique antécédent α par φ.

De plus, $\varphi(-1{,}28) = -0{,}002$ à 10^{-3} près

et $\varphi(-1{,}27) = 0{,}011$ à 10^{-3} près soit $\varphi(-1{,}28) < 0 < \varphi(-1{,}27)$

donc $-1{,}28 < \alpha < -1{,}27$.

L'équation $\varphi(x) = 0$ admet une unique solution α telle que

$$-1{,}28 < \alpha < -1{,}27.$$

▶ **3.** φ étant strictement croissante sur $\mathbb{R}$, et sachant que $\varphi(\alpha) = 0$, nous en déduisons que :

Pour tout $x \in]-\infty\,;\alpha[$, $\varphi(x) < 0$.
$\varphi(\alpha) = 0$.
Pour tout $x \in]\alpha\,;+\infty[$, $\varphi(x) > 0$.

Partie B

f est définie, pour tout $x \in \mathbb{R}$, par $f(x) = \dfrac{xe^x}{e^x + 1}$.

▶ **1.** Pour tout $x \in \mathbb{R}$,

$$f'(x) = \frac{(e^x + xe^x)(e^x + 1) - e^x \times xe^x}{(e^x + 1)^2}$$

$$f'(x) = \frac{e^x(1 + x)(e^x + 1) - e^x \times xe^x}{(e^x + 1)^2}$$

$$f'(x) = \frac{e^x[(1 + x)(e^x + 1) - xe^x]}{(e^x + 1)^2}$$

$$f'(x) = \frac{e^x[e^x + 1 + xe^x + x - xe^x]}{(e^x + 1)^2}$$

$$f'(x) = \frac{e^x(e^x + 1 + x)}{(e^x + 1)^2}$$

soit, **pour tout réel x, $f'(x) = \dfrac{e^x\varphi(x)}{(e^x + 1)^2}$.**

Le signe de $f'(x)$ est le signe de $\varphi(x)$ car, pour tout $x \in \mathbb{R}$, $\dfrac{e^x}{(e^x + 1)^2} > 0$.

Nous en déduisons, en utilisant le résultat de la question **A.3.** que :

Pour tout $x \in]-\infty\,;\alpha[$, $f'(x) < 0$.
$f'(\alpha) = 0$.
Pour tout $x \in]\alpha\,;+\infty[$, $f'(x) > 0$.

f est strictement décroissante sur $]-\infty\,;\alpha]$ et strictement croissante sur $[\alpha\,;+\infty[$.

▶ **2.** Nous savons que α est l'unique solution réelle de l'équation $\varphi(x) = 0$, c'est-à-dire que nous avons :

$$\varphi(\alpha) = 0$$
$$e^\alpha + \alpha + 1 = 0$$
$$e^\alpha = -\alpha - 1.$$

D'autre part, $$f(\alpha) = \frac{\alpha e^\alpha}{e^\alpha + 1}$$

donc

$$f(\alpha) = \frac{\alpha(-\alpha - 1)}{-\alpha - 1 + 1}$$

$$f(\alpha) = \frac{\alpha(-\alpha - 1)}{-\alpha}$$

$$\boxed{\boldsymbol{f(\alpha) = \alpha + 1.}}$$

Puisque $-1{,}28 < \alpha < -1{,}27$, nous obtenons $-0{,}28 < \alpha + 1 < -0{,}27$.

$$\boxed{\boldsymbol{-0{,}28 < f(\alpha) < -0{,}27.}}$$

Un encadrement de $f(\alpha)$ est $-0{,}28 < f(\alpha) < -0{,}27$.

▶ **3.** Une équation de la tangente (T) à (C) au point d'abscisse 0 est

$$y = f'(0)x + f(0)$$

avec

$$f(0) = 0$$

et

$$f'(0) = \frac{e^0(e^0 + 1)}{(e^0 + 1)^2}$$

$$f'(0) = \frac{2}{4} \qquad f'(0) = \frac{1}{2}.$$

Par suite, **une équation de (T) est $y = \frac{1}{2}x$.**

Pour tout $x \in \mathbb{R}$,

$$f(x) - \frac{1}{2}x = \frac{xe^x}{e^x + 1} - \frac{1}{2}x$$

$$f(x) - \frac{1}{2}x = \frac{2xe^x - x(e^x + 1)}{2(e^x + 1)}$$

$$f(x) - \frac{1}{2}x = \frac{x(2e^x - e^x - 1)}{2(e^x + 1)}$$

$$f(x) - \frac{1}{2}x = \frac{x(e^x - 1)}{2(e^x + 1)}.$$

Le signe de $f(x) - \frac{1}{2}x$ est le signe de $x(e^x - 1)$ car, pour tout $x \in \mathbb{R}$, $e^x + 1 > 0$.

Or, pour tout $x \geqslant 0$,

$e^x \geqslant e^0$ (la fonction exp étant strictement croissante sur $\mathbb{R}$)

$e^x \geqslant 1$

$e^x - 1 \geqslant 0.$

Ainsi, pour tout $x \geqslant 0$, $x(e^x - 1) \geqslant 0$.

De plus, pour tout $x \leqslant 0$,

$e^x \leqslant e^0$

$e^x \leqslant 1$

$e^x - 1 \leqslant 0.$

Par conséquent, pour tout $x \leqslant 0$, $x(e^x - 1) \geqslant 0$.

Pour tout réel x, $f(x) - \dfrac{1}{2}x \geqslant 0$.

(C) est au-dessus de (T) sur $\mathbb{R}$.

▶ **4.** Nous avons $\lim\limits_{x \to -\infty} e^x = 0$

donc $\lim\limits_{x \to -\infty} \dfrac{1}{e^x + 1} = 1$

et $\lim\limits_{x \to -\infty} xe^x = 0$ (croissances comparées).

Par conséquent, $\boxed{\lim\limits_{x \to -\infty} f(x) = 0.}$

L'axe des abscisses est asymptote à (C) au voisinage de $-\infty$.

Pour tout $x \in \mathbb{R}$, $f(x) = \dfrac{xe^x}{e^x\left(1 + \dfrac{1}{e^x}\right)}$

$$f(x) = \frac{x}{1 + \dfrac{1}{e^x}}.$$

Or $\lim\limits_{x \to +\infty} \dfrac{1}{e^x} = 0$

donc $\lim\limits_{x \to +\infty} \dfrac{1}{1 + \dfrac{1}{e^x}} = 1$

et $\lim\limits_{x \to +\infty} x = +\infty.$

Par conséquent, $\boxed{\lim\limits_{x \to +\infty} f(x) = +\infty.}$

Pour tout $x \in \mathbb{R}$, $$f(x) - x = \frac{xe^x}{e^x + 1} - x$$

$$f(x) - x = \frac{xe^x - xe^x - x}{e^x + 1}$$

$$f(x) - x = -\frac{x}{e^x + 1}$$

et, pour tout $x \neq 0$, $$f(x) - x = -\frac{x}{x\left(\dfrac{e^x}{x} + \dfrac{1}{x}\right)}$$

$$f(x) - x = -\frac{1}{\dfrac{e^x}{x} + \dfrac{1}{x}}.$$

Or $$\begin{cases} \lim\limits_{x \to +\infty} \dfrac{e^x}{x} = +\infty \text{ (croissances comparées)} \\ \lim\limits_{x \to +\infty} \dfrac{1}{x} = 0 \end{cases}$$

donc $$\lim_{x \to +\infty} \left(\frac{e^x}{x} + \frac{1}{x}\right) = +\infty.$$

et $$\lim_{x \to +\infty} \frac{1}{\dfrac{e^x}{x} + \dfrac{1}{x}} - 0.$$

Il s'ensuit que $\boxed{\lim\limits_{x \to +\infty} [f(x) - x] = 0.}$

La droite (D) d'équation $y = x$ est asymptote à (C) au voisinage de $+\infty$.

De plus, nous avons montré que, pour tout $x \in \mathbb{R}$,

$$f(x) - x = -\frac{x}{e^x + 1}.$$

$f(x) - x$ est du signe de $-x$ puisque, pour tout $x \in \mathbb{R}$, $e^x + 1 > 0$.

Nous en déduisons que :

Pour tout $x < 0$, $f(x) - x > 0$.
Pour tout $x > 0$, $f(x) - x < 0$.
$f(x) - x = 0$ lorsque $x = 0$.

(C) est au-dessus de (D) sur $]-\infty\,;0[$ et au-dessous de (D) sur $]0\,;+\infty[$ et (D) coupe (C) en O.

▶ 5. Tableau des variations de f

x	$-\infty$		α		$+\infty$
Signe de $f'(x)$		$-$	0	$+$	
Variations de f	0	↘	$\alpha + 1$	↗	$+\infty$

▶ 6. Représentation graphique

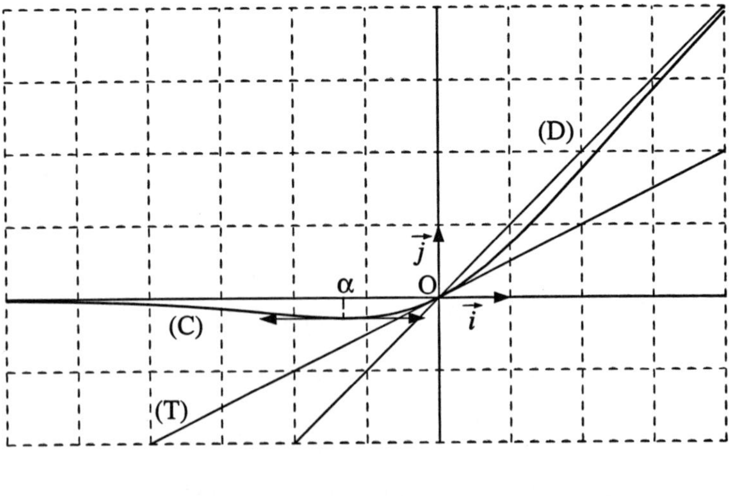

Partie C

g est définie pour tout $x \in [0 ; 1]$ par $g(x) = \ln(1 + e^x)$.

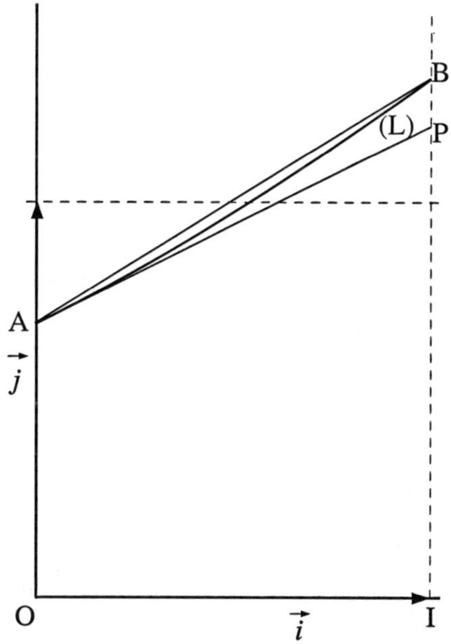

▶ **1.** Pour tout $x \in [0 ; 1]$,

$$g'(x) = \frac{e^x}{e^x + 1}$$

et, pour tout $x \in [0 ; 1]$,

$$\frac{e^x}{e^x + 1} > 0.$$

Ainsi, pour tout $x \in [0 ; 1]$,

$$g'(x) > 0.$$

g est strictement croissante sur $[0 ; 1]$.

▶ **2.** Nous avons

$$g(0) = \ln(1 + e^0)$$
$$g(0) = \ln 2$$

et $$g'(0) = \frac{e^0}{e^0 + 1}$$

$$g'(0) = \frac{1}{2}.$$

Une équation de la tangente en A à (L) est : $y = \frac{1}{2}x + \ln 2$.

▶ **3.** B est le point de (L) d'abscisse 1 et I, le point de l'axe $(O ; \vec{i})$ d'abscisse 1.

La droite (IB) admet donc pour équation $x = 1$.

Le point P d'intersection de (IB) avec la tangente en A à (L) admet pour abscisse 1 et pour ordonnée $\frac{1}{2} + \ln 2$.

L'aire du trapèze OIPA, exprimée en unités d'aire, est :

$$\mathcal{A}_{\text{OIPA}} = \frac{(\text{IP} + \text{OA}) \times \text{OI}}{2}$$

$$\mathcal{A}_{\text{OIPA}} = \frac{\left(\frac{1}{2} + \ln 2 + \ln 2\right) \times 1}{2}$$

$$\mathcal{A}_{\text{OIPA}} = \frac{1}{4} + \ln 2.$$

Celle du trapèze OIBA (exprimée en unités d'aire) est :

$$\mathcal{A}_{\text{OIBA}} = \frac{(\text{IB} + \text{OA}) \times \text{OI}}{2}$$

$$\mathcal{A}_{\text{OIBA}} = \frac{(\ln(1 + e^1) + \ln 2) \times 1}{2}$$

$$\mathcal{A}_{\text{OIBA}} = \frac{1}{2}[\ln(1 + e) + \ln 2]$$

$$\mathcal{A}_{\text{OIBA}} = \frac{1}{2}\ln[2(1 + e)]$$

$$\boxed{\mathcal{A}_{\text{OIBA}} = \ln\sqrt{2(1 + e)}.}$$

▶ 4. g est strictement croissante sur [0 ; 1] et $g(0) > 0$.
Par conséquent, g est positive sur [0 ; 1], et l'aire du domaine délimité par l'axe des ordonnées (c'est-à-dire la droite (OA)), la droite d'équation $x = 1$ (droite (IP) ou (IB)), et l'axe des abscisses (droite (OI)), exprimée en unités d'aire, est : $\int_0^1 g(x)\,dx$.

On admet que (L) est située entre [AP] et [AB].

Par conséquent, $\mathcal{A}_{\text{OIPA}} \leqslant \int_0^1 g(x)\,dx \leqslant \mathcal{A}_{\text{OIBA}}$

$$\boxed{\frac{1}{4} + \ln 2 \leqslant \int_0^1 g(x)\,dx \leqslant \ln\sqrt{2(1 + e)}.}$$

▶ 5. Calculons $I = \int_0^1 f(x)\,dx$, c'est-à-dire $I = \int_0^1 \frac{xe^x}{e^x + 1}\,dx$ à l'aide d'une intégration par parties, en posant :

$$\begin{cases} u(x) = x \\ v'(x) = \dfrac{e^x}{e^x + 1}. \end{cases}$$

Dans ce cas, $\begin{cases} u'(x) = 1 \\ v(x) = \ln(1 + e^x). \end{cases}$

Les fonctions u, v sont toutes deux dérivables sur [0 ; 1], donc

$$\mathrm{I} = \Big[u(x)v(x)\Big]_0^1 - \int_0^1 u'(x)v(x)\,\mathrm{d}x$$

$$\mathrm{I} = \Big[x\ln(1+\mathrm{e}^x)\Big]_0^1 - \int_0^1 \ln(1+\mathrm{e}^x)\,\mathrm{d}x$$

$$\mathrm{I} = \ln(1+\mathrm{e}^1) - 0 - \int_0^1 g(x)\,\mathrm{d}x$$

$$\boxed{\int_0^1 f(x)\,\mathrm{d}x = \ln(1+\mathrm{e}) - \int_0^1 g(x)\,\mathrm{d}x.}$$

▶ **6.** Nous avons :

$$\ln 2 + \frac{1}{4} \leqslant \int_0^1 g(x)\,\mathrm{d}x \leqslant \ln\sqrt{2(1+\mathrm{e})}$$

donc $\quad -\ln\sqrt{2(1+\mathrm{e})} \leqslant -\int_0^1 g(x)\,\mathrm{d}x \leqslant -\ln 2 - \dfrac{1}{4}$

$$\ln(1+\mathrm{e}) - \ln\sqrt{2(1+\mathrm{e})} \leqslant \ln(1+\mathrm{e}) - \int_0^1 g(x)\,\mathrm{d}x \leqslant \ln(1+\mathrm{e}) - \ln 2 - \frac{1}{4}$$

$$\ln\frac{1+\mathrm{e}}{\sqrt{2(1+\mathrm{e})}} \leqslant \int_0^1 f(x)\,\mathrm{d}x \leqslant \ln\frac{1+\mathrm{e}}{2} - \frac{1}{4}$$

$$\ln\sqrt{\frac{1+\mathrm{e}}{2}} \leqslant \int_0^1 f(x)\,\mathrm{d}x \leqslant \ln\frac{1+\mathrm{e}}{2} - \frac{1}{4}$$

$$\boxed{\frac{1}{2}\ln\frac{1+\mathrm{e}}{2} \leqslant \int_0^1 f(x)\,\mathrm{d}x \leqslant \ln\frac{1+\mathrm{e}}{2} - \frac{1}{4}.}$$

Formulaire S

I. Combinatoire – Dénombrements

Card $(A \cup B)$ = Card A + Card B – Card $(A \cap B)$.
Card $(A \times B)$ = Card A Card B

Soit E un ensemble de n *éléments*

Nombre de permutations de E :

$$n! = 1 \times 2 \times 3 \times \ldots \times n \; ; \; 0! = 1.$$

Nombre d'arrangements de p éléments de E :

$$A_n^p = n(n-1) \ldots (n-p+1)$$

Nombre de sous-ensembles de p éléments de E :

$$C_n^p = \binom{n}{p} = \frac{A_n^p}{p!} = \frac{n(n-1) \ldots (n-p+1)}{p!} = \frac{n!}{p!(n-p)!}$$

$$C_n^p = C_n^{n-p} \quad ; \quad C_{n+1}^{p+1} = C_n^p + C_n^{p+1}$$

II. Probabilités

Si A et B sont incompatibles : $P(A \cup B) = P(A) + P(B)$
Dans le cas général : $P(A \cup B) = P(A) + P(B) - P(A \cap B)$

$$P(\overline{A}) = 1 - P(A) \quad ; \quad P(\Omega) = 1 \quad ; \quad P(\varnothing) = 0.$$

Si $A_1, \ldots, A_n$ forment une partition de A, $P(A) = \sum_{i=1}^{n} P(A_i)$.

Dans le cas équiprobable : $P(A) = \dfrac{\text{Card } A}{\text{Card } \Omega}$.

Probabilité conditionnelle de A sachant que B est réalisé

$P(A \cap B) = P(A|B)\, P(B)$; $P(A|B)$ se note aussi $P_B(A)$
Cas où A et B sont indépendants : $P(A \cap B) = P(A)\, P(B)$.

Formule des probabilités totales

Si les événements $B_1, B_2, \ldots, B_n$ forment une partition de Ω, alors $P(A) = P(A \cap B_1) + P(A \cap B_2) + \ldots + P(A \cap B_n)$

Variable aléatoire

Fonction de répartition : $F(x) = P(X \leqslant x)$

Espérance mathématique : $E(X) = \sum_{i=1}^{n} p_i x_i$.

Variance : $V(X) = \sum_{i=1}^{n} p_i(x_i - E(X))^2 = \sum_{i=1}^{n} p_i x_i^2 - (E(X))^2.$

Écart-type : $\sigma_x = \sqrt{V(X)}.$

III. Algèbre

✪ A. Nombres complexes

Forme algébrique : $z = x + iy$
Forme trigonométrique : $z = \rho(\cos\theta + i\sin\theta) = \rho e^{i\theta}, \rho > 0$

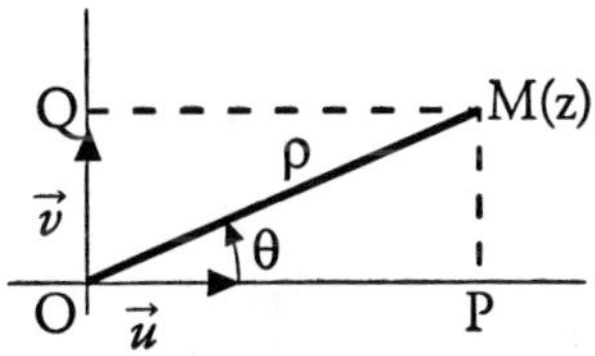

$\overrightarrow{OM} = x\vec{u} + y\vec{v}$
$\overline{OP} = x = \mathrm{Re}(z) = \rho\cos\theta$
$\overline{OQ} = y = \mathrm{Im}(z) = \rho\sin\theta$
$OM = \rho = |z| = \sqrt{x^2 + y^2}.$

Opérations algébriques

$z + z' = (x + iy) + (x' + iy') = (x + x') + i(y + y')$
$zz' = (x + iy)(x' + iy') = (xx' - yy') + i(xy' + x'y)$

Conjugué

$z = x + iy = \rho e^{i\theta}$; $\bar{z} = x - iy = \rho e^{-i\theta}$

$x = \frac{1}{2}(z + \bar{z})$; $y = \frac{1}{2i}(z - \bar{z})$

$\overline{z + z'} = \bar{z} + \bar{z}'$; $\overline{zz'} = \bar{z}\,\bar{z}'.$

$z\bar{z} = x^2 + y^2 = |z|^2.$

$\frac{1}{z} = \frac{\bar{z}}{z\bar{z}} = \frac{x}{x^2 + y^2} + i\frac{-y}{x^2 + y^2} = \frac{1}{\rho}e^{-i\theta}.$

Module et argument d'un produit, d'un quotient

$zz' = (\rho e^{i\theta})(\rho' e^{i\theta'}) = \rho\rho' e^{i(\theta + \theta')}$

$|zz'| = |z|\,|z'|$

$\frac{z}{z'} = \frac{\rho e^{i\theta}}{\rho' e^{i\theta'}} = \frac{\rho}{\rho'} e^{i(\theta - \theta')}$

$\frac{|z|}{|z'|} = \left|\frac{z}{z'}\right|$

$z^n = (\rho e^{i\theta})^n = \rho^n e^{in\theta}, n \in \mathbb{Z}.$

Inégalité triangulaire

$||z| - |z'|| \leqslant |z + z'| \leqslant |z| + |z'|$

✪ B. Identités remarquables

(valables sur $\mathbb{C}$ et donc sur $\mathbb{R}$)

$(a + b)^2 = a^2 + 2ab + b^2$; $(a - b)^2 = a^2 - 2ab + b^2$.

$(a + b)^3 = a^3 + 3a^2b + 3ab^2 + b^3$; $(a - b)^3 = a^3 - 3a^2b + 3ab^2 - b^3$.

$(a + b)^n = a^n + C_n^1 a^{n-1} b + \ldots + C_n^k a^{n-k} b^k + \ldots + b^n$.

$a^2 - b^2 = (a + b)(a - b)$; $a^2 + b^2 = (a + ib)(a - ib)$.

✪ C. Trigonométrie

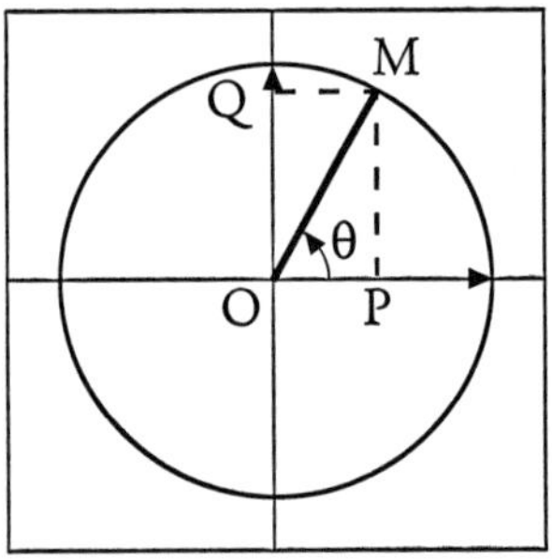

$\overline{OP} = \cos\theta$

$\overline{OQ} = \sin\theta$

$\cos^2\theta + \sin^2\theta = 1$

$\tan\theta = \dfrac{\sin\theta}{\cos\theta},\ \theta \neq \dfrac{\pi}{2} + k\pi.$

Formules d'Euler

$\cos\theta = \dfrac{1}{2}(e^{i\theta} + e^{-i\theta})$; $\sin\theta = \dfrac{1}{2i}(e^{i\theta} - e^{-i\theta})$.

Formules d'addition

$e^{i(a+b)} = e^{ia}e^{ib}$.

$\cos(a + b) = \cos a\cos b - \sin a\sin b$.

$\cos(a - b) = \cos a\cos b + \sin a\sin b$.

$\sin(a + b) = \sin a\cos b + \cos a\sin b$.

$\sin(a - b) = \sin a\cos b - \cos a\sin b$.

$\tan(a + b) = \dfrac{\tan a + \tan b}{1 - \tan a\tan b}$; $\tan(a - b) = \dfrac{\tan a - \tan b}{1 + \tan a\tan b}$

$\cos 2a = \cos^2 a - \sin^2 a = 2\cos^2 a - 1 = 1 - 2\sin^2 a$.

$\sin 2a = 2\sin a\cos a$.

$\cos^2 a = \dfrac{1}{2}(1 + \cos 2a)$; $\sin^2 a = \dfrac{1}{2}(1 - \cos 2a)$.

Formules de transformation

$\cos a\cos b = \dfrac{1}{2}[\cos(a + b) + \cos(a - b)]$

$$\sin a \sin b = \frac{1}{2}[\cos(a-b) - \cos(a+b)]$$

$$\sin a \cos b = \frac{1}{2}[\sin(a+b) + \sin(a-b)]$$

$$\cos p + \cos q = 2\cos\frac{p+q}{2}\cos\frac{p-q}{2}.$$

$$\cos p - \cos q = -2\sin\frac{p+q}{2}\sin\frac{p-q}{2}.$$

$$\sin p + \sin q = 2\sin\frac{p+q}{2}\cos\frac{p-q}{2}.$$

$$\sin p - \sin q = 2\sin\frac{p-q}{2}\cos\frac{p+q}{2}.$$

Valeurs remarquables

	0	$\frac{\pi}{6}$	$\frac{\pi}{4}$	$\frac{\pi}{3}$	$\frac{\pi}{2}$	π
sin	0	$\frac{1}{2}$	$\frac{\sqrt{2}}{2}$	$\frac{\sqrt{3}}{2}$	1	0
cos	1	$\frac{\sqrt{3}}{2}$	$\frac{\sqrt{2}}{2}$	$\frac{1}{2}$	0	-1
tan	0	$\frac{\sqrt{3}}{3}$	1	$\sqrt{3}$		0

Formule de Moivre et applications

Pour tout entier naturel non nul n : $(e^{i\theta})^n = e^{in\theta}$
soit encore $(\cos\theta + i\sin\theta)^n = \cos n\theta + i\sin n\theta$.

Racines $n^{\text{ièmes}}$ de l'unité (Spécialité 98)

$u_k = e^{i\frac{2k\pi}{n}}$, où $k = 0, 1, 2, \ldots, n-1$.

Les solutions de $z^n = a$, où $a = \rho e^{i\alpha}$, sont $z_k = z_0 u_k$ où $z_0 = \rho^{\frac{1}{n}} e^{i\frac{\alpha}{n}}$.

✪ D. Équation du second degré

Soit a, b, c des nombres réels, $a \neq 0$ et $\Delta = b^2 - 4ac$.
L'équation $az^2 + bz + c = 0$ admet :
– si $\Delta > 0$, deux solutions réelles $z_1 = \dfrac{-b + \sqrt{\Delta}}{2a}$ et $z_2 = \dfrac{-b - \sqrt{\Delta}}{2a}$.

– si $\Delta = 0$, une solution réelle double $z_1 = z_2 = -\dfrac{b}{2a}$.

– si $\Delta < 0$, deux solutions complexes conjuguées

$$z_1 = \frac{-b + i\sqrt{-\Delta}}{2a} \text{ et } z_2 = \overline{z_1} = \frac{-b - i\sqrt{-\Delta}}{2a}.$$

Dans tous les cas : $az^2 + bz + c = a(z - z_1)(z - z_2)$

$$z_1 + z_2 = -\frac{b}{a}, \quad z_1 z_2 = \frac{c}{a}.$$

✪ E. Suites arithmétiques, suites géométriques

(formules valables sur $\mathbb{C}$ et donc sur $\mathbb{R}$)

Suites arithmétiques

Premier terme u_0 ; $u_{n+1} = u_n + a$; $u_n = u_0 + na$

$$1 + 2 + \ldots + n = \frac{n(n+1)}{2}.$$

Suites géométriques

Premier terme u_0 ; $u_{n+1} = bu_n$; $u_n = u_0\, b^n$

Si $b \neq 1$, $S_n = 1 + b + b^2 + \ldots + b^n = \dfrac{1 - b^{n+1}}{1 - b}$

Si $b = 1$, $S_n = n + 1$.

IV. Analyse

✪ A. Propriétés algébriques des fonctions usuelles

▸ 1. *Fonctions logarithme et exponentielle*

$\ln x = \int_1^x \frac{dt}{t}\ (x > 0)$	$e^0 = 1$
$\ln 1 = 0$	$e^{a+b} = e^a e^b$
$\ln e = 1$	$e^{a-b} = \dfrac{e^a}{e^b}$
$\ln ab = \ln a + \ln b$	$a^x = e^{x \ln a}\ (a > 0)$

$\ln \frac{a}{b} = \ln a - \ln b$ $\qquad$ $(e^a)^b = e^{ab}$

$\log x = \frac{\ln x}{\ln 10}$

$\ln a^x = x \ln a$

Si $x \in]-\infty\,;+\infty[$ et $y \in]0\,;+\infty[$,

$y = \exp x = e^x$ équivaut à $x = \ln y$

$e^{(\alpha + i\beta)x} = e^{\alpha x}e^{i\beta x} = e^{\alpha x}(\cos \beta x + i \sin \beta x)$.

▶ **2.** ***Fonctions puissances***

$x^\alpha = e^{\alpha \ln x} (x > 0)$ $\qquad$ $x^{\alpha - \beta} = \frac{x^\alpha}{x^\beta}$

$x^{\alpha + \beta} = x^\alpha x^\beta$ $\qquad$ $(x^\alpha)^\beta = x^{\alpha\beta}$

$x^0 = 1$

Si $n \in \mathbb{N}^*$, $x \in [0\,;+\infty[$ et $y \in [0\,;+\infty[$, $y = \sqrt[n]{x}$ équivaut à $x = y^n$.

✪ B. Limites usuelles de fonctions et de suites

▶ **1.** ***Fonctions***

Comportement à l'infini

$\lim_{x \to +\infty} \ln x = +\infty$

$\lim_{x \to +\infty} e^x = +\infty$

$\lim_{x \to -\infty} e^x = 0$

Si $\alpha > 0$, $\lim_{x \to +\infty} x^\alpha = +\infty$. Si $\alpha < 0$, $\lim_{x \to +\infty} x^\alpha = 0$.

Croissances comparées à l'infini

$\lim_{x \to +\infty} \frac{e^x}{x} = +\infty$ $\qquad$ Si $\alpha > 0$, $\lim_{x \to +\infty} \frac{e^x}{x^\alpha} = +\infty$.

$\lim_{x \to -\infty} xe^x = 0$ $\qquad$ Si $\alpha > 0$, $\lim_{x \to +\infty} x^\alpha e^{-x} = 0$.

$\lim_{x \to +\infty} \frac{\ln x}{x} = 0$ $\qquad$ Si $\alpha > 0$, $\lim_{x \to +\infty} \frac{\ln x}{x^\alpha} = 0$.

Comportement à l'origine

$\lim_{x \to 0} \ln x = -\infty$.

Si $\alpha > 0$, $\lim_{x \to 0} x^\alpha = 0$; si $\alpha < 0$, $\lim_{x \to 0} x^\alpha = +\infty$.

Comportement à l'origine de $\ln(1+x)$, e^x, $\sin x$, $(1+x)^\alpha$

$$\lim_{h \to 0} \frac{\ln(1+h)}{h} = 1$$

$$\lim_{h \to 0} \frac{e^h - 1}{h} = 1$$

$$\lim_{h \to 0} \frac{\sin h}{h} = 1$$

$$\begin{cases} (1+h)^\alpha = 1 + \alpha h + h\varepsilon(h) \quad (\alpha \neq 0) \\ \lim_{h \to 0} \varepsilon(x) = 0 \end{cases}$$

Croissances comparées à l'origine

$$\lim_{x \to 0} x \ln x = 0$$

Si $\alpha > 0$, $\lim_{x \to 0} x^\alpha \ln x = 0$

▶ 2. *Suites*

Si $\alpha > 0$, $\lim_{n \to +\infty} n^\alpha = +\infty$. Si $\alpha < 0$, $\lim_{n \to +\infty} n^\alpha = 0$.

Si $\alpha > 0$ et $a > 1$, $\lim_{n \to +\infty} \frac{a^n}{n^\alpha} = +\infty$.

Si $a > 1$, $\lim_{n \to +\infty} a^n = +\infty$. Si $0 < a < 1$, $\lim_{n \to +\infty} a^n = 0$.

✪ C. Dérivées et primitives

(Les formules ci-dessous peuvent servir à la fois pour calculer des dérivées et des primitives.)

▶ 1. *Dérivées et primitives des fonctions usuelles*

$f(x)$	$f'(x)$	Intervalle de validité
k	0	$]-\infty\,;+\infty[$
x	1	$]-\infty\,;+\infty[$
x^n, $n \in \mathbb{N}^*$	nx^{n-1}	$]-\infty\,;+\infty[$
$\frac{1}{x}$	$-\frac{1}{x^2}$	$]-\infty\,;0[$ ou $]0\,;+\infty[$
$\frac{1}{x^n}$, $n \in \mathbb{N}^*$	$-\frac{n}{x^{n+1}}$	$]-\infty\,;0[$ ou $]0\,;+\infty[$
$\sqrt{x}$	$\frac{1}{2\sqrt{x}}$	$]0\,;+\infty[$

$x^\alpha, \alpha \in \mathbb{R}$	$\alpha x^{\alpha - 1}$	$]0 ; +\infty[$
$\ln x$	$\dfrac{1}{x}$	$]0 ; +\infty[$
e^x	e^x	$]-\infty ; +\infty[$
$\cos x$	$-\sin x$	$]-\infty ; +\infty[$
$\sin x$	$\cos x$	$]-\infty ; +\infty[$
$e^{rx}, r = \alpha + i\beta$	re^{rx}	$]-\infty ; +\infty[$

▶ **2.** ***Opérations sur les dérivées***

$(f + g)' = f' + g'$.

$(kf)' = kf'$.

$(fg)' = f'g + fg'$.

$\left(\dfrac{1}{f}\right)' = -\dfrac{f'}{f^2}$.

$\left(\dfrac{f}{g}\right)' = \dfrac{f'g - fg'}{g^2}$

$(g \circ f)' = (g' \circ f)f'$.

$(e^u)' = e^u u'$.

$(\ln u)' = \dfrac{u'}{u}$, u à valeurs strictement positives

$(u^\alpha)' = \alpha u^{\alpha - 1} u'$.

✪ D. Calcul intégral

Formules fondamentales

Si F est une primitive de f, alors $\int_a^b f(t)\,dt = F(b) - F(a)$.

Si $g(x) = \int_a^x f(t)\,dt$, alors $g'(x) = f(x)$.

$f(x) - f(a) = \int_a^x f'(t)\,dt$.

Formule de Chasles

$\int_a^c f(t)\,dt = \int_a^b f(t)\,dt + \int_b^c f(t)\,dt$

$\int_b^a f(t)\,dt = -\int_a^b f(t)\,dt$.

Linéarité

$$\int_a^b (\alpha f(t) + \beta g(t))\mathrm{d}t = \alpha\int_a^b f(t)\mathrm{d}t + \beta\int_a^b g(t)\mathrm{d}t.$$

Positivité

Si $a \leqslant b$ et $f \geqslant 0$, alors $\int_a^b f(t)\mathrm{d}t \geqslant 0$.

Intégration d'une inégalité

Si $a \leqslant b$ et $f \leqslant g$, alors $\int_a^b f(t)\mathrm{d}t \leqslant \int_a^b g(t)\mathrm{d}t$.

Si $a \leqslant b$ et $m \leqslant f \leqslant M$, alors $m(b-a) \leqslant \int_a^b f(t)\mathrm{d}t \leqslant M(b-a)$.

Valeur moyenne de f sur $[a\,;\,b]$: $\dfrac{1}{b-a}\int_a^b f(t)\mathrm{d}t$.

Intégration par parties

$$\int_a^b u(t)v'(t)\mathrm{d}t = [u(t)\,v(t)]_a^b - \int_a^b u'(t)\,v(t)\mathrm{d}t.$$

✪ E. Équations différentielles

Équation	*Solutions sur* $]-\infty\,;+\infty[$
$y' - ay = 0$	$f(x) = ke^{ax}$.
$y'' + ay' + by = 0$ Équation caractéristique $r^2 + ar + b = 0$ de discriminant Δ Hors programme en 1999	– si $\Delta > 0$, $f(x) = \lambda e^{r_1 x} + \mu e^{r_2 x}$ où r_1 et r_2 sont les racines de l'équation caractéristique ; – si $\Delta = 0$, $f(x) = (\lambda x + \mu)e^{rx}$ où r est la racine double de l'équation caractéristique ; – si $\Delta < 0$, $f(x) = (\lambda \cos \beta x + \mu \sin \beta x)e^{\alpha x}$ où $r_1 = \alpha + i\beta$ et $r_2 = \alpha - i\beta$ sont les racines complexes conjuguées de l'équation caractéristique.

Bussière Camedan Imprimeries
à Saint-Amand (Cher), France.
Dépôt légal : août 1998. N° d'édit. : 10764. N° d'imp. : 984012/4.